大规模分布式光伏电源接入配电网运行与控制

赵 波 著

科 学 出 版 社
北 京

内 容 简 介

本书较为全面地介绍了大规模分布式光伏电源接入配电网运行与控制所涉及的内容，阐述了相关理论、模型和方法，并结合实际配电网，对运行与控制问题进行了详细讨论。全书共9章，第1章介绍国内外光伏发展情况及并网技术研究现状；第2章介绍分布式光伏电源的技术基础；第3章对含分布式光伏电源的配电网负荷特性进行分析；第4章分析基于渗透率的区域配电网分布式光伏电源并网消纳能力；第5～8章介绍含高渗透率分布式光伏电源的配电网潮流分析、电压控制、短路电流分析与计算和电能质量分析方法；第9章对含高渗透率分布式光伏电源的配电网综合措施展开介绍。

本书可供从事配电网规划调度、分布式光伏电源研究及工程设计的人员参考，也可作为电力相关专业高年级本科生和研究生的教材。

图书在版编目(CIP)数据

大规模分布式光伏电源接入配电网运行与控制/赵波著. —北京：科学出版社，2017.11

ISBN 978-7-03-055148-1

Ⅰ.①大… Ⅱ.①赵… Ⅲ.①太阳能光伏发电-配电系统-电力系统运行-研究 Ⅳ.①TM615

中国版本图书馆CIP数据核字(2017)第269386号

责任编辑：张海娜 姚庆爽 / 责任校对：桂伟利

责任印制：张 伟 / 封面设计：蓝正设计

科学出版社 出版

北京东黄城根北街16号

邮政编码：100717

http://www.sciencep.com

北京凌奇印刷有限责任公司 印刷

科学出版社发行 各地新华书店经销

*

2017年11月第 一 版 开本：720×1000 B5

2017年11月第一次印刷 印张：17 3/4

字数：350 000

POD定价： 98.00元

(如有印装质量问题，我社负责调换)

序

目前，我国正在积极转变能源生产和消费方式、优化能源结构、加大可再生能源的开发力度。国家高度重视光伏产业发展，出台了关于促进光伏产业健康发展的若干意见，有力推动了光伏产业的快速发展。

分布式光伏电源一般采用就近发电、就近并网、就近转换、就近使用的原则，系统安装灵活，可实现就地发电、就地消纳，能够减少或延缓输配电设施投资，在一定程度上缓解局部用电紧张状况，有利于提高用户供电的可靠性。分布式光伏电源规模化多点接入配电网，会对配电网的运行控制产生较大的影响。为保证配电系统的安全经济运行以及最大化消纳分布式光伏电源，需解决一系列技术问题。因此，探索适应分布式光伏电源规模化应用的技术，充分发挥分布式光伏电源的经济效益，深入研究分布式光伏电源的运行与控制具有重要的理论意义和工程实践意义。

赵波博士及研究团队在分布式光伏技术领域开展了长期扎实有效的工作，近几年承担了一系列国家级或国网公司级的相关重大科研项目及示范工程，积累了较为丰富的研究成果和宝贵的工程经验。在理论研究方面，开展了含高渗透率分布式光伏并网的配电网规划设计方法、运行控制与能量优化方法、电能质量调节与治理技术研究等，为提高配电网对分布式光伏电源的接纳能力提供充分的技术保证。并基于上述研究成果在浙江嘉兴秀洲光伏产业园区、海宁尖山新区以及宁波杭州湾新区等大型园区开展了大量的工程实践，为支持、服务大量分布式光伏电源的顺利并网提供了技术支撑，取得了一系列的创新性研究成果。该书是赵波团队多年研究工作成果的结晶，系统地阐述了分布式光伏电源相关的理论和技术问题，具有较高的学术性和实用性。

相信该书的出版可对分布式光伏电源领域的技术研究、工程应用和人才培养起到积极的推动作用。

合肥工业大学教授　丁明

2017 年 6 月

前　　言

我国积极大力发展风、光等清洁可再生能源，当前风机和光伏的装机容量均列世界首位，其发展速度令世界侧目，作为应对国际气候变化和履行低碳减排承诺的重要手段，获得了国际上普遍的赞誉和认可。

近年，国家适时提出大力发展可再生能源战略，制定“集中式与分布式”并举的发展方针，尤其是对分布式光伏电源的建设与发展高度重视，从政策、管理、机制和商业模式上保障了分布式光伏电源多方位政策落地。与此同时，电力体制的深化改革以及能源互联网的兴起对于分布式光伏电源的发展具有重要的导向作用，使得分布式光伏电源与智能电网以及用户侧服务有机融合。随着一系列政策的出台以及先进技术理念的支撑，可以预见分布式光伏电源在我国将呈现出井喷式发展。

大规模分布式光伏电源接入中低压配电网，将彻底改变传统配电网单向潮流的特点，对区域电网的安全运行以及分布式光伏电源的就地消纳造成较大影响。现有电力系统控制方法均是“被动地改变配电系统自身”去适应分布式光伏电源的发展，并没有充分发挥分布式光伏电源自身调节能力来主动支撑配电网。分布式光伏电源发展的目标是其具备像常规火电机组一样可控可调的特性，从不同的时间尺度上挖掘其在稳态上的可调度性及暂态上对配电系统的动态支撑能力，实现分布式光伏电源从“安装即不管理(fit and forget)”到“适应并支撑(fit and rely upon)”的转变。因此，分析分布式光伏电源之间及其与配电网的相互影响和作用机理、探究大规模分布式光伏电源接入配电网的运行与控制已成为电力公司和光伏运营商需要共同面对的重要课题。通过深入研究分析以及制定相关措施，不仅可以有效降低安全稳定运行风险，减少配电网管理成本，而且可以有效提升分布式光伏电源的经济效益，从而可以促进分布式光伏电源整体的可持续发展。

作者及所在团队长期从事分布式光伏电源的相关理论研究及示范工程建设工作，具有扎实的理论基础和实践经验。在2009年，作者承担了国家电网公司重点科技项目“分布式光伏电源接入配电网的规划设计和运行控制技术研究”，并出版了《分布式光伏电源并网关键技术》一书。由于当时分布式光伏电源的发展刚刚起步，很多技术尚处于初级阶段，主要针对单个分布式光伏电源并网影响开展分析，对于大规模分布式光伏电源接入配电网运行与控制仍有很多问题需要不断地深化研究。

通过近几年的发展，作者在分布式光伏电源接入配电网的规划设计和运行控制技术、分布式光伏规模化接入配电网就地消纳关键技术、实现高比例光伏发电就地消纳的多层级配电网电压协同控制技术、含光伏的智能微电网关键技术等方面开展了大量深入的理论研究和工程实践，取得了一些突破性的成果，其涵盖的内容主要包括光伏发电渗透率的计算与分析、含大规模分布式光伏的配电网电压分析及调节抑制措施、短路电流以及电能质量的分析与计算等。本书是上述研究成果的系统性归纳、提炼与总结，期望本书的出版在推动大规模分布式光伏电源的进一步发展能够发挥积极的作用。

本书第 1 章由冯怿彬、徐珂撰写，第 2 章由张雪松、汪科撰写，第 3 章由周金辉、张永明撰写，第 5 章由徐琛、王子凌撰写，第 7 章由林达、葛晓慧撰写，第 8 章由李鹏、朱承治撰写，第 4、6、9 章由赵波撰写，全书由赵波负责统稿。在本书编写过程中，得到了合肥工业大学丁明教授的热心帮助，在此表示衷心的感谢。最后，对合作培养的研究生表示感谢，他们是很多项目的实际参与者，提出了很多宝贵的意见，他们是汪湘晋、肖传亮、顾益娜、韦立坤、徐志成、邱海峰。

本书得到国家自然科学基金项目(51207140)、国家电网公司科技项目(5211DS150015)和中国博士后科学基金项目的资助。

在编写过程中，虽对体系的安排、素材的取舍、文字的叙述尽了最大努力，但由于作者学识有限，书中疏漏之处在所难免，恳切期望读者批评指正。

作者联系方式：zhaobozju@163.com。

作　者

2017 年 6 月

目　　录

第 1 章　概　　述

1.1　国内外光伏发电的现状与趋势

在当前全球化石能源日益耗尽、气候变暖和生态环境恶化的大环境下，人类对于可再生能源的关注也与日俱增，其中光伏发电技术已逐渐成为可再生能源领域的一支主力军。自 1998 年起，全球光伏发电装机容量以每年 35%的速度增长，全球光伏发电市场正经历一个快速增长的过程。相比于 2000 年的 1200MW 累计装机容量，到 2014 年底全世界并网光伏发电累计装机容量已超过 188GW，预计到 2020 年将达到 490GW[1]。随着光伏产业的发展，光伏发电市场竞争也日益激烈，特别是欧洲、美国、中国和日本等国家和地区在光伏领域的投资增长迅速，截至 2014 年底全球光伏组件产量大约是 50GW，其中中国产量 35GW，同比增长 27.2%[2]。2017 年，全球新增太阳能装机容量预计将超过 85GW，继续保持高速增长[3]。

为了进一步推动可再生能源发展，近年来世界各国先后出台了多项推进光伏产业的政策[4-5]。美国环保署（US Environmental Protection Agency，EPA）于 2014 年 6 月 2 日公布了其“清洁能源计划”，承诺十年内将使包括太阳能在内的可再生能源使用增加一倍。同时，美国能源部将出资 1500 万美元帮助家庭、企业和社区发展太阳能项目[6]。日本政府陆续出台了《关于促进新能源利用等特别措施法》《可再生能源配额制法》等一系列政策法规，明确了日本新能源的发展目标和各方责任[7]。中国在《国家中长期科学和技术发展规划纲要(2006—2020)》《国家“十一五”科学技术发展规划》《可再生能源“十二五”规划》中均部署了与发展光伏发电技术相关的重点及重大示范工程项目[4-8]。

需要注意的是，目前美国和日本均制定了“2030 年及之后的光伏发电路线图”。日本希望未来的光伏研发能从“政府指引研发以创建初期光伏系统市场”转变为“基于学术界、产业界和政府间的任务共担与合作的研发模式以创建成熟的光伏系统市场”，设定了 2030 年累积装机容量达 100GW 的发展目标。美国希望由以出口带动光伏产业发展转变为投资国内技术和市场，扩大内需，带动产业显著增长，设定了每年新增装机容量 19GW，2030 年累积装机容量达 200GW 的宏大目标，届时，光伏发电成本价将降到 0.06 美元/(kW·h)，光伏发电将占据电力市场较大份额，并成为电力的主要来源。

相比较而言，中国光伏产业的发展从现状和总体趋势看，《可再生能源中长期发展规划(2007)》中设定的 2010 年光伏装机容量 300MW、2020 年 1.8GW、2030 年 10GW 以及 2050 年 100GW 等发展目标明显偏低，与当前世界光伏产业发展势头相比显得滞后。同时，中国目前在涉及光伏产业发展的核心技术、核心装备等多个方面所需攻克的关键技术、突破方向、发展路径等尚未提出明确目标；在涉及光伏并网发电问题，并网及运行管理行业标准、并网价格以及系统维护等方面缺乏相对完整、系统的管理办法和政策细则。因此，积极推进中国光伏发电领域的相关研究和工程实际应用，顺应世界光伏产业发展势头，必将具有深远的意义。

目前，在光伏电池的研究与开发领域具有国际领先地位的主要是德国、日本、美国和澳大利亚等发达国家。澳大利亚以新南威尔士大学(The University of New South Wales，UNSW)的马丁格林教授(Martin A. Green)为代表，在单晶硅光伏电池研究上居世界领先地位，近年来首次提出了第三代光伏电池的概念，对光伏电池的发展做出了巨大的贡献[9]。从光伏电池产业和利用来看，日本、德国、英国、美国和西班牙等国起步较早且发展较快。中国的太阳能光伏产业起步相对较晚，但是发展十分迅猛，特别是 2004 年后，在欧洲市场的大力拉动下，其光伏产业更是得到了飞速发展，连续 5 年增长率超过 100%，并于 2007 年一跃成为太阳能电池第一生产大国。到了 2010 年，中国光伏电池产量已超过全球总产量的 50%。中国在光伏产业上逐渐形成较为完整的产业链，包括从硅材料、电池组件到光伏系统应用等方面[10-11]。截至 2014 年底，世界十大光伏电池生产厂家排名已经发生了重大变化，具体如表 1.1 所示。中国的太阳能电池厂商具有优势地位，在前十名中占据了六席，其中排名前五的均为中国厂商，天合光能凭借 3.66GW 的产量高居榜首，英利绿色能源紧随其后，阿特斯阳光电力排第三[2]。

表 1.1　2014 年世界十大光伏电池生产厂家

生产厂	国家	排名	产量/GW	比例/%
天合光能(Trina Solar)	中国	1	3.66	14.6
英利绿色能源(Yingli Green Energy)	中国	2	3.36	13.4
阿特斯阳光电力(Canadian Solar)	中国	3	3.11	12.4
晶科能源(Jinko Solar)	中国	4	2.94	11.7
晶澳太阳能(JA Solar)	中国	5	2	8.0
夏普太阳能(Sharp)	日本	5	2	8.0
昱辉阳光能源(ReneSola)	中国	7	1.97	7.8
第一太阳能(First Solar)	美国	8	1.85	7.4
韩华新能源(Hanwha SolarOne)	韩国	9	1.45	5.8
太阳电力(SunPower)	美国	10	1.4	5.6
京瓷(Kyocera)	日本	10	1.4	5.6

2014年,全球太阳能光伏系统安装增长了17%,总装机容量达到了47GW。图1.1为2014年世界前10光伏市场占全球安装量比例分配图。排名前十的国家依次为中国、日本、美国、英国、德国、法国、南非、澳大利亚、印度和加拿大,其新增装机容量之和达38.3GW,占全球新增装机容量的81.5%[12]。从区域分布来看,亚洲作为新兴市场,已然成为全球最主要的光伏市场,其2014年新增装机容量占比达到59%,中国继续保持全球最大光伏市场地位,但增速已明显放缓,日本继续保持着强劲的增长态势;美洲超越欧洲成为全球第二大光伏市场,2014年新增装机容量占比达到19.3%;2014年欧洲光伏市场继续萎缩,新增装机容量占比仅为16.8%。在可再生能源法案的刺激下,2014年英国光伏市场蓬勃发展,并首次超越德国成为欧洲新增装机容量最大的国家[2]。

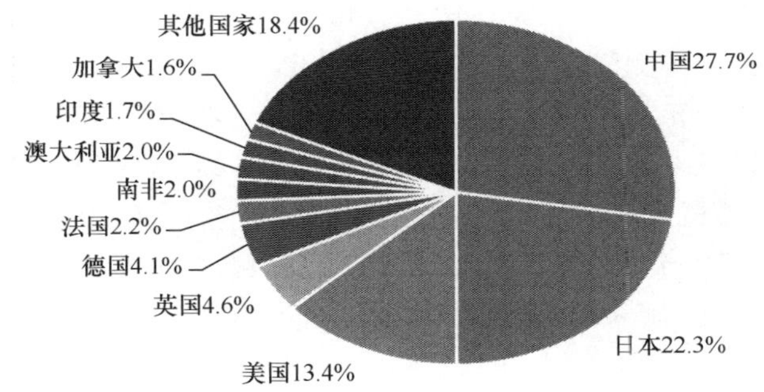

图1.1 2014年世界前10光伏市场占全球安装量比例

1.1.1 美国

美国总统克林顿在1997年6月26日宣布了太阳能“百万屋顶计划”,计划2010年以前,在100万座建筑物上安装光伏系统,主要是光伏发电系统和光伏热利用系统。这项计划的提出是由社会发展的趋势所决定的,也是美国致力于光伏发电开发、研究的工作人员长期努力的结果。其直接原因有两个:

(1) 由于温室效应气体CO_2的大量排放,地球逐年变暖,这就要求人们减少常规能源的使用。如果太阳能“百万屋顶计划”顺利实施,那么到2010年CO_2年排放量约可减少300多万吨。

(2) 美国太阳能光伏发电与热利用技术已经比较成熟,开始进入大规模生产阶段。

目前,太阳能“百万屋顶计划”已经在美国某些地区大力开展起来,如图森地区的Civano工程。在夏威夷,由于资源条件的优越,太阳能已经成为当地能源供给的主要形式,并已成为经济发展的重要组成部分。

2001年,美国加利福尼亚州政府提出了世界闻名的“加州太阳能计划”,计划由州政府做出总预算 32 亿美金，在 10 年内安装一百万个太阳能发电系统。

2004 年 9 月，美国能源部等发布了《我们的太阳能未来——2030 及以后的美国光伏工业路线图》，雄心勃勃地提出了美国的光伏产业发展计划。

2006 年，美国通过了“总统太阳能美国计划”，由美国总统下令增加研发费用至 1.48 亿美金，该项目的目的在于培养美国太阳能光伏技术的竞争力。

2008 年 4 月，费城市长宣布将在宾夕法尼亚海军园区建立一个兆瓦级的光伏发电站。

2008 年 5 月，杜克能源宣布计划全部收购位于卡罗莱纳州夏洛特的 16MW 光伏电站发出的电力。

2009 年 6 月中旬，佩克能源服务公司签署合同，将在新泽西州的亚特兰大城会议中心屋顶建造一个 2.36MW 的光伏发电站。现在以上项目都已完成。

2015 年 4 月，美国太阳能工业协会(US Solar Energy Industries Association，SEIA)发布了《2014 美国太阳能工业年回顾》报告。报告显示，美国 2014 年太阳能安装容量相较于 2013 年增加了 30%，达到 6201MW，累积光伏安装容量 18.3GW，占新增装机容量的 32%，仅次于天然气。报告还指出，2012～2014 年，住宅区光伏安装容量实现大幅增长，年增长率都超过 50%。2010 年 4 月 15 日，SEIA 发布的《2009 美国太阳能工业年回顾》报告中，劳伦斯伯克利国家实验室预估到 2025 年光伏安装容量将会达到 9000MW[13-14]。

隶属美国能源部的国家可更新能源实验室(The National Renewable Energy Laboratory，NREL)在 1977 年成立之初就是一个太阳能研究机构，直到 1991 年才更名为 NREL。现在美国有越来越多的机构开展太阳能方面的研究。美国对新能源发电采取了财政刺激政策，如回购电价政策、投资补贴和可再生能源证书等。

1.1.2 日本

日本光伏发电发展初期开始于日本通产省 1974 年制订的以发展太阳能为主的可再生能源代替石油的技术研究开发中长期规划，即有名的“阳光计划”。随后，日本政府成立了日本新能源综合开发机构(Japan’s New Energy and Industrial Technology Development Organization，NEDO)专门负责光电产业化的一条龙管理，在政府加大资金投入的条件下，加速了光伏电池的产业化，使得光伏电池的生产成本大幅下降，生产技术有很大进步。例如，其多晶硅铸造基板的光电转换效率由 1984 年的 12.7%提高到 1988 年的 15.7%，非晶硅的转化效率亦由 1985 年的 8.25%提高到 1988 年的 10.1%。

在 1992 年世界环保大会后，民众对降低 CO_2 等问题重视程度加大。日本通产省决定从 1994 年开始，在日本实施住宅用光电系统的优惠政策，即对每户居民住宅用光电系统(含逆变器、蓄电池和电网连接系统)补助总造价(含施工费)的 1/2，对建设商亦采取同样补助，从而极大地促进了住宅用光电项目的推广。尽管当时日本处于泡沫经济破灭的不景气时期，居民申请上光电项目仍十分踊跃，如1994～1999年累计实施3.3万件，共121MW。2000年申请达2.6万件，合计96MW，达到前5年合计水平。

自2000年开始，日本制定了引人瞩目的《面向2030年的光伏发电路线图》，设定了2030年累积装机容量达100GW的发展目标。届时，其光伏发电可以满足约50%的日本居民电力消费（约占总电力消费的10%）。在2009年6月28日NEDO宣布对路线图做出更新，目的是加快光伏发电的发展，预定到2020年将光伏发电的成本价降到0.14美元/(kW·h)，到2030年将成本价降到0.07美元/(kW·h)[15]。

受2011年福岛核电站事故影响，日本开始大力发展可再生能源（主要是光伏发电）。2012年7月1日，日本《光伏补贴法案》正式实施。按照这一法案规定，未来20年内，该国电力公司必须保证收购家庭和企业利用太阳能所生产的电力，其上网补贴电价定为42日元/(kW·h)，约合人民币3.36元/(kW·h)[16]。尽管在2013年和2014年，该光伏补贴电价持续下调，日本仍然是目前全球光伏补贴最优厚的地区。

1.1.3 德国

德国是世界上光伏装机规模最大的国家，其在推动光伏发展方面的政策、管理、技术等方面的经验为世界上多个国家效仿。德国政府在2000年首先颁布《可再生能源法》，2003年圆满完成了“十万屋顶发电计划”。2004年德国光伏安装总量首次超过日本，走在世界的前列，其光伏安装量在2008年新增1.5GW，2009年新增了3.2GW，并于2010～2012年间到达峰值约7.5GW。德国原定到2020年总共安装并网光伏10GW在2012年已经提前实现。自2013年起，德国的光伏发展出现了电网运行压力过大、新能源补贴导致电价上涨过快等问题。2014年8月1日，德国通过了新的《可再生能源法》修订案，严格限制可再生能源新增规模，减少新建项目资助额度。2014年德国光伏新增装机容量约为1.9GW，同比下降41.3%，连续两年保持下降趋势[2]。截至2014年底，德国光伏电站的总装机容量达到38GW，光伏已成为德国装机容量最大的电源。当年德国光伏发电量占到总发电量的6.3%。

德国政府在推广光伏发电方面采取了一系列有力的措施，主要是银行贷款和上网电价补贴等。在德国，若在自家屋顶上安装一套光伏发电设备相当于办一个小型发电厂，发出的电输入到公共电网，2004年国家最高给予57.4欧分/(kW·h)的补贴。目前，德国光伏产业已经成为一个非常活跃的经济产业。随着欧债危机的蔓延以及光伏组件价格的下跌，2009年开始德国多次下调光伏补贴额度。其中

2010 年 7 月 1 日、10 月 1 日两次下调补贴，宣布 2011 年的光伏上网电价比 2009 年下调达 33%～35%[17]。根据新的《可再生能源法》，德国最晚自 2017 年起，将通过招标确定可再生能源的补贴额度。

德国在大力发展国内光伏发电产业的同时，也积极依靠自身先进的技术去拓展海外市场，如 2009 年，德国 Solon SE 中标西班牙一处 11MW 的光伏电站项目，项目由西班牙可再生能源及光伏有限公司(REPS)投资，该公司为挪威能源企业 Statkraft AS 的子公司。目前在光伏逆变器行业领域内市场占有率最高的厂家 SMA 就来自德国。

1.1.4 中国

中国具有利用太阳能的良好自然条件，其国土总面积的 2/3 属于接受太阳总辐射量较佳的一、二、三类地区。除四川盆地、贵州省资源稍差外，西藏、青海、新疆、甘肃、宁夏和内蒙古等地均为太阳能资源丰富地区，东部、南部及东北等其他地区都是太阳能资源较丰富和中等区。

在 20 世纪 80 年代后期，通过引进国外关键设备、成套生产线及太阳能光伏电池生产技术，中国的光伏电池生产能力达到 4.5MW，光伏电池产业初步形成。2008 年底，中国太阳能光伏电池年产量已达 2GW，占全球市场的 30%以上。2009 年中国光伏电池年产量达到 7.5GW，占全球市场的 44%。2008 年之前，由于国内光伏应用匮乏，90%的光伏电池出口国外。2009 年，国家相继出台了“金太阳”示范工程、“屋顶工程”等一系列支持光伏产业发展的政策，有效拉动了国内市场的光伏应用需求，由此带动了中国光伏发电的大规模应用。太阳能电池生产线和部分多晶硅生产用关键设备已立足于国内自主研发和生产，上下游产业链本土化进程正在日益加快[18]。表 1.1 中，2014 年世界十大光伏电池生产厂家中，中国太阳能电池厂商在前十名中占据了六席。

按照国家发展和改革委员会编制的《可再生能源中长期发展规划》，到 2010 年太阳能光伏发电总容量 300MW，其中偏远农牧区应用 150MW，建筑物和公共设施应用 80～100MW，大型并网光伏电站 20MW，其他商业应用 30MW。2020 年光伏发电总容量 1.8GW，其中偏远农牧区应用 500MW，建筑物和公共设施应用 1GW，大型并网光伏电站 200WM，其他商业应用 100MW。光伏发电总容量 1.8GW 的目标在 2011 年已经提前实现。

2009 年中国的光伏产业迎来来了大发展的有利契机，《太阳能屋顶计划》《“金太阳”示范工程》和《关于做好“金太阳”示范工程实施工作的通知》文件相继发布[19-20]。一年之中，三大扶持光伏产业的利好政策文件出台，足以显示政府在推广光伏产业以及启动国内光伏行业的决心。当年就相继有中节能杭州能源与环境产业园开发建设光伏并网发电项目(规划容量 20MW，一期安装 2MW)、中国第一个10MW级太阳能光伏发电项目——中节能尚德石嘴山50MW太阳能光伏电站一期10MW项目、云南玉林66MW光伏电站等大型光伏电站投产发电。预计到2020年，光伏发电的总装机容量将达到50GW，相当于少建50多个大型火电厂。

图1.2为世界上最大的并网光伏电站群——青海柴达木盆地百万千瓦太阳能示范基地。2011年12月，柴达木盆地光伏电站群100.3万千瓦光伏发电容量成功接入青海电网。这是青海电网第一次大规模接入百万千瓦级光伏发电容量，一举创造了"世界上太阳能光伏装机最集中的地区、世界上最大的光伏电站群、世界上同一地区短期内最大光伏发电安装量、世界上规模最大的光伏并网系统工程、世界范围内首个实现百万千瓦级光伏电站并网发电"五项世界之最。

图1.2 青海柴达木盆地百万千瓦太阳能示范基地

2012年10月，国家电网公司发布《关于做好分布式光伏发电并网服务工作的意见》，在提高分布式光伏电源项目并网服务效率、免收相关费用等方面作出15条承诺，各级电网企业认真履行各项承诺，确保并网服务工作实施有序、服务畅通。截至2013年1月底，已受理与分布式光伏电源并网有关的咨询业务850项，受理并网申请业务119项，总装机容量达到33.8万千瓦，相关工作得到包括光伏产业上下游企业在内的各方面积极评价。

1.2 光伏电源并网技术研究现状

1.2.1 并网光伏电源技术特点

光伏并网系统作为分布式发电的一种，其工作特点是太阳电池组件产生的直流电经逆变器转换成符合电网要求的交流电之后，直接进入公共电网。光资源分布及太阳光辐射变化的不均衡性、随机性、波动性、间歇性等特点导致光伏电站可调可控性弱。因此，不同容量、不同并网方式的光伏电源接入不同电网的要求是不同的。从电网角度而言，由于光伏并网发电特性有别于常规发电方式，常规电站的并网技术条件和接入计算方法就不再适用；另一方面，目前对光伏电源并网后和电网之间的相互影响还没有系统深入的研究，没有形成全面、明确、可操作的管理标准和技术规范，电力公司难以从电能质量、可靠性、稳定性、安全性和规范管理的角度对并网光伏电源进行全面可信的评估，从而加剧了光伏电源并网的复杂性和困难性。

并网光伏电源根据设计容量的大小，可以选择 35kV、10(20)kV 和 400V 等多种电压等级并网。实际运行的并网光伏电源有以下特点：

(1) 现有主要的光伏并网逆变器的控制方式为电压源电流控制，即输入侧为电压源，输出为电流源控制，通过控制输出电流以跟踪并网点电压，达到并网的目的。目前输出一般为纯有功功率，功率因数为 1，但随着相关标准和规定的颁布，越来越多的产品已经具备无功调节功能。

(2) 为有效利用太阳能，并网逆变器输出功率常见的控制策略为最大功率点跟踪(maximum power point tracking，MPPT)。

(3) 光伏发电输出受天气影响很大，尤其在多云天气，发电功率会出现快速、剧烈的变化。

(4) 由于光伏出力具有快速随机波动特性，当大容量光伏电源并网时，等效负荷峰谷差增大的概率非常大，就需要常规发电机组的旋转备用容量进行功率调整补偿，使得常规发电机组的发电成本增加。

(5) 逆变器输出轻载时，谐波会明显变大。

(6) 并网逆变器的防孤岛保护功能与负荷状况的相关性：由于现有的光伏电源容量相对于负载比例小，市电消失后，电压、频率会快速衰减，孤岛可以准确检测；随着光伏电源并网容量和数量的不断加大，会有多种类型的并网光伏逆变器(不同保护原理)接入同一并网点，导致互相干扰，当出现发电功率与负载基本平衡的状况时，防孤岛检测的时间会明显增加，甚至可能检测失败。

由以上可知，现有光伏并网控制技术不具备“电网友好型”特征。随着光伏电源接入容量的增大，现有并网逆变器的控制保护功能与技术将不能满足电网安全稳定运行的需要，会成为制约光伏电源并网的重要因素，因此有必要研究大规模光伏电源接入对电网的影响。

1.2.2　分布式光伏电源大规模并网对配电网的影响

并网光伏电源按照其接入方式的不同，可以分为集中式光伏电站和分布式光伏电源两种类型。其中，集中式光伏多为大型光伏电站，电能经过逆变后并入高压输电网。集中式光伏发电主要解决大规模远距离输电的问题，而且由于光伏电站的输出功率具有间歇性和随机性，如果容量较大，会给电网的频率和稳定运行造成严重影响。分布式光伏电源一般就近接入中低压配电网中，由于其离负荷位置较近，不存在电能远距离传输的问题，能够有效降低线路损耗。然而分布式光伏电源的功率输出受环境因素影响很大，而且具有能量密度低、稳定性差、调节能力差的特点，若大规模并网到配电网中将会带来深刻影响，主要表现在以下几个方面[21-23]：

(1) 潮流的双向流动。与传统辐射型配电网中单向潮流不同，分布式光伏电源的接入会导致线路中潮流的双向流动，尤其是在大规模分布式光伏电源接入的情况下，多余的光伏电量将会馈入上一级电网中，对原有保护设备之间的协调配合以及电压调节器的动作情况产生影响。

(2) 对系统电压的影响。分布式光伏电源输出功率受环境因素影响较大，具有一定的不稳定性。因此，大规模的分布式光伏电源接入配电网后，由于馈线上的传输功率减少，沿馈线各负荷节点处的电压被抬高，可能导致一些负荷节点的电压偏移超标，其电压被抬高的幅度与接入分布式光伏电源的位置及总容量大小密切相关。

(3) 对系统保护的影响。在配电网中，短路保护一般采用过流保护加熔断保护的方式。对于大规模接入的分布式光伏电源，当馈电线路上发生短路故障时，可能由于分布式光伏电源提供绝大部分的短路电流而导致馈电线路无法检测出短路故障，同时，短路瞬间的电流峰值与分布式光伏电源逆变器自身的控制性能有关。此外，一旦保护因故障动作跳闸，在分布式光伏电源未从线路解列的情况下，可能形成由分布式光伏电源供电的电力孤岛、将对自动重合闸产生非同期合闸和故障点电弧重燃等潜在威胁。

(4) 对电网运行控制的影响。分布式光伏电源的不确定性，使电网短期负荷预测的准确性降低，增加了传统发电和运行计划编制的难度，断面交换功率的控制难度加大。分布式光伏电源接入配电网，使电网中电源点数量显著增加，且布点分散、单点规模小，大大增加了电源协调控制的难度，常规的无功调度及电压控制策略难以适应，将可能在电网调峰、安全备用、电压稳定和频率安全稳定等方面带来一定影响，增加了电网运行控制的难度。因此，分布式光伏电源大规模接入配电网后，原有常规电源对电网运行的调整与控制能力被削弱，给电网安全稳定运行控制带来新问题。

(5) 对配电网络设计、规划和营运的影响。随着越来越多的分布式光伏电源接入配电网中，集中式发电所占比例将有所下降，电力网络的结构和控制方式可能会发生很大的改变，这种改变带来的挑战和机遇将要求电力网络从设计、规划、营运和控制等各方面进行升级换代。在可以预见的将来，大量被消费的电能将来自于低压配电网络，提前对配电网络的结构进行升级换代和优化显得尤为重要。另外，大量分布式光伏电源接入到配电网中后，用户侧可以主动参与能量管理和运营，使传统配电网运营费用模型不再适用。

1.2.3　分布式光伏电源大规模并网带来的研究需求

随着光伏发电技术水平的提高和发电成本的不断降低，未来将有越来越多的分布式光伏电源接入配电网。分布式光伏电源的大规模并网会带来许多新的问题和研究需求，因此全面深入地开展分布式光伏电源并网关键技术研究，对保障电网安全稳定运行、分布式光伏电源安全可靠并网以及最大程度的利用太阳能资源具有重要意义。

1) 分布式光伏电源实验环境的构建

为了能够准确地研究分布式光伏电源接入对配电网安全稳定和电能质量等的影响，有必要针对分布式光伏电源建立相应的实验环境。通过研究分析分布式光伏电源的特性，构建相应的分布式光伏电源及其控制系统模型，完善现有的电力系统仿真平台，使其具备含分布式光伏电源的电网分析计算能力；建立分布式光伏电源并网的典型案例数据库，从而为研究分布式光伏电源与配电网间的相互影响提供良好的实验环境。

2) 分布式光伏电源与电网相互作用机理的研究

大规模分布式光伏电源接入电网后，将对电网的规划、运行、保护等方面带来深刻的影响。开展分布式光伏电源与电网相互作用的研究，对揭示二者相互影响的作用规律及机理，进而提出相应的改进措施具有重要的意义，能够为新型电网系统进行技术升级和改造提供有力的理论依据。利用1)中所建立的仿真平台，针对分布式光伏电源输出随机、含有电力电子变换装置等特点，主要可以探讨以下机理：①电能质量扰动产生机理和分布规律；②分布式光伏电源与电网的控制系统及故障过程相互作用机理；③分布式光伏电源对电网的电压、功角和频率稳定运行的作用机理。其研究目的就是要揭示出两者相互作用的本质，发展相关的理论与方法，为含大规模分布式光伏电源的配电网稳定性分析和控制奠定理论基础。

3）新型配电系统的协同规划与方法研究

当分布式光伏电源接入配电网后，配电网将由原来单一电能分配的角色转变为集电能收集、电能传输和电能分配于一体的新型电力交换系统。光伏等分布式电源的接入对配电网的供电经济性和母线电压、潮流、短路电流、网络供电可靠性、电能质量等都会带来影响，由此也对规划设计提出了新的要求，主要的问题和有待研究的内容为：①大规模分布式光伏电源的接入使得配电网的负荷预测更加困难，而且传统的电网电源规划是根据预测的负荷水平和分布情况进行布点和容量选择，以满足电力平衡。分布式光伏电源接入后，配电网变成了有源网络，因而传统电网的常规电源规划已不能满足要求；②传统的配电网网架结构主要包括放射式接线、树干式接线和环网式接线方式，其形式主要取决于对供电可靠性的要求。由于大规模分布式光伏电源的接入，配电网中将会产生大量的随机性潮流，为满足这种随机功率的传输，需要研究现有的配电网能够承载多大的随机功率；③分布式光伏电源输出功率随太阳辐照度变化，给电网的无功优化带来了很多不确定因素。

4）含分布式光伏电源的电网运行控制理论与技术研究

分布式光伏电源接入配电网后，其具有很强的随机性，与电网之间的功率交换会导致潮流流向的不确定性，这些因素将会对配电网的安全稳定运行产生影响；分布式光伏电源的接入具有降低线路损耗、改善能源利用结构、提高能源利用率等优点，因此如何通过合理的经济调度来实现这些优势，也是亟须解决的问题；同时，大量的电力电子设备的使用会对电网造成谐波污染，单相光伏将加剧电网的三相不平衡水平，需要对电网运行中的电能质量问题进行深入的研究。反之，电网扰动也可能引起分布式光伏电源的非正常运行，加剧电网受到的冲击。综上，对分布式光伏电源接入的电网运行控制进行研究，可以从以下几个方面开展：①分布式光伏电源并网后的能量优化管理方法研究；②含分布式光伏电源的电网安全经济调度及优化控制方法研究；③含分布式光伏电源的电网无功调度和电压控制策略研究；④含分布式光伏电源的负荷预测研究；⑤分布式光伏电源接入对配电网安全稳定运行影响的研究；⑥电网扰动下分布式光伏电源运行特性的研究。

5）含分布式光伏电源的电网协调保护系统研究

继电保护是保证电力系统安全稳定运行的重要基础，分布式光伏电源接入配电网后，改变了电网的网架拓扑结构，使系统故障后的电气特征发生了变化，从而对传统的故障检测和继电保护模式产生了一定的影响。根据含有高渗透率分布式光伏电源的电网保护在实际应用中面临的理论和技术问题，需要开展的研究主要集中在以下几个方面：①并网分布式光伏电源短路电流特性的研究与仿真计算模型的建立，需要提出相应的电源简化数学模型，正确反映短路电流外部故障特征；②含分布式光伏电源电网继电保护系统的构建及整定计算原则的研究，需要针对不同的保护原理和配置模式，提出相应的整定原则和方法；③保护设备之间的协调配合机制等关键性问题研究，确保在分布式光伏电源接入的情况下保护设备的正确动作。

6）相关监测、保护与控制设备研发

在分析研究分布式光伏电源接入对配电网的影响以及相互作用机理的基础上，有必要进行相关配套的检测、保护与控制设备开发，其中主要有以下几方面：①含分布式光伏电源的保护设备的开发。由于分布式光伏电源的接入，故障后的电气量变化复杂，需要开发相应的新的保护方法与设备。②孤岛检测系统。出于用电安全和用电质量的考虑，需要迅速检测出孤岛，对分离系统部分和孤岛采取相应的调控措施。③实时监测控制系统。由于分布式光伏电源的接入，需要监测的信息类型和范围以及协调控制的对象有所增加。④计量设施。分布式光伏电源并网会导致个别配电网区域内的潮流的双向流通，因此需要将已有的电能计量模式由单向改为双向计量模式。同时，由于分布式光伏电源的发电成本仍然相对较高，如何在计量系统中合理地反映电价差别，也是个必须要研究的问题。

7）分布式光伏电源接入公共电网的技术标准与规范的健全

目前，由于包括分布式光伏电源在内的分布式电源在中国的发展仍处于起步阶段，很多技术尚处于发展中，有关其设计、与公共电网接入的相关标准，都远未成熟且十分缺乏。健全分布式光伏电源接入公共电网的技术标准与规范，研究并网分布式光伏电源的技术参数、控制特性及承受电网扰动能力的技术要求与标准，研究分布式光伏电源并网规模、接入电压等级、无功配置和电能质量等方面的技术标准，研究配电网接纳分布式光伏电源应具备的条件等技术标准与规范，将有利于引导与规范分布式光伏电源等新能源有序接入电网，确保这些新型分布式电源及其控制设备不会对电网的安全稳定运行造成危害。

1.3　小　　结

本章介绍了国内外光伏发电的现状和趋势，重点介绍了美国、日本、德国和中国等光伏大国的光伏产业发展历史、制定的政策法规以及近年来建设的示范工程项目等。

根据光伏电源的技术特点，按照其接入方式的不同，将并网光伏电源分为集中式光伏电站和分布式光伏电源两类。重点分析了分布式光伏电源大规模并网后对配电网带来的影响，包括潮流方向、系统电压、保护控制、运行规划等方面。因此，为了保障电网安全稳定运行，需要从分布式光伏电源实验环境构建、分布式光伏电源与电网相互作用机理、配电网的规划方法、运行控制理论以及分布式光伏电源接入规范等方面展开深入研究。

参考文献

[1] Grand View Research. Solar PV Market Analysis and Segment Forecasts to 2020. San Francisco, USA, 2014.

[2] 中国电子信息产业发展研究院．光伏产业发展白皮书．北京：中国电子信息产业发展研究院工业和信息化部赛迪智库，2015.

[3] 北极星太阳能光伏网. GTM：2017 年全球新增太阳能装机量超 85GW. http://guangfu.bjx.com.cn/special/? id=818844，2017-04-07.

[4] Solangi K H，Islam M R，Saidur R，et al. A review on global solar energy policy. Renewable & Sustainable Energy Reviews，2011，15(4)：2149-2163.

[5] OFweek 太阳能光伏网．2014 年我国新鲜出台的光伏政策措施大全（国家、地方）. http://solar.ofweek.com/2014-12/ART-260006-8480-28917787.html，2014-12-26.

[6] Pitt D，Congreve A. Collaborative approaches to local climate change and clean energy initiatives in the USA and England. Local Environment，2016：1-18.

[7] Lau L C，Tan K T，Lee K T，et al. A comparative study on the energy policies in Japan and Malaysia in fulfilling their nations' obligations towards the Kyoto Protocol. Energy Policy，2009，37(11)：4771-4778.

[8] 彭玉利．太阳能光伏发电技术应用综述．河南科技，2012(19)：67-68.

[9] Khan A，Mondal M，Mukherjee C，et al. A Review Report on Solar Cell：Past Scenario，Recent Quantum Dot Solar Cell and Future Trends. Advances in Optical Science and Engineering. Springer India，2015：135-140.

[10] 江富平，刘晓梅．基于产业链视角的我国光伏产业转型策略分析．中外企业家，2016(2)：41-43.

[11] Zhang S，Andrews-Speed P，Ji M. The erratic path of the low-carbon transition in China：Evolution of solar PV policy. Energy Policy，2014，67(2)：903-912.

[12] 汉能控股集团有限公司．全球新能源发展报告 2015. 北京，2015.

[13] SEIA. U. S. Solar Market Insight Report Overview：2014 Year in Review. http://www.seia.org/events/us-solar-market-insight-report-overview-2014-year-review，2014.

[14] SEIA. US Solar Industry Year in Review 2009. http://www.seia.org/sites/default/files/us-solar-industry-year-in-review-2009-120627093040-phpapp01.pdf，2010.

[15] Kaizuka I，Ohigashi T，Matsukawa H，et al. PV trends in Japan - progress of the PV market by new support measures. Photovoltaic Specialists Conference. IEEE，2010：000136-000141.

[16] Yamaya H，Ohigashi T，Matsukawa H，et al. PV market in Japan and impacts of grid constriction. Photovoltaic Specialist Conference. IEEE，2015：1-6.

[17] Grau T，Huo M，Neuhoff K. Survey of photovoltaic industry and policy in Germany and China. Energy Policy，2011，51(4)：20-37.

[18] 工业和信息化部赛迪研究院光伏产业形势分析课题组．2013 年中国光伏产业发展形势展

望．电器工业，2013(2)：7-11.

[19] 财政部科技部国家能源局联合印发《关于做好金太阳示范工程实施工作的通知》. 节能与环保，2009(12)：7.

[20] 崔晓红．"太阳能屋顶计划"欲拯救光伏产业．新财经，2009(5)：78-81.

[21] Chidurala A, Saha T, Mithulananthan N. Field investigation of voltage quality issues in distribution network with PV penetration. IEEE Pes Asia-Pacific Power and Energy Engineering Conference. IEEE, 2015：1-5.

[22] Nguyen D, Kleissl J. Research on impacts of distributed versus centralized solar resource on distribution network using power system simulation and solar now-casting with sky imager. Photovoltaic Specialists Conference. IEEE, 2015：1-3.

[23] 刘洁，袁松振，杨海柱．分布式光伏发电系统对电网的影响与对策．通信电源技术，2013，30(2)：41-43.

第 2 章　分布式光伏电源技术基础

2.1　分布式光伏电源概述

2.1.1　分布式电源定义与优势

分布式电源(distributed generation,DG)[1-2]一般是指直接设计、安装并运行在配电网或分布在用户处或其附近,以经济、高效、便捷、可靠的发电满足特定用户需要或支持现存配电网运行的小型发电系统。与传统的中心电站相比,分布式电源装机容量不大,大约在几千瓦至几十兆瓦之间,具体数值依不同电源类型、不同电力系统和不同政策环境而异。分布式发电有助于促进能源的可持续发展、改善环境并提高绿色能源的竞争力。

按一次能源的不同,分布式发电采用的能源类型可分为可再生能源和不可再生能源。电能是分布式电源的主要输出形式,采用热电联产的方式可以实现其他能量形式如冷能和热能的供应,达到有限能源资源的高效和综合利用。在运行模式上,分布式发电系统可以是自治系统(孤网模式),也可以是与现有电力系统并联运行的系统(并网模式)。按能量转换技术的不同,分布式发电通常采用的技术类型有:往复式发电机、斯特林发电机、微型燃气轮机、天然气燃汽轮机、燃料电池、光伏发电、风力发电、水力发电以及各种储能技术等。

IEEE 1547.2-2008 标准提供了分布式发电技术的两种分类方法[3]:按原动机的不同,可以分为旋转型和非旋转型两种;按并网接口和功率变换的不同,可以分为同步发电机、异步发电机和基于电力电子变换装置并网的分布式电源。

与传统的集中式发电相比较,大规模发展分布式发电的意义如下[4-5]:

(1) 经济性。由于分布式发电的位置靠近负荷中心,与建设传统的发输配电设施相比,不但可以降低输电网损耗,而且由于分布式发电占用的土地面积和物理空间非常少,可以大大降低投资费用。相对于建造传统的发输配电设施建设周期长、投资风险大的缺点,分布式发电具有技术和设备小型化、模块化,建设周期短,可紧密跟踪负荷增长进行扩建,投资费用低,风险小等优点。

(2) 环保性。分布式发电可广泛利用清洁能源,不但可以减少污染物排放,还可以有效地降低建设高压输电线路造成的电磁污染和线路沿途对植被的破坏。

(3) 可靠性。分布式电源并网后,合理的运行方式将提高配电网的供电可靠性。当电网出现大面积停电事故时，具有特殊设计的分布式发电系统（如与重合闸相结合的计划孤岛模式）仍能保持正常运行，较好地改善供电可靠性。

(4) 安全性。分布式发电具有能源利用类型和供应渠道多元化的特点，因此大规模的分布式发电应用是实施能源供应来源多样化战略、确保能源安全和缓解能源危机的一种很好的途径。此外，分布式电源的分散性和小型化使其不易成为突发事件或意外灾害的主要对象和目标。

(5) 灵活性。分布式发电系统多采用性能先进的中小型模块化设备，开停机快捷迅速，维修管理方便，操作控制简单，负荷调节灵活，且各电源相互独立，可满足各种不同的定制需求（如削峰填谷、为边远用户或重要用户供电等）。

2.1.2 分布式光伏电源原理与结构

作为分布式发电技术的杰出代表，光伏电源技术在近年来发展迅猛。光伏电源技术的本质是通过光热转换、光电转换或者光化学转换等形式将太阳能转变成电能输出。目前，技术较成熟、工程应用最广泛的光伏发电原理是“光伏效应”，即利用当太阳光照射到太阳能电池板上，电池吸收光能会激发出电子和空穴的现象，产生电流输出，其核心元件是太阳能电池板。光伏发电具有不消耗燃料、不受地域限制、规模灵活、无污染、安全可靠、维护简单等优点，其缺点是能量密度低、容易受气象条件的影响、初投资费用高等。

目前光伏发电主要应用在以下几个方面[6]：①太阳能灯、交通标志灯。2008年北京奥运村道路两旁90%的照明均使用这种对周围有极好点缀和装饰效果的太阳能灯。②在边远地区、电网无法送达地区建立的独立光伏发电系统，用于保证居民基本生产、生活用电。③大型地面光伏电站，一般建设在光照资源和土地资源丰富的地区，资源集中开发，通过高压输送。④分布式城市住宅用小型并网系统。光伏电池与居民住宅建筑结合，分散接入配电网中，靠近用户，就地消纳。⑤通信工业应用。主要是太阳能电池在通信基站、无线电转播站等的应用。⑥太阳能光伏产品，如太阳能手机充电器、太阳能玩具等。

光伏发电的实现形式同样有集中式和分布式两种。2012年10月印发的《国家电网公司关于做好分布式光伏发电并网服务工作的意见（暂行）》规定：分布式光伏发电是指位于用户附近，所发电能就地利用，以10kV及以下电压等级接入电网，且单个并网点总装机容量不超过6MW的光伏发电项目。

分布式光伏电源发电的过程通常如下：首先光伏组件接受太阳光照的辐射能量并将之转化为电能，然后经直流升压达到逆变所要求的电压，并通过控制逆变器将直流电转换为交流电，最后将逆变后的交流电经滤波后输送到中低压配电网或直接供给附近负荷使用。具体结构如图2.1所示，其基本设备包括光伏组件（太阳能电池板）、逆变器、配电柜等，有的还配有储能电池、电池充放电控制器、变压器和太阳跟踪系统等设备[7]。

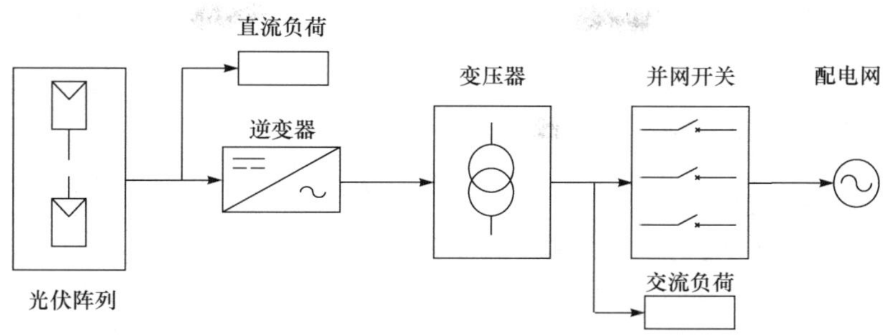

图 2.1　并网光伏系统

(1) 光伏组件。光伏组件是太阳能发电的核心部分，也是光伏系统中价值最高的部分，其质量和成本将直接决定整个系统的质量和成本。光伏组件由多个光伏电池板经过若干串并联组成的，当有光照时，会在电池板两端产生电压，实现太阳能到电能的转换。

(2) 逆变器。光伏阵列输出的是直流电，电网和大部分负载需要交流电。逆变器的作用就是按照负载和电网的要求，把直流电变换为交流电。另外，逆变器通常还具有 MPPT 功能和必要的保护功能。

(3) 太阳跟踪控制系统。对某一固定地点来说，一年四季、从早到晚，光照角度都在不停地变化。太阳能跟踪控制系统的作用就是使电池板时刻正对着太阳，达到最佳的发电状态，提高发电效率。

(4) 储能电池。光伏阵列发出的功率是不可控和不可预测的，而且晚上不发电。蓄电池的作用就是储存光伏阵列发出的电能，并按照负载的要求释放电能。在光伏系统中，要求储能电池自放电率低、充放电能力强、维护方便、工作温度范围大、使用寿命长、价格低廉等。

(5) 充放电控制器。和储能电池配合使用，构成储能系统，实现对能量的管理，同时保证储能电池科学合理地充放电。如果充放电过程不合理，储能电池的寿命会受到严重的影响，所以充放电控制器是必不可少的。

(6) 变压器。如果光伏系统发出的电压等级不够高，则采用升压变压器把电压升高到 220V 或者更高的电压等级，供交流负载使用或者并入电网。

并网光伏发电系统中，通常可以不配备储能电池，其发电效率主要取决于光伏电池、逆变器的转换效率及 MPPT 控制策略。本章将对此展开详细介绍。

2.2　光伏电池

光伏电池多用半导体固体材料制造，也有用半导体加电解质的光电化学电池。

发展至今业内种类繁多，无论采用何种材料生产，光伏电池对材料的一般要求是：半导体材料的禁带不能太宽；要有较高的光电转换效率；材料本身对环境不造成污染；材料便于工业化生产，而且材料的性能要稳定。

2.2.1 光伏电池的分类

1）按电池结构分类

同质结光伏电池：指在同种的半导体材料（除了其中含有少量的杂质外）上构成一个或多个 P-N 结的光伏电池。

异质结光伏电池：指在不同禁带宽度的两种半导体材料相连接的界面上构成一个异质 P-N 结的光伏电池。如果这两种异质材料的晶硅结构相近，界面处的晶格结构相近，界面处的晶格匹配较好，则构成异质面光伏电池。

肖特基结光伏电池：指用金属和半导体接触组成一个"肖特基势垒"的光伏电池（又称为 MS 光伏电池）。其原理是基于在一定条件下金属-半导体接触时产生类似于 P-N 结可整流接触的肖特基效应。这种结构的电池现已成为金属-氧化物-半导体光伏电池（即 MOS 光伏电池）、金属-绝缘体-半导体光伏电池（即 MIS 光伏电池）等。

薄膜光伏电池：指利用薄膜技术将很薄的半导体光电材料铺在非导体的衬底上而构成的光伏电池。这种电池可大大地减少半导体材料的消耗（薄膜厚度以微米级计）从而大大地降低了光伏电池的成本。可用于构成薄膜光伏电池的材料有很多种，主要包括多晶硅、非晶硅、碲化镉以及铜铟硒（CIS）等，其中以多晶硅薄膜光伏电池性能较优。

叠层光伏电池：指将两种对光波吸收能力不同的半导体材料叠在一起构成的光伏电池。鉴于波长短的光子能量大、在硅中的穿透深度小的特点，充分利用太阳光中不同波长的光，通常是让波长最短的光线被最上边的宽禁带材料电池吸收，波长较长的光线能够透射进去让下边禁带较窄的材料电池吸收，这就有可能最大限度地将光能变成电能。

湿式光伏电池：指在两侧涂有光活性半导体膜的导电玻璃中间加入电解质液而构成的光伏电池。这种形式的电池不但可减少半导体材料的消耗，还为建筑物和太阳能应用的一体化设计创造了条件。

2）按电池材料的分类

硅型光伏电池：包括单晶硅光伏电池、多晶硅光伏电池和非晶硅光伏电池。其中单晶硅材料结晶完整、载流子迁移率高、串联电阻小，光电转换效率最高，可达20%左右，但成本比较昂贵。多晶硅材料晶体方向无规律性。由于在这种材料中的正、负电荷有一部分会因晶体晶界连接的不规则性而损失，所以不能全部被 P-N 结电场所分离，使之效率一般要比单晶硅光伏电池低。但多晶硅光伏电池成本低。

多晶硅材料又分为带状硅、铸造硅、薄膜多晶硅等多种类型。用它们制造的光伏电池又分为薄膜和片状两种。而非晶硅光伏电池采用内部原子排列“短程有序而长程无序”的非晶硅材料（简称 a-Si）制成。非晶硅材料基本被制成薄膜电池形式。其造价低廉，但光电转换效率比较低，稳定性也不如晶硅光伏电池，目前主要用于弱光性电源，如手表、计算器等的电池。

非晶硅半导体光伏电池：主要有硫化镉（CdS）光伏电池和砷化镓（GaAs）光伏电池。硫化镉分单晶或多晶两种，它常与其他半导体材料合成使用，如硫化亚铜/硫化镉光伏电池、碲化镉/硫化镉光伏电池、铜铟硒/硫化镉光伏电池等。而砷化镓具有较好的温度特性，理论效率高，较适用于制成太空光伏电池。既可采用同质结形式也可采用异质结形式，既可采用单晶切片结构也可采用薄膜结构以制成光伏电池。

有机光伏电池[8]：主要由一些有机的光电高分子材料构成的光伏电池。

2.2.2　光伏电池的发展进程

第一代光伏电池是从 1954 年美国贝尔实验室研制出第一块半导体光伏电池开始[9]，伴随着化石能源的危机，人们对于可再生能源的兴趣越来越浓，光伏电池进入了快速发展的阶段。第一代光伏电池主要是基于硅晶片，采用单晶硅（图 2.2）和多晶硅（图 2.3）及 GaAs 材料制成。2004 年第一代光伏电池约占光伏电池产品市场的 86%。但以硅片为基础的第一代光伏电池，其技术虽已发展成熟，但其高昂的材料成本在全部生产成本中占据主导地位，特别是要保持过厚的硅衬底来保证其强度，消耗了过多的硅材料，使其生产成本太高，而且制作全过程中要消耗很多的能源。因此，要真正达到大规模利用光伏电池的目标，降低材料的成本就成为降低光伏电池成本的主要手段。以至于人们不惜以牺牲电池的转换效率为代价来开发薄膜光伏电池。为此，基于薄膜技术的第二代光伏电池发展起来。

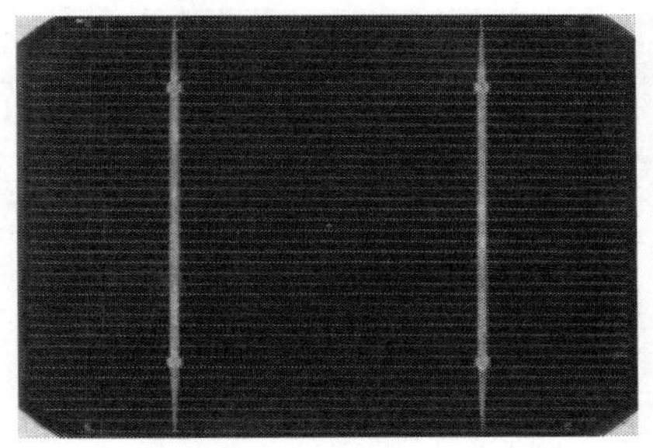

图 2.2　单晶硅光伏电池

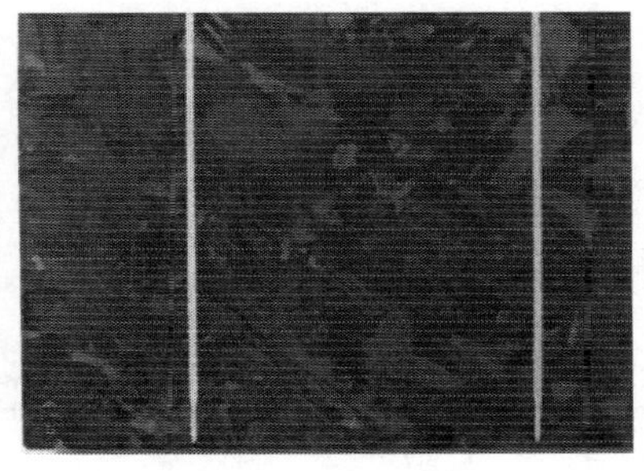

图 2.3　多晶硅光伏电池

第二代光伏电池是基于薄膜技术的一种光伏电池。薄膜技术的原理是：在薄膜电池中，很薄的光电材料被铺在非硅材料的衬底上，大大地减少了半导体材料的消耗（薄膜厚度以微米级计），其单元面积为第一代光伏电池单元面积的 100 倍，也容易批量生产，从而大大地降低了光伏电池的成本。构成薄膜光伏电池的材料有很多种，主要包括非晶硅（a-Si）、多晶硅（p-Si）、碲化镉（CdTe）以及铜铟硒（CIS），其中以多晶硅薄膜光伏电池性能最优。非晶硅薄膜电池在成本上具有一定优势，但研究发现，单纯用非晶硅薄膜制成的光伏电池受到光的照射以后，材料的性能会退化，即“光疲劳效应”，电池的性能也将变差，特别是转换效率将降低。通常，非晶硅光伏电池的转换效率低于 10%。而多晶硅薄膜光伏电池能在廉价衬底上制造，成本远低于晶体硅光伏电池。而多晶硅薄膜光伏电池实验室效率已达 18%，远高于非晶硅薄膜光伏电池的效率。最新研究表明，多晶硅薄膜光伏电池的光电转换效率逐渐接近单晶体硅光伏电池，并且具有光电性能稳定的特点。

第三代光伏电池的发展主要以提高光电转换效率和降低生产成本为根本目标进行研发。为了提高效率，一是努力减少非光能耗，减少热损耗；二是努力增加光子有效利用率；三是努力减少光伏电池的内阻。目前，第三代光伏电池主要还在概念和简单试验的层次上研究，其中包括：前后层叠电池、多能带电池、热光伏电池、热载流子电池和冲击离子化光伏电池（又叫量子电池）等。

表 2.1 对比了几种主要光伏电池的效率、市场份额、寿命等特点。目前光伏市场上，仍以单晶硅电池和多晶硅电池为主，薄膜光伏电池的效率和寿命仍待进一步提高。

表 2.1　几种主要光伏电池的对比

分类	薄膜				晶体	
标准环境下	非晶硅 (a-Si)	碲化镉 (CdTe)	铜烟硒 (CIS)	非晶硅和微晶硅层叠 a-Si/mc-Si	单晶硅	多晶硅
电池效率	5%～7%	8%～11%	7%～11%	8%	16%～19%	15%～16%
组件效率					13%～15%	12%～14%
组件面积/(m^2/kW)	15	11	10	12	7	8
市场份额	和其他合计 2.3%	4.7%	0.5%	5.2%	42.2%	45.2%
寿命	主流非晶硅和微晶硅层叠大于 10 年				20 年以上	

2.2.3　硅光伏电池模型

光伏电池是光伏发电系统中最基本的电能产生单元，其单体输出电压和输出电流都很低，功率也较小，为此将光伏电池串、并联可构成光伏组件，其输出电压可提高至几十伏；光伏组件又可经串、并联后得到光伏阵列，进而获得更高的输出电压和更大的输出功率。光伏阵列是一种直流电源，它是光伏发电系统的实际电源。

常用光伏电池的理想等效电路如图 2.4(a)所示[10]，在忽略各种内部损耗情况下，由光生电流源和一个二极管并联得到。值得指出的是，这里的二极管不是一个理想型在导通和关断两种模式间切换的开关元件，其电压和电流间存在连续性非线性关系。光伏电池的实际内部损耗可通过在理想模型中增加串联电阻 R_s 和并联电阻 R_{sh} 来模拟，如图 2.4(b)、(c)所示。在增加两个电阻的同时，图 2.4(c)给出的电路模型中还增加了一个二极管来模拟空间电荷的扩散效应，称为双二极管等效电路。双二极管等效电路能够更好地拟合多晶硅光伏电池的输出特性，尤其适用于光辐照度较低的条件。

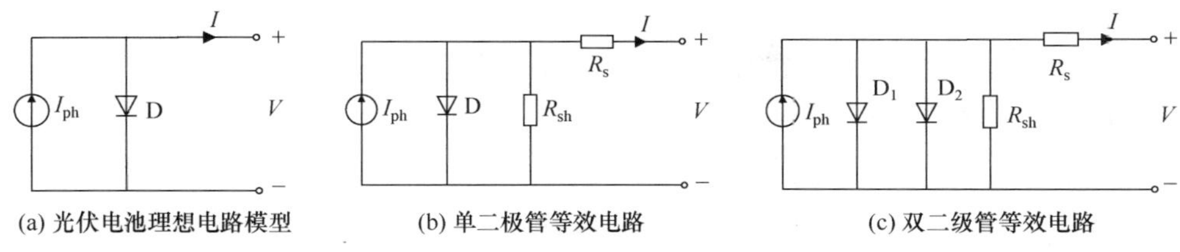

图 2.4　光伏电池等效电路

双二极管模型光伏电池输出伏安特性为

$$I=I_{ph}-I_{s1}\left[e^{q(V+IR_s)/kT}-1\right]-I_{s2}\left[e^{q(V+IR_s)/AkT}-1\right]-\frac{V+IR_s}{R_{sh}} \tag{2-1}$$

当简化为单二极管模型时，相应的伏安关系为

$$I=I_{ph}-I_s\left[e^{q(V+IR_s)/AkT}-1\right]-\frac{V+IR_s}{R_{sh}} \tag{2-2}$$

式中，V 是光伏电池输出电压；I 是光伏电池输出电流；I_{ph} 是光伏电流源电流；I_{s1} 是二极管扩散效应饱和电流；I_{s2} 是二极管复合效应饱和电流；I_s 是二极管饱和电流；q 是电子电量常量，为 1.602×10^{-19}C；k 是玻尔兹曼常量，为 1.381×10^{-23}J/K；T 是光伏电池工作热力学温度值；A 是二极管特性拟合系数，在单二极管模型中是一个变量，在双二极管模型中可取为 2；R_s 是光伏电池串联电阻；R_{sh} 是光伏电池并联电阻。

当光伏组件通过串、并联组成光伏阵列时，通常认为串并联在一起的光伏组件具有相同的特征参数，若忽略光伏电池组件间的连接电阻并假设它们具有理想的一致性，则单二极管等效电路图对应的光伏阵列等效电路如图 2.5 所示。

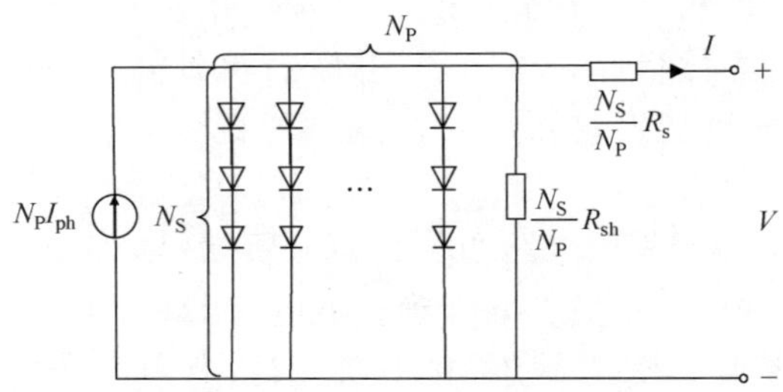

图 2.5　单二极管模型光伏阵列的等效电路

图 2.5 给出的等效电路的输出电压和电流的关系如式(2-3)所示。

$$I=N_PI_{ph}-N_PI_s\{e^{(q/kT)[(V/N_S)+(IR_s/N_P)]}-1\}-\frac{N_P}{R_{sh}}\left(\frac{V}{N_S}+\frac{IR_s}{N_P}\right) \tag{2-3}$$

式中，N_S是串联的光伏电池数；N_P是并联的光伏电池数。

若光伏电池采用双二极管等效电路，类似的等效电路如图 2.6 所示，相应的输出电压和电流的关系如式(2-4)所示。

$$I=N_PI_{ph}-N_PI_{s1}\{e^{(q/AkT)[(V/N_S)+(IR_s/N_P)]}-1\}-N_PI_{s2}\{e^{(q/AkT)[(V/N_S)+(IR_s/N_P)]}-1\}-\frac{N_P}{R_{sh}}\left(\frac{V}{N_S}+\frac{IR_s}{N_P}\right) \tag{2-4}$$

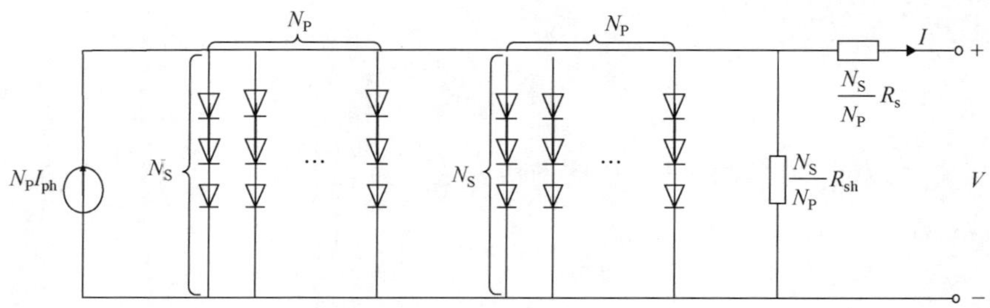

图 2.6　双二极管模型光伏阵列的等效电路

光伏电池或光伏阵列典型的 I-V 和 P-V 曲线如图 2.7 所示。在图 2.7 的曲线上，有 3 个特殊点：

(1) $(0,I_{sc})$：称为输出短路点，I_{sc}为对应输出电压为零时的短路电流。

(2) $(V_{oc},0)$：称为输出开路点，V_{oc}为对应输出电流为零时的开路电压。

(3) (V_{mp}, I_{mp})：称为最大功率输出点，该点处满足 $dP/dV=0$，输出功率为 $P_{mp}=V_{mp}I_{mp}$，是对应伏安特性上所能获得的最大功率。在实际运行的光伏系统中，应该尽量通过负载匹配使整个系统运行在最大功率点附近，以最大限度地提高运行效率。

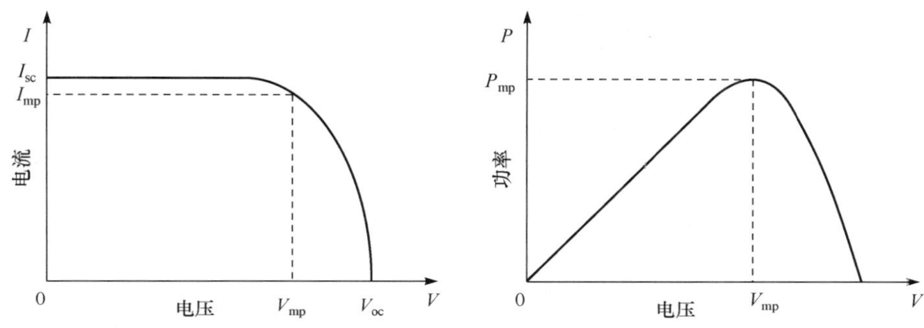

图 2.7　光伏电池典型 I-V 和 P-V 曲线

光伏电源的输出特性与光辐照度和环境温度密切相关，图 2.8 和图 2.9 分别给出了光辐照度和温度变化时的一组光伏阵列实际 I-V 曲线和 P-V 曲线。从图中可以看出，随着温度的升高，光伏电池的短路电流增大，但开路电压却不断降低，而且明显比电流的变化程度大，因此在光辐照度恒定的条件下，温度越高，最大功率反而越小，而且最大功率点电压变化较大。相比而言，光辐照度的提高对于短路电流、开路电压和最大功率都是增大作用，而且最大功率点电压变化较小，在某些条件下可近似认为不变。

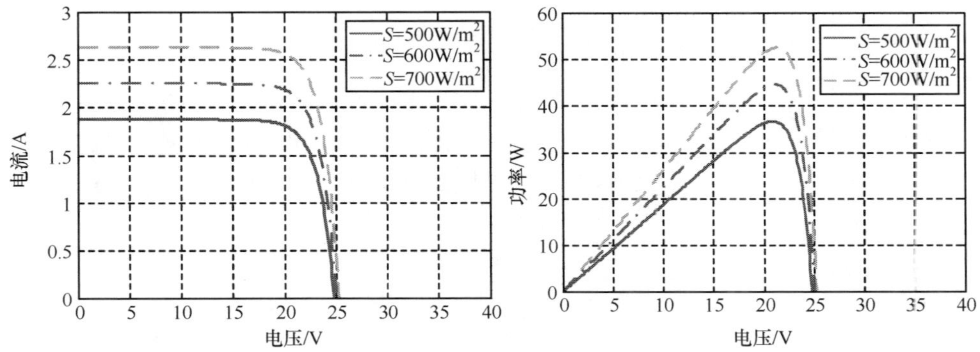

图 2.8　光辐照度对 I-V 曲线和 P-V 曲线的影响

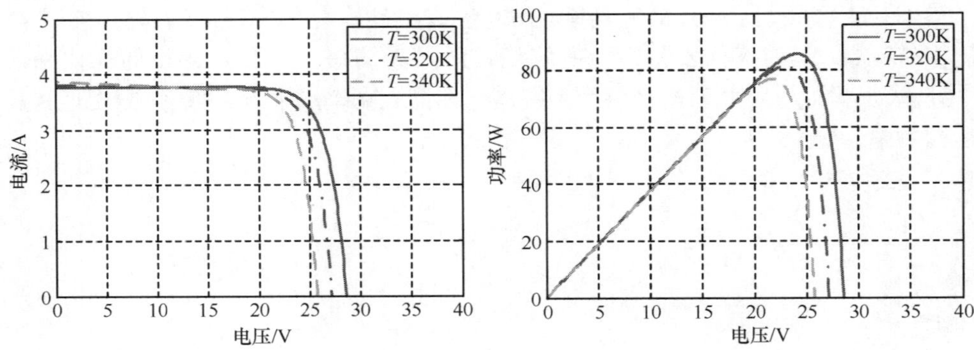

图 2.9 温度对 I-V 曲线和 P-V 曲线的影响

在分布式光伏电源仿真中，光伏电池（或阵列）的主要运行方程由式(2-1)～式(2-4)描述。通过对光伏电池板的输出特性进行测试，可以得到其电压/电流外特性曲线，即 I-V 曲线，在此基础上进行参数拟合就可以获得上述方程或电路模型中的参数值。一般来说，厂家给出的 I-V 曲线是在 IEC 60904 标准规定的条件下得到的。此时，辐照度为 $1000\mathrm{W/m^2}$，电池工作温度为 25℃，即 298K，大气质量(air mass，AM)为 1.5。考虑到光照和温度对 I-V 曲线、P-V 曲线存在着如图 2.8 和图 2.9 所示的影响，当实际光辐照度和温度与标准条件有差异时，需对参数进行一些修正，以式(2-2)为例，其重点修正量为光生电流 I_{ph} 和二极管饱和电流 I_{s}，修正公式如下：

$$I_{\mathrm{ph}}=\left(\frac{S}{S_{\mathrm{ref}}}\right)\left[I_{\mathrm{ph,ref}}+C_T(T-T_{\mathrm{ref}})\right] \tag{2-5}$$

$$I_{\mathrm{s}}=I_{\mathrm{s,ref}}\left(\frac{T}{T_{\mathrm{ref}}}\right)^3 \mathrm{e}^{(qE_{\mathrm{g}}/Ak)\left[(1/T_{\mathrm{ref}})-(1/T)\right]} \tag{2-6}$$

式中，S 是实际辐照度($\mathrm{W/m^2}$)；S_{ref}是标准条件下辐照度，即 $1000\mathrm{W/m^2}$；C_{T}是温度系数，由厂家提供(A/K)；$I_{\mathrm{s,ref}}$是标况下二极管饱和电流(A)；E_{g}是禁带宽度(eV)，与光伏电池材料有关；T 是电池实际工作温度(K)；T_{ref}是标准条件下电池工作温度，即 298K。

2.3 逆 变 器

光伏逆变器是光伏发电系统的关键设备之一，可以实现当前光照强度下光伏阵列最大输出功率跟踪，并且跟踪电网电压，调节输出功率的大小和相位；也可根据控制指令按照调度的要求改变输出功率的大小和功率因数。

2.3.1　逆变器与光伏组件连接的拓扑结构

光伏组件之间的连接主要有集中式逆变器连接拓扑、串型逆变器拓扑、组件集成式逆变器拓扑和多重串型逆变器拓扑。图 2.10 中的 1 为集中式逆变器连接拓扑、2 为串型逆变器拓扑、3 为组件集成式逆变器拓扑、4 为多重串型逆变器拓扑[11]。

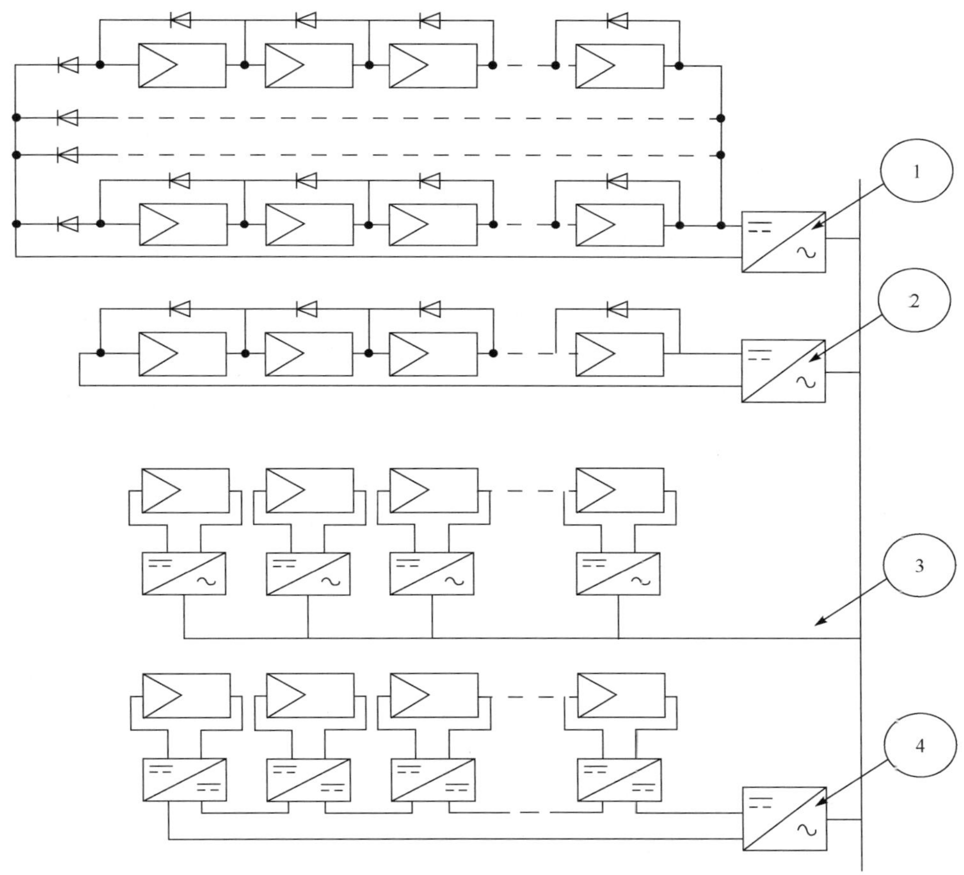

图 2.10　逆变器的四种连接拓扑

几十千瓦以上的光伏电站通常采用集中式逆变器连接拓扑，光伏组件串、并联组成光伏阵列，带高压直流母排，单位成本低，可适用于大功率场合，但是阵列中的串、并联组件之间的输出特性会相互影响。采用集中式最大输出功率跟踪，如当阵列中一些组件被遮阴或者光电转换性能变差时，会影响到整个系统的输出，这些组件可能会成为热负载。

考虑到集中式逆变器连接拓扑具有以上的缺点，串型逆变器拓扑中每组光伏串联组件都具有独立的逆变器，单位成本较高，每串可独立实现最大输出功率跟踪。单串的输出功率一般为 2kW 左右，电路拓扑见图 2.11。

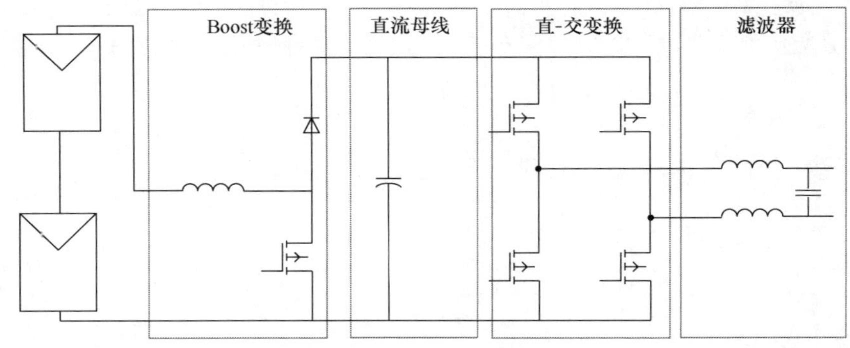

图 2.11　串型逆变器拓扑

组件集成式逆变器拓扑结构的光伏串联组件数更少，每串的输出功率一般为十几瓦到几百瓦不等，每串独立实现最大输出功率跟踪，逆变器的功率器件的选择余地大，甚至可以使用 MOSFET。接入灵活、小型方便，但是逆变器转换效率比大功率低，电路拓扑见图 2.12。

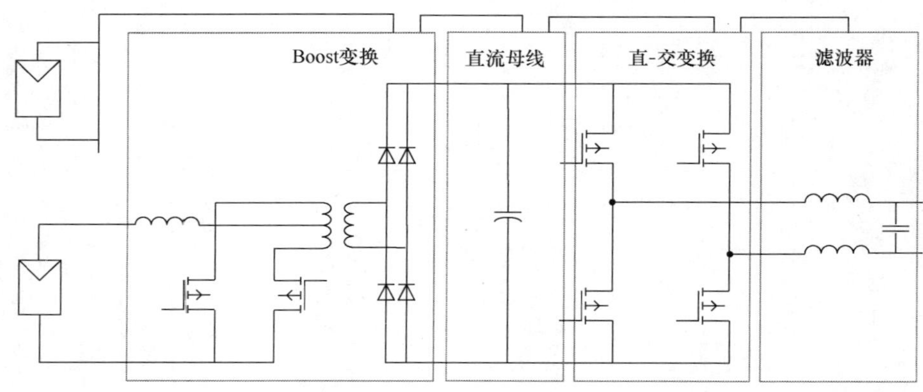

图 2.12　组件集成式逆变器拓扑

多重串型逆变器拓扑结合了集中式和组件集成式的优点，每组组件独立实现最大功率输出跟踪，集中式逆变器转换效率高，电路拓扑见图 2.13。

光伏电站接入系统的方式有带隔离变压器和不带隔离变压器接入两种。一般接到家庭用户电压等级的光伏电站可直接接入，也可以通过工频隔离变压器或者在逆变器的 DC-AC 与 AC-DC 电路之间设高频变压器进行电气隔离。对于接入 10kV 及以上电压等级的光伏电站可通过升压变压器接入。

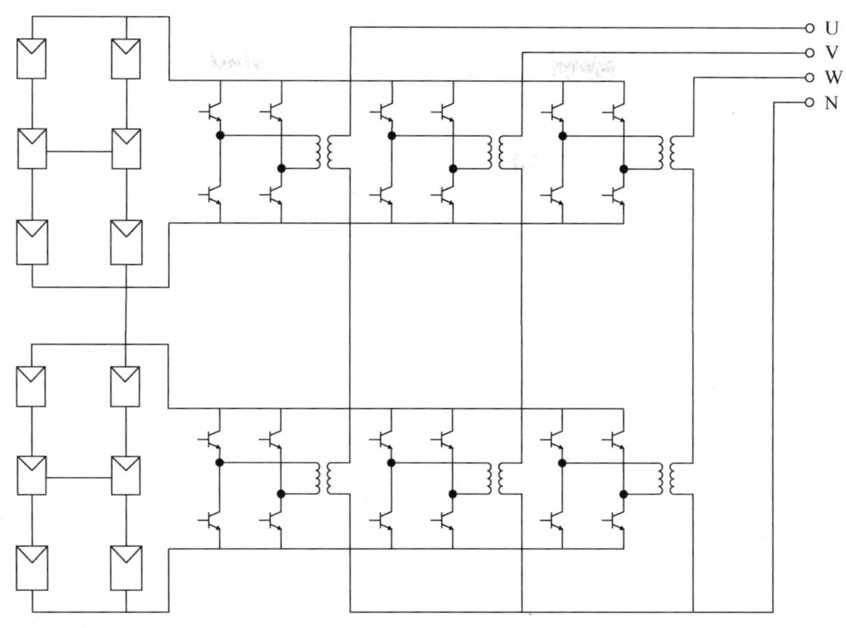

图 2.13　多重串型逆变器拓扑

2.3.2　逆变器的分类与特点

光伏逆变器是光伏系统的核心功率调节器，占据系统成本比例在 10%～15%，有较高的技术含量。逆变器的种类很多，可以按照不同的方式进行分类，如图 2.14 所示。

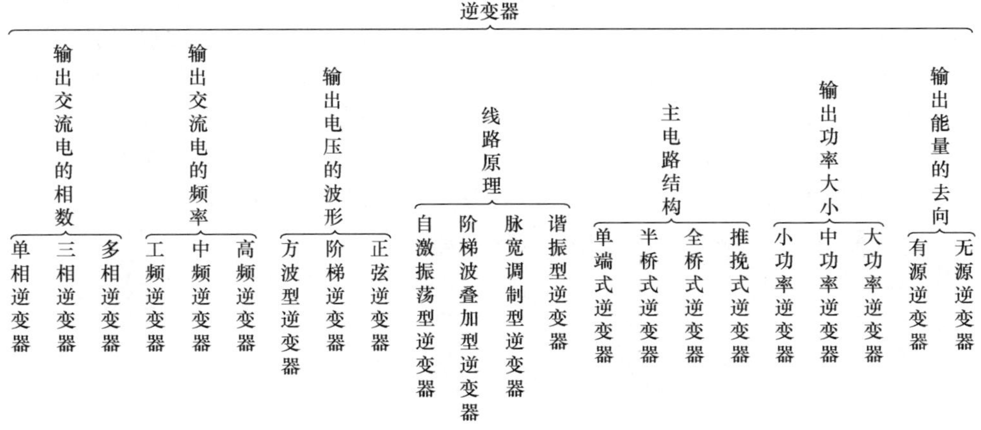

图 2.14　光伏逆变器分类

小功率逆变器通常为单相光伏逆变器，其可分为单级和多级逆变器。在单级逆变器中，直流侧升压和正弦波电流或电压输出调制共用一级电路，根据开关管的个数，可再细分为四开关管拓扑和六开关管拓扑。多级逆变器带多级电能转换电路，主要含多级升压、降压或者电气隔离部分，以及最前一级直交流转换电路，可细分为：DC-DC-AC 拓扑、DC-AC-DC-AC 拓扑和 DC-AC-AC 拓扑，主电路拓扑大致可看做前端是将直流变为交流输出，后端满足 MPPT 的直流侧电压变化要求，将直流升压至前端电路。小功率单相光伏逆变器拓扑一般比较复杂。

单相光伏逆变器一般由后端电路（Boost、Buck-Boost 或 Flyback）来实现 MPPT。图 2.15 是一种由单端反激变换器（Flyback Converter，DC-DC-AC 拓扑）来控制光伏阵列直流电压，进行 MPPT 的小功率单相光伏逆变器拓扑；图 2.16 是一种通过改变交流侧输出电流大小，进行 MPPT 的小功率单相光伏逆变器拓扑（DC-AC 拓扑）。

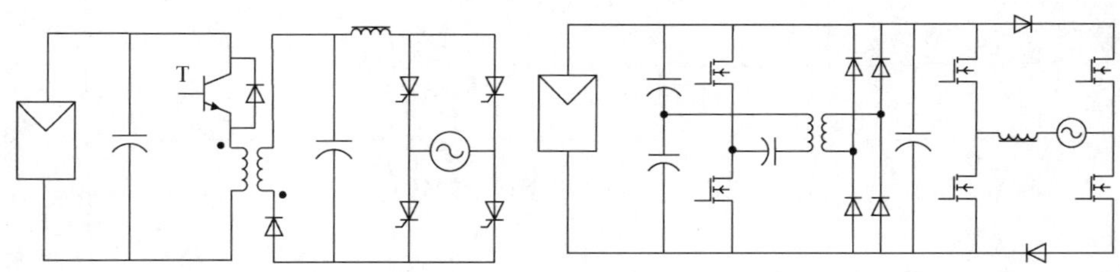

图 2.15　小功率单相光伏单端反激并网逆变器

图 2.16　小功率单相光伏直流谐振并网逆变器

大功率逆变器通常为三相逆变器，由于 10kW 以上光伏的串联光伏组件能满足并网到 0.4kV 所需直流侧 MPPT 电压范围，所以可以不需在直流侧增加 DC-DC 电路，比较新的拓扑有三电平和多电平方案。对于带 DC-DC 电路的逆变器，可直接通过控制 DC-DC 电路开关的占空比来控制光伏阵列的端口输出直流电压。对于不带 DC-DC 电路的逆变器如图 2.17 和图 2.18 所示，光伏阵列端口输出直流电压必须通过控制交流侧输出电流的大小来控制。交流侧输出电流的控制，可以通过控制调制深度系数（如采用正弦波脉冲宽度调制，简称为 SPWM）来实现，具体可采用滞环控制、无差拍控制等控制算法。图 2.19 为三相光伏并网系统示意图。

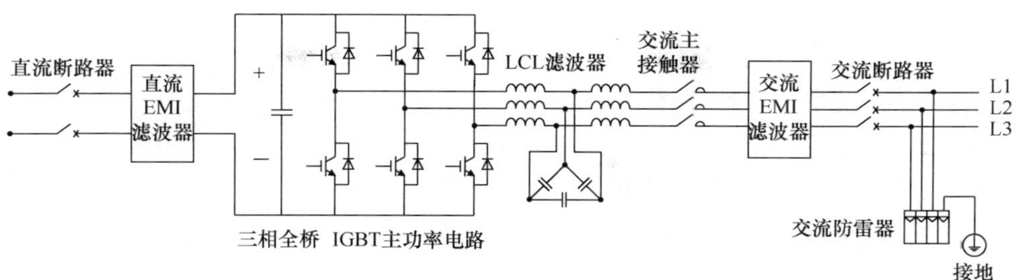

图 2.17　无变压器隔离的大功率三相并网逆变

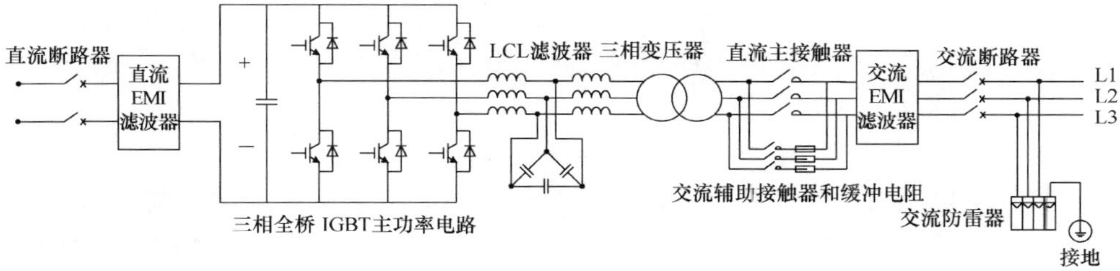

图 2.18　采用工频变压器隔离的大功率三相并网逆变器

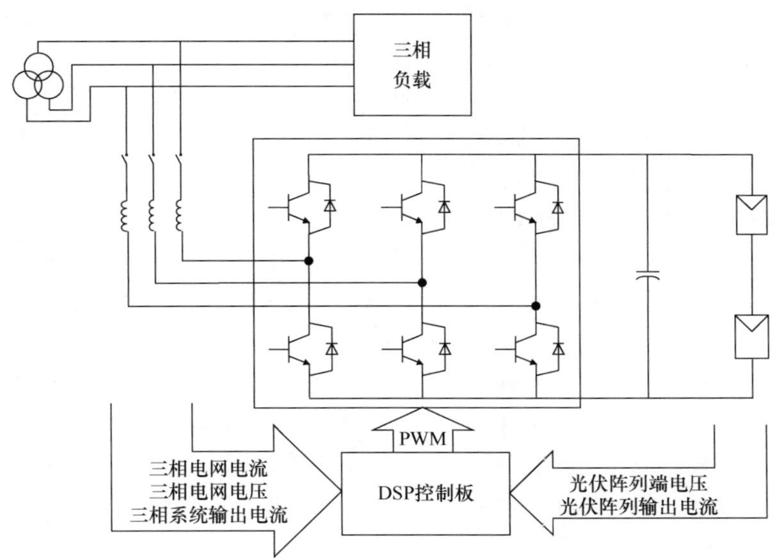

图 2.19　三相光伏并网系统示意图

2.3.3 对并网光伏逆变器的要求

并网逆变器在并网发电系统中起着至关重要的作用，它是将光伏电池产生的直流电转化成可向电网输送的交流电的桥梁。与独立逆变器相比，并网型逆变器不仅需要将直流电逆变为交流电，还需要对交流电的频率、电压、电流、相位、电能质量（谐波含量和电压波动率）等进行控制，因此，对并网型逆变器的要求要比独立型逆变器更严格，具体要求如下。

1）具有较高的效率

由于光伏电池的输出电压、电流随着日照强度和温度的变化而变化，为使其输出功率始终保持最大值，需要逆变器能自动控制光伏电池的输出，使其始终工作在最大功率点。逆变器是保证光伏发电系统高效率工作的最重要环节，因此需要设法提高逆变器的效率。

2）具有较高的可靠性

光伏发电系统往往安装于边远地区，一般无人值守和维护，这就要求逆变器具有合理的电路结构，严格的元器件筛选，并要求逆变器具备各种保护功能。目前光伏逆变器配备的保护类型一般有：①电网过/欠压保护；②电网过/欠频保护；③交流输出短路保护；④孤岛保护；⑤过热保护；⑥直流极性反接保护；⑦直流过压保护；⑧过载保护；⑨对地漏电保护；⑩逆变器内部自检保护（防雷器损坏、接触器故障、变压器过热、A/D 通道损坏、IGBT 损坏等）。

另外可能还配备：低电压穿越（low voltage ride through，LVRT）、输出直流分量超标保护、输出电流谐波超标保护、防逆流保护和三相电网不平衡保护。其中低电压穿越和孤岛保护必须协调好。

3）能够适应输入直流电压较大范围的波动

光伏组件的端电压跟随负载、日照强度以及温度而变化，蓄电池或电容器虽然对光伏电池的端电压有钳位作用，但由于蓄电池长时间使用的损耗或电容器本身容量的限制，电压会有一定的波动。特别是蓄电池老化时，其端电压变化范围很大，如 12V 蓄电池，它的端电压可在 10～16V 波动，蓄电池老化所带来的不稳定性使得实际的逆变器在工作时必须具有很强的适应性，保证在输入直流电正常值的电压范围内不仅可以正常工作，而且输出的交流电必须满足并网的条件，具有稳定的输出电压。

4）防止单独运行，具有孤岛检测功能

电力系统发生停电时，当负荷所需电力与光伏逆变器输出电力相同时，往往难以观察到停电现象，因而光伏系统会继续向所在地供电，这对于检修人员是非常危险的。光伏逆变器直接并网时，实际运行中不允许光伏发电系统与电网脱离出现孤岛。一旦孤岛出现，光伏并网系统中的保护控制装置必须迅速动作，使相应的光伏并网逆变器从系统中退出运行。根据专用标准 IEEE Std 929-2000 和 UL1741，所有的并网逆变器必须具有孤岛保护功能。同时这两个标准还给出了并网逆变器在电网断电后检测到孤岛现象并将逆变器和电网断开的时间限制，如表 2.2 所示。

表 2.2　IEEE Std 929-2000/UL1741 对孤岛最大检测时间的限制

状态	断电后电网电压幅值 V	断电后电网频率 f	允许的最大检测时间
A	$V<0.5V_{nom}$	f_{nom}	6 周波
B	$0.5V_{nom}\leqslant V<0.88V_{nom}$	f_{nom}	2 秒
C	$0.88V_{nom}\leqslant V\leqslant 1.10V_{nom}$	f_{nom}	2 秒
D	$1.10V_{nom}<V<1.37V_{nom}$	f_{nom}	2 秒
E	$1.37V_{nom}\leqslant V$	f_{nom}	2 秒
F	V_{nom}	$f<f_{nom}-0.7$	6 周波
G	V_{nom}	$f<f_{nom}+0.5$	6 周波

注：V_{nom}为电网电压幅值的正常值；f_{nom}为电网电压频率的正常值

光伏逆变器采用的孤岛效应检测方法有被动式和主动式两种类型。被动式检测是检测电网电压的幅值、频率、相位和谐波，当电网失电时，电网电压的幅值、频率、相位和谐波等参数将产生跳变信号，通过检测跳变信号来判断电网是否失电。主动式检测是指在并网点处向电网注入很小的干扰信号，通过检测反馈信号来判断电网是否失电。

5）输出的电能质量必须满足要求

光伏逆变器采用电力电子变流技术，会向接入电网注入谐波电流，造成谐波污染，同时由于光照、温度等环境因素天然具有的波动性和间歇性，光伏逆变器输出功率也具有波动性和间歇性，会引起接入电网的电压波动和闪变。因此，谐波、电压闪变等电能质量问题是光伏逆变器性能指标的重要方面，国际上光伏相关标准从设备制造和并网技术条件的角度，将光伏逆变器并网电能质量指标作为主要的评价与考核指标之一。例如，IEEE 929 的谐波电流的评价方法，规定 2～33 次谐波电流含有率按 4%、2%、1.5%、0.6%分为四档，且总谐波电流不大于光伏额定电流的 5%。

6）满足电磁兼容要求

在光伏并网运行时，电网对光伏逆变器产生的干扰包括：电压涨跌、频率漂移、三相不平衡、电气噪声、浪涌等。要求光伏逆变器在这些干扰下不能损坏。光伏逆变器对电网产生的干扰包括：电流谐波、电压波动、电压闪变、无功功率、电网阻抗、干扰叠加等。逆变器对于其他电器的干扰包括：传导干扰、空间辐射干扰等。这些相互之间的电磁干扰必须符合相关标准（如 IEEE 1547 等）。

2.4　最大功率点跟踪控制

光伏阵列输出特性具有非线性特征，并且其输出受光照强度、环境温度和负载情况影响。在一定的光照强度和环境温度下，光伏阵列可以工作在不同的输出电压下，但是只有在某一特定的输出电压值时，光伏阵列的输出功率才能达到最大值，这时光伏阵列的工作点就达到了输出功率-电压曲线的最高点，称为最大功率点。因此，在光伏发电系统中，要提高系统的整体效率，一个重要的途径就是实时调整光伏阵列的工作点，使之始终工作在最大功率点附近，这一过程称为最大功率点跟踪(maximum power point tracking，MPPT)[12-14]。

很多 MPPT 算法都是通过改变光伏阵列直流侧电压作为寻优手段的，因此直流侧电压的控制性能就显得尤为重要。通常对于具有两级拓扑的逆变器(DC-DC-AC)，可以通过控制直流侧 DC-DC 电路(Boost、Buck-Boost、Cuk 和 Flyback 等)的占空比来进行 MPPT 控制。对于单级三相并网逆变器，不具备后端 DC-DC 电路，所以直流侧的电压控制实现方法跟具有两级拓扑的逆变器有些不一样，无后端 DC-DC 电路的电气隔离，MPPT 的控制策略将直接影响到光伏逆变器输出控制动态性能的好坏。

下面简要介绍几种常见的 MPPT 控制算法，给出各自优缺点，以便对比选择。

2.4.1　爬山法/扰动观测法

爬山法/扰动观测法(hill climbing/perturb and observe，P&O)[15]的原理是周期性地对光伏阵列电压施加一个小的扰动，并观测输出功率的变化方向，来确定最大功率点(MPP)的位置，进而决定下一步的控制信号。如果输出功率增加，则继续朝着相同的方向改变工作电压，否则朝着相反的方向改变。

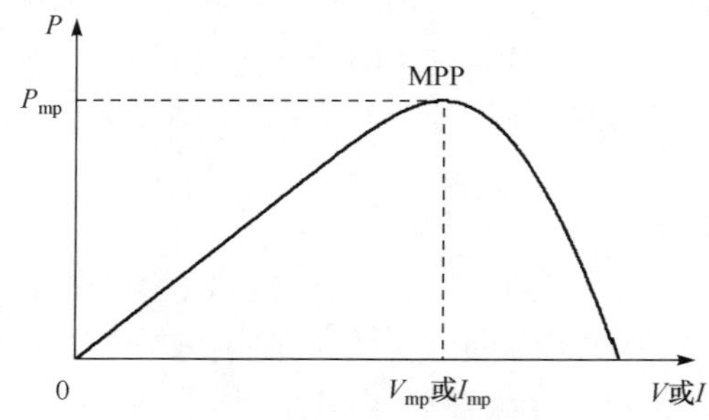

图 2.20　光伏阵列输出功率特性曲线

从图 2.20 可见，在 MPP 左侧，增加(减小)电池电压导致输出功率同方向变化；在 MPP 右侧，增加（减小）电压导致输出功率反方向变化。因此如果功率变化为正，则控制电压保持相同的扰动方向，以达到 MPP；如果功率变化为负，则电压扰动方向反向。

扰动观测法简单易实现，对传感器精度要求不高。但是输出功率在光伏阵列最大功率点附近震荡，震荡幅度由扰动步长决定。扰动步长越大，输出功率震荡越厉害，但跟踪响应速度加快，因此跟踪精度和响应速度无法兼顾。有文献提出，采用变步长方案，由模糊控制策略决定下一个步长大小，可以改善这个矛盾[16]。

另外，在日照剧烈变化的情况下，该方法可能出现失控现象。如图 2.21 所示，假设光伏阵列工作在曲线的 A 点，扰动观测法正常工作时，光伏阵列的工作点因为扰动 ΔV 移动到点 A' 处。若此时日照强度突然下降，光伏阵列的输出功率由曲线Ⅰ变化为曲线Ⅱ，且将工作在 B 点。由 $\Delta V>0$，$\Delta P<0$，扰动观测法判断光伏阵列工作在 MPP 右侧，并确定下一次扰动 $\Delta V<0$，光伏阵列工作点将错误地向左侧移动。如果此时日照持续下降，那么将持续控制 $\Delta V<0$，光伏阵列的工作点继续左移距离最大功率点越来越远，从而失去对最大功率点的跟踪控制能力。对于扰动观测法出现的误判故障可通过增加扰动频率或减小扰动步长来解决。

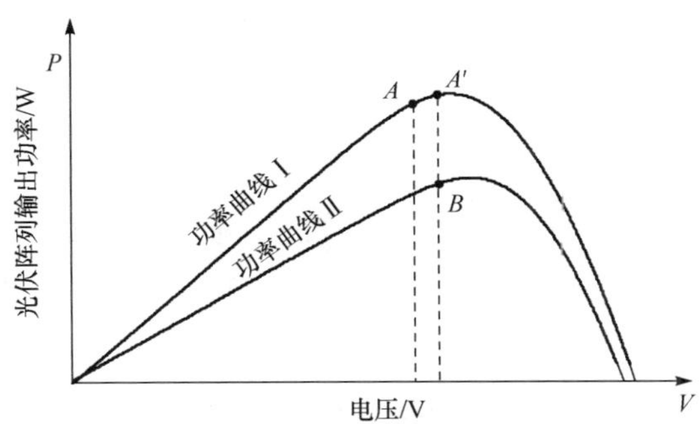

图 2.21　扰动观测法失控原理图

2.4.2　电导增量法

电导增量法（incremental conductance，IncCond）[17]是对扰动观测法的改进。通过光伏阵列 P-V 曲线可知

$$\begin{cases} \mathrm{d}P/\mathrm{d}V=0, & \text{MPP 点} \\ \mathrm{d}P/\mathrm{d}V>0, & \text{MPP 左侧} \\ \mathrm{d}P/\mathrm{d}V<0, & \text{MPP 右侧} \end{cases} \tag{2-7}$$

因此

$$\frac{\mathrm{d}P}{\mathrm{d}V}=\frac{\mathrm{d}(IV)}{\mathrm{d}V}=I+V\frac{\mathrm{d}I}{\mathrm{d}V}\approx I+V\frac{\Delta I}{\Delta V} \tag{2-8}$$

所以

$$\begin{cases} \Delta I/\Delta V=-I/V, & \text{MPP 点} \\ \Delta I/\Delta V>-I/V, & \text{MPP 左侧} \\ \Delta I/\Delta V<-I/V, & \text{MPP 右侧} \end{cases} \tag{2-9}$$

由上式可知，通过比较光伏阵列输出的增量电导($\Delta I/\Delta V$)和瞬时电导(I/V)，可以实现 MPP 的跟踪。一般算法如图 2.22 所示。

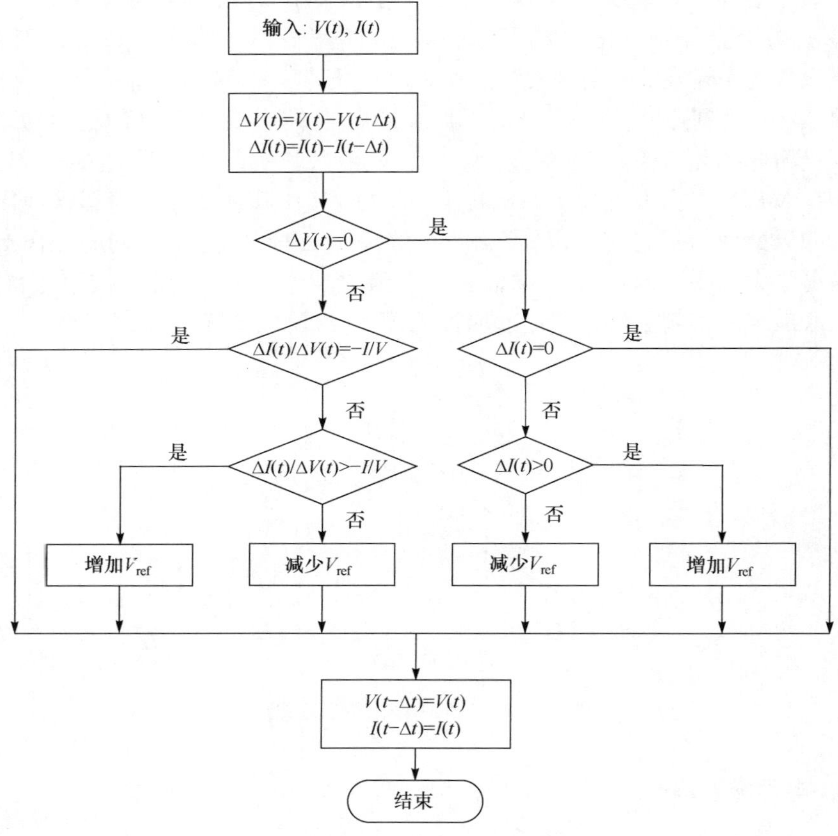

图 2.22　电导增量法(IncCond)算法流程图

图 2.22 中，V_{ref}是光伏阵列输出电压参考值，光伏阵列后级的功率变换器通过闭环控制，强制光伏输出电压跟踪 V_{ref}。当光伏阵列不工作在 MPP 时，IncCond 算法增加或减小 V_{ref}，使其重新工作在 MPP 处；当达到 MPP 时，$V_{ref}=V_{mp}$，功率变换器将维持光伏阵列工作在该状态。IncCond 方法跟踪的响应速度由 V_{ref}的增量步长决定，其大小需要在稳态精度和动态速度之间折中考虑。

IncCond 算法在光伏阵列处于 MPP 工作状态时，就维持这一工作状态，因此该方法和爬山法/扰动观测法相比，基本消除了光伏阵列在最大功率点处的功率振荡现象。但是相应地，其对硬件的要求特别是传感器的精度要求比较高，系统各个部分响应速度都要求快，因而整个系统的硬件造价也会比较高。

另外，还有一种基于 IncCond 技术的新控制算法。该方法取瞬时电导和增量电导之和作为误差信号 e，即

$$e=\frac{I}{V}+\frac{\mathrm{d}I}{\mathrm{d}V} \tag{2-10}$$

由上面分析可知，这个误差信号为零时即达到 MPP 工作状态。通常采用 PI 控制便可有效保证 $e=0$。

2.4.3　开路电压法

虽然随着外部光照强度和温度的变化，光伏阵列的输出曲线不断变化，但理论和实践都表明：在外部条件变化过程中，光伏阵列最大功率点电压 V_{mp}和开路电压 V_{oc}呈线性关系，可以用下式表示：

$$V_{\mathrm{mp}}\approx k_1 V_{\mathrm{oc}} \tag{2-11}$$

式中，k_1是常量。k_1的大小一般依赖于光伏阵列本身的特性，通常依据光伏阵列在不同光照和温度条件下的输出特性来经验性的决定。大量实验表明，k_1的范围一般在 0.71～0.78。k_1确定以后，周期性地控制后级功率变换器关闭，使光伏阵列工作在开路状态，通过测量开路电压 V_{oc}，可计算出光伏阵列最大功率点电压 V_{mp}。闭环控制光伏阵列输出电压靠近 V_{mp}即可达到 MPPT 的目的。

但是，开路电压法[18]必须周期性地让光伏阵列输出端开路，开路状态时间内不输出功率，从而造成一定的功率损失。开路电压法是一种简单近似的 MPPT 方法，容易实现但控制精度不高，并且在光伏阵列有局部阴影（光照不均）时，该方法可能失效。

2.4.4　短路电流法

同开路电压法基本原理类似，光伏阵列最大功率点电流 I_{mp}和其短路电流 I_{sc}也有线性关系，可用下式表示：

$$I_{\mathrm{mp}}\approx k_2 I_{\mathrm{sc}} \tag{2-12}$$

同样的，k_2是常量，其大小也依赖于选用光伏阵列的输出特性，一般 k_2的范围在 0.78～0.92。与开路电压法测量光伏阵列的开路电压相比，短路电流法[19]需要测量光伏阵列的短路电流。一般需要在功率变换器中专门增加一个开关器件，通过控制该器件实现光伏阵列周期性的短路，显然这大大增加了控制复杂度和设备成本。如果 DC-DC 级采用 Boost 电路，利用其本身开关器件即可实现光伏阵列的短路输出。

和开路电压法一样,短路电流法存在周期性的短路状态以及控制精度低的特点,也会造成较大的功率损失。通过建立各种复杂算法对 k_2 进行补偿更新,可以有效提高控制精度和减小功率损失。

2.4.5 纹波相关控制法

纹波相关控制(ripple correlation control,RCC)[20-21]法利用功率变换器中开关器件产生的电压、电流和功率纹波来实现 MPPT 控制。电力电子器件在电路中的开关动作会使光伏阵列的输出电压和电流产生纹波,从而导致光伏阵列的输出功率也产生相应的纹波。RCC 方法把光伏阵列输出功率对时间的导数 $\mathrm{d}P/\mathrm{d}t$ 和光伏阵列输出电流或电压对时间的导数 $\mathrm{d}I/\mathrm{d}t$、$\mathrm{d}V/\mathrm{d}t$ 联系起来,通过研究 $(\mathrm{d}P/\mathrm{d}t)\cdot(\mathrm{d}I/\mathrm{d}t)$ 或 $(\mathrm{d}P/\mathrm{d}t)\cdot(\mathrm{d}V/\mathrm{d}t)$ 的大小来确定功率变换器占空比的大小,控制光伏阵列输出功率的梯度为零,以达到输出功率的最大值。

从图 2.20 中可知,如果光伏阵列输出电压 V 或电流 I 增大($\mathrm{d}V/\mathrm{d}t>0$ 或 $\mathrm{d}I/\mathrm{d}t>0$),并且输出功率 P 也是增大的($\mathrm{d}P/\mathrm{d}t>0$),则可判定当前工作点一定处于 MPP 左侧;反之,如果输出电压 V 或电流 I 增大时,输出功率 P 是减小的($\mathrm{d}P/\mathrm{d}t<0$),则当前工作点一定处于 MPP 右侧。综合可得

$$\begin{cases} \dfrac{\mathrm{d}P}{\mathrm{d}t}\cdot\dfrac{\mathrm{d}V}{\mathrm{d}t}>0 \text{ 或 } \dfrac{\mathrm{d}P}{\mathrm{d}t}\cdot\dfrac{\mathrm{d}I}{\mathrm{d}t}>0, & \text{MPP 左侧} \\ \dfrac{\mathrm{d}P}{\mathrm{d}t}\cdot\dfrac{\mathrm{d}V}{\mathrm{d}t}<0 \text{ 或 } \dfrac{\mathrm{d}P}{\mathrm{d}t}\cdot\dfrac{\mathrm{d}I}{\mathrm{d}t}<0, & \text{MPP 右侧} \\ \dfrac{\mathrm{d}P}{\mathrm{d}t}\cdot\dfrac{\mathrm{d}V}{\mathrm{d}t}=\dfrac{\mathrm{d}P}{\mathrm{d}t}\cdot\dfrac{\mathrm{d}I}{\mathrm{d}t}=0, & \text{MPP 点} \end{cases} \tag{2-13}$$

假设光伏阵列后级功率变换器为 Boost 电路,则 Boost 电路中输入电感的电流等于光伏输出电流。从 Boost 电路原理可知,增大占空比,电感电流增大,即光伏输出电流增大,光伏输出电压减小。

因此可以得到 Boost 电路的 RCC 控制策略:

$$d(t)=-k_3\int\left(\frac{\mathrm{d}P}{\mathrm{d}t}\cdot\frac{\mathrm{d}V}{\mathrm{d}t}\right)\mathrm{d}t \tag{2-14}$$

或

$$d(t)=k_3\int\left(\frac{\mathrm{d}P}{\mathrm{d}t}\cdot\frac{\mathrm{d}I}{\mathrm{d}t}\right)\mathrm{d}t \tag{2-15}$$

式中,k_3 是正的常量。控制占空比 $d(t)$ 连续变化即可完成实时的 MPPT。如以电流控制为例,如果 $\mathrm{d}P/\mathrm{d}t\cdot(\mathrm{d}I/\mathrm{d}t)$ 为正,则当前工作点在 MPP 左侧,由上式可知,占空比 $\mathrm{d}(t)$ 将积分变大,对于 Boost 电路,电感电流即光伏输出电流增大,于是光伏阵列工作点向右移动靠近 MPP。

由于功率变换器不可避免地会产生开关纹波，因此RCC方法利用了这一自然属性，检测光伏阵列输出纹波中电压、电流和功率的变化状况，来判断当前工作点的位置。不需增加额外的电路或控制便可以自然地获得扰动效果，是RCC方法的一个特点。另外，光伏阵列输出电流导数 $\mathrm{d}I/\mathrm{d}t$ 可以很方便地通过测量电感电压来获得。

RCC方法的缺点是：实际电路中的感性或容性负载都会使电压、电流和功率纹波之间产生相位角，如Boost电路中的输入电感、光伏阵列的并联寄生电容等。如果这个相位角不可忽略，会给RCC方法引入一些误差，通常这种误差很小。

2.4.6　负载电流/负载电压最大化法

本质上，实现MPPT的目的是保证光伏阵列输出功率最大化，实现MPPT的方法是在光伏阵列和负载之间加入功率变换器，通过功率变换器使两者达到功率匹配。如果假定功率变换器是理想无损的，则光伏阵列输出功率最大化和负载功率最大化一致。

根据负载特性，可以把大部分负载划分为四类：电压源型负载、阻抗型负载、阻抗和电压源复合型负载、电流源型负载，如图2.23所示。从图中可以看出，对于电压源型负载实现MPPT，就是实现其电流最大化；对于电流源型负载实现MPPT，就是实现其电压最大化。而对于其他负载，只要不具有负阻抗特性，从图2.23中的2、3负载特性曲线可知，由于负载电压电流同方向变化，则任意选择负载电压或负载电流最大化方法，都可实现功率最大化要求。相应的，只需一个电压或电流传感器即可实现该方法。

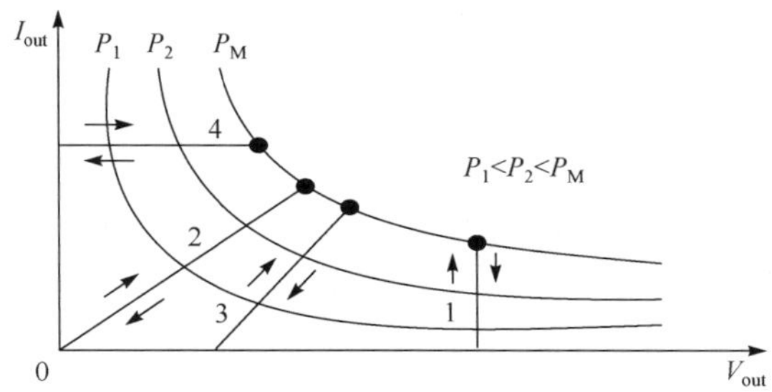

图2.23　可采用负载电流/负载电压最大化方法的各种负载类型

1. 电压源型；2. 阻抗型；3. 阻抗和电压源复合型；4. 电流源型

负载电流最大化方法在电池型负载中应用广泛，采用正反馈控制使功率变换器输出电流最大化，来实现MPPT。另外，负载电流/负载电压最大化方法不是真正的MPPT方法，因为实际的功率变换器不可能是完全理想无损的。

2.4.7 d*P*/d*V* 或 d*P*/d*I* 反馈控制

随着数字控制技术的发展，DSP 或微控制器主频的不断增加，实时完成大量计算任务已经成为了现实。在 MPPT 方法中，最直接的方法就是计算如图 2.20 中功率曲线的斜率（dP/dV 或 dP/dI），然后通过反馈控制使斜率保持为零，完成 MPPT 任务[22]。

2.4.8 MPPT 效率

在正常工作条件下测试 MPPT 算法将十分耗时，而且很难比对，最佳的方法是使用光伏阵列模拟器。要求光伏阵列模拟器能够方便设定光伏阵列的串并联数，可真实模拟单晶硅、多晶硅和非晶硅的 *V-I* 曲线，最好具有短路特性（即电流源特性）以及功率容量需要达到 100kW 左右。目前评价 MPPT 优劣的标准主要是欧洲电工标准化委员会专门制定的标准 EN 50530-2010（Overall Efficiency of Grid Connected Photovoltaic Inverters）。该标准定义了下述三种 MPPT 效率：MPPT 效率 η_{MPPT}、静态 MPPT 效率 $\eta_{MPPTstat}$、动态 MPPT 效率 $\eta_{MPPTdyn}$。

1）MPPT 效率

MPPT 效率是指测试时间 T_M 内，逆变器从光伏组件获得的直流电能与理论上光伏组件在 MPP 处输出的电能的比值，计算公式为

$$\eta_{MPPT}=\frac{\int_0^{T_M} p_{DC}(t)\cdot dt}{\int_0^{T_M} p_{MPP}(t)\cdot dt} \tag{2-16}$$

式中，$p_{DC}(t)$是逆变器从光伏阵列上获得的电能瞬时值；$p_{MPP}(t)$是光伏阵列理论上在 MPP 处输出电能的瞬时值。

2）静态 MPPT 效率

静态 MPPT 效率 $\eta_{MPPTstat}$是在给定静态特性曲线上追踪最大功率点的准确性，计算公式为

$$\eta_{MPPTstat}=\frac{1}{P_{MPP,PVS}\cdot T_M}\sum_i U_{DC,i}\cdot I_{DC,i}\cdot \Delta T \tag{2-17}$$

式中，$P_{MPP,PVS}$是光伏阵列模拟器输出的最大功率点功率；$U_{DC,i}$是逆变器输入电压采样值；$I_{DC,i}$是逆变器输入电流采样值；T_M是总测量时间；ΔT 是采样间隔时间。

此外还有欧洲静态 MPPT 效率 $\eta_{MPPTstat,EUR}$和加州能量委员会静态 MPPT 效率 $\eta_{MPPTstat,CEC}$，计算公式分别如下：

$$\eta_{MPPTstat,EUR}=0.03\eta_{MPP5\%}+0.06\eta_{MPP10\%}+0.13\eta_{MPP20\%}+0.1\eta_{MPP30\%}+0.48\eta_{MPP50\%}+0.2\eta_{MPP100\%} \tag{2-18}$$

$$\eta_{\mathrm{MPPTstat,CEC}}=0.04\eta_{\mathrm{MPP10\%}}+0.05\eta_{\mathrm{MPP20\%}}+0.12\eta_{\mathrm{MPP30\%}}+0.21\eta_{\mathrm{MPP50\%}}+0.53\eta_{\mathrm{MPP75\%}}+0.05\eta_{\mathrm{MPP100\%}} \tag{2-19}$$

上述两式中 $\eta_{\mathrm{MPP5\%}}$、$\eta_{\mathrm{MPP10\%}}$、$\eta_{\mathrm{MPP20\%}}$、$\eta_{\mathrm{MPP30\%}}$、$\eta_{\mathrm{MPP50\%}}$、$\eta_{\mathrm{MPP75\%}}$、$\eta_{\mathrm{MPP100\%}}$ 分别表示光伏阵列实际最大功率点的功率与额定功率 $P_{\mathrm{DC},r}$ 比值为 5%、10%、20%、30%、50%、75%和 100%时的效率。

3) 动态 MPPT 效率

由光照强度变化引起特性曲线的变化，追踪这种瞬态特性曲线 MPP 点的效率称为动态 MPPT 效率，用 η_{MPPTdyn}来表示，计算公式为

$$\eta_{\mathrm{MPPTdyn}}=\frac{1}{\sum_{j}P_{\mathrm{MPP,PVS},j}\cdot\Delta T_j}\sum_{i}U_{\mathrm{DC},i}\cdot I_{\mathrm{DC},i}\cdot\Delta T_i \tag{2-20}$$

式中，ΔT_j是 $P_{\mathrm{MPP,PVS},j}$持续的时间；ΔT_i是 $U_{\mathrm{DC},i}$和 $I_{\mathrm{DC},i}$的采样时间。

对于动态 MPPT 效率而言还存在整体动态 MPPT 效率 $\eta_{\mathrm{MPPTdyn},t}$，整体动态 MPPT 效率是每个测试序列动态 MPPT 效率的平均值，它的计算方法是：

$$\eta_{\mathrm{MPPTdyn},t}=\frac{1}{N}\sum_{i=1}^{N}a_i\cdot\eta_{\mathrm{MPPTdyn},i} \tag{2-21}$$

式中，$\eta_{\mathrm{MPPTdyn},t}$是整体动态 MPPT 效率；$\eta_{\mathrm{MPPTdyn},i}$是每个测试序列的动态 MPPT 效率；$N$ 是测试序列的数量；a_i是权重因子，一般假定 $a_i=1,i=1,\cdots,N$。

2.5 小　　结

本章介绍了分布式光伏电源的技术基础，重点介绍了分布式并网光伏电源的组成结构，包括光伏电池阵列、并网逆变器、升压变压器、控制器、储能电池等，其中光伏电池和逆变器是并网光伏电源的核心组成部分。

根据光伏电池结构、光伏电池材料以及光伏电池的发展历程对光伏电池进行了分类，并简要分析比较了各类光伏电池的主要特点及其应用领域。建立了光伏电池的单二极管模型和双二极管模型，研究了光照和温度对光伏阵列输出特性的影响。研究结果表明，光照强度对光伏阵列的输出功率影响较大，光照强度越大，光伏阵列输出功率越高；温度主要影响光伏阵列的开路电压，温度越高，光伏阵列的开路电压越低。

对比了常见并网光伏逆变器的拓扑结构，并对逆变器进行了分类，总结了并网光伏电源对逆变器的基本要求，主要包括：具有较高的效率和可靠性、能够适应输入直流电压较大范围的波动、具有孤岛检测功能防止光伏电源单独运行、满足电能质量要求和电磁兼容要求等。

详细阐述了各种常用光伏最大功率点跟踪（MPPT）控制技术，如爬山法/扰动

观测法(P&O)、电导增量法、开路电压法、短路电流法等,最后介绍了实际光伏电源运行中 MPPT 效率的评估指标以及测试方法。

参考文献

[1] Kirubakaran A, Jain S, Nema R K. DSP-Controlled Power Electronic Interface for Fuel-Cell-Based Distributed Generation. IEEE Transactions on Power Electronics, 2012, 26(12): 3853-3864.

[2] 王成山,李鹏. 分布式发电、微网与智能配电网的发展与挑战. 电力系统自动化, 2010, 34(2): 10-14.

[3] IEEE1547.2-2008. Application Guide for IEEE Std 1547(TM), IEEE Standard for Interconnecting Distributed Resources with Electric Power Systems. Institute of Electrical & Electronics Engineers Inc, 2009: 1-217.

[4] Gu Y, Xiang X, Li W, et al. Mode-adaptive decentralized control for renewable DC microgrid with enhanced reliability and flexibility. IEEE Transactions on Power Electronics, 2014, 29(9): 5072-5080.

[5] Kundu D. An Overview of the Distributed Generation (DG) Connected to the GRID. Joint International Conference on Power System Technology and IEEE Power India Conference, 2008. Powercon. IEEE, 2008: 1-8.

[6] Mekhilef S, Saidur R, Safari A. A review on solar energy use in industries. Renewable & Sustainable Energy Reviews, 2011, 15(4): 1777-1790.

[7] Abdel-Gawad H, Sood V K. Overview of connection topologies for grid-connected PV systems. Electrical and Computer Engineering. IEEE, 2014: 1-8.

[8] Forrest S R. The Limits to Organic Photovoltaic Cell Efficiency. MRS Bulletin, 2005, 30(1 (Technical Theme: Organic-Based Photovoltaics)): 28-32.

[9] Martin A G. Solar cells—Operating principles, technology and system applications. Solar Energy, 1982, 28(5): 447.

[10] Das N, Wongsodihardjo H, Islam S. Photovoltaic cell modeling for maximum power point tracking using MATLAB/Simulink to improve the conversion efficiency. Power and Energy Society General Meeting. IEEE, 2013: 1-5.

[11] Kouro S, Leon J I, Vinnikov D, et al. Grid-connected photovoltaic systems: An overview of recent research and emerging PV converter technology. Industrial Electronics Magazine IEEE, 2015, 9(1): 47-61.

[12] Subudhi B, Pradhan R. A comparative study on maximum power point tracking techniques for photovoltaic power systems. IEEE Transactions on Sustainable Energy, 2013, 4(1): 89-98.

[13] Esram T, Chapman P L. Comparison of photovoltaic array maximum power point tracking techniques. IEEE Transactions on Energy Conversion, 2007, 22(2): 439-449.

[14] 吴理博,赵争鸣,刘建政,等. 单级式光伏并网逆变系统中的最大功率点跟踪算法稳定性

研究．中国电机工程学报，2006，26(6)：73-77.

[15] De Brito M A G，Galotto L，Sampaio L P，et al. Evaluation of the main MPPT Techniques for photovoltaic applications. IEEE Transactions on Industrial Electronics，2013，60(3)：1156-1167.

[16] Jiang Y，Qahouq J A A，Haskew T. Adaptive step size with adaptive-perturbation-frequency digital MPPT controller for a single-sensor photovoltaic solar system. IEEE Transactions on Power Electronics，2013，28(7)：3195-3205.

[17] Hsieh G C，Chen H L，Chen Y，et al. Variable frequency controlled incremental conductance derived MPPT photovoltaic stand-along DC bus system. IEEE Xplore，2008：1849-1854.

[18] Ahmad J. A fractional open circuit voltage based maximum power point tracker for photovoltaic arrays. International Conference on Software Technology and Engineering. IEEE，2010：V1-247-V1-250.

[19] Sher H A，Murtaza A F，Noman A，et al. A new sensorless hybrid MPPT algorithm based on fractional short-circuit current measurement and P&O MPPT. IEEE Transactions on Sustainable Energy，2015，6(4)：1426-1434.

[20] Barth C，Pilawa-Podgurski R C N. dithering digital ripple correlation control for photovoltaic maximum power point tracking. IEEE Transactions on Power Electronics，2015，30(8)：36-41.

[21] Bazzi A M，Krein P T. Ripple correlation control：An extremum seeking control perspective for real-time optimization. IEEE Transactions on Power Electronics，2014，29(2)：988-995.

第 3 章　含分布式光伏电源的配电网负荷特性分析

3.1　配电网负荷特性

3.1.1　负荷类型与指标体系

负荷特性的研究对大规模分布式光伏电源并网具有非常重要的意义，而负荷类型的划分是研究用户负荷特性的基础。现阶段，在进行配电网规划或者电力数据统计时，主要将负荷分为四类：工业类负荷、农业类负荷、公共设施类负荷以及居民负荷[1]。其中，工业类负荷可以进一步分为轻工业类和重工业类两类；公共设施类负荷可以分为行政办公类、科研教育类、医疗卫生类以及商业金融服务类等。这四种类型的负荷特点各异，在不同时间段内拥有不同的变化规律。

为了科学、规范地描述负荷随时间的变化特性，并准确估计未来负荷的变化趋势，首先需要利用一些特定的参数和曲线来构建负荷特性指标体系。如图 3.1 所

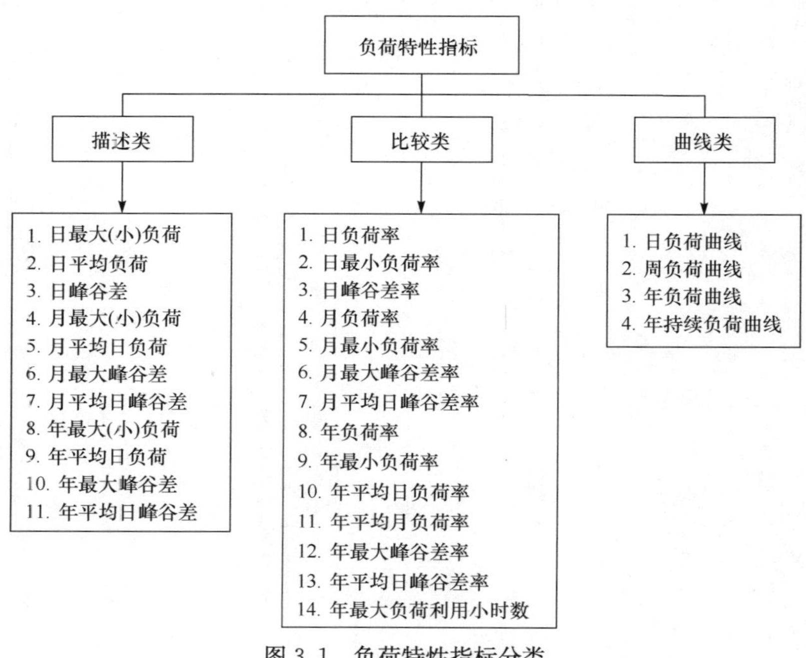

图 3.1　负荷特性指标分类

示，负荷特性指标体系一般可以分为描述类、比较类和曲线类三类[2]。其中，描述类反映的是某一地区负荷总体状况，比较类指标用于不同地区间的横向比较，曲线类指标包括各类负荷曲线，是负荷特性的直观反映。

本章将根据实际的研究需要，对几种主要的负荷特性指标进行介绍：

(1) 负荷率。负荷率指标用于表征负荷的不均衡性，具体包括平均负荷率、最小负荷率等，可以根据日、月、年等不同时间段再进行细分[3]。以日负荷率和日最小负荷率为例，负荷率的定义如下：

$$\text{日负荷率}(\%)=\frac{\text{日平均负荷}}{\text{日最高负荷}}\times 100\% \tag{3-1}$$

$$\text{日最小负荷率}(\%)=\frac{\text{日最低负荷}}{\text{日最高负荷}}\times 100\% \tag{3-2}$$

类似的，在月/年负荷率的计算中，只需要把式(3-1)、式(3-2)中日负荷指标用相应的月/年负荷指标替换。月/年平均日负荷率定义为当月/年每日负荷率的平均值。

(2) 峰谷差。峰谷差指标定义为最高负荷与最低负荷之差，而峰谷差率则为峰谷差与最高负荷的比率[4]。在日有功负荷曲线图上，最高负荷称为高峰，最低负荷称为低谷；平均负荷与高峰之间的负荷称为尖峰负荷，即峰荷；平均负荷与低谷之间的负荷称为腰荷。峰谷差的大小直接反映了电网所需的调峰能力，其受用电结构与季节变化的影响较大。

(3) 年最大负荷利用小时数。年最大负荷利用小时数主要用于衡量负荷的时间利用效率，其定义为[5]

$$\text{年最大负荷利用小时数}=\frac{\text{年用电量}}{\text{年最高负荷}}=8760\times\text{年负荷率} \tag{3-3}$$

由定义可得年最大负荷利用小时数是一个综合性的指标，与各产业用电所占比重有关。一般来讲，重工业比重较大的地区，其年最大负荷利用小时数可达6000h以上；而公共设施类以及居民负荷占比较大的地区，年最大负荷利用小时数就相对较低。

类似的，可以定义月最大负荷利用小时数为当月用电量与当月最高负荷的比值。

(4) 月持续负荷曲线。月持续负荷曲线[6]是把系统负荷按照其一个月中的数值大小和持续小时数顺序排列绘制而成。它不同于一般的负荷曲线，虽然不能反映负荷在月内的变化，但却能反映各种负荷水平的持续时间，是一种负荷大小与持续时间的函数关系。该指标主要起到安排发电计划、估计系统可靠性等作用。

3.1.2　典型负荷时序特性

在研究配电网中的负荷特性时，为了更好地把握电力负荷发展变化的内在过程，不能仅限于总负荷分析，而是要广泛了解不同产业的负荷水平和变化规律。本章将对配电网中四种典型负荷的日时序特性规律展开分析研究[7]。

图 3.2 为四类典型负荷在春夏秋冬四季中呈现的不同时序特性曲线。其中工业类负荷以轻工业为例，在四季中的时序特性变化规律基本保持一致，春、秋两季的日时序特性曲线几乎完全重合。夏季工业类负荷较高，冬季工业类负荷较低，春秋两季的负荷水平处于中间位置。工业类负荷每天用电时段主要集中在 09:00～21:00，最高负荷在 12:00 左右，在 00:00～07:00 时间段负荷较低。

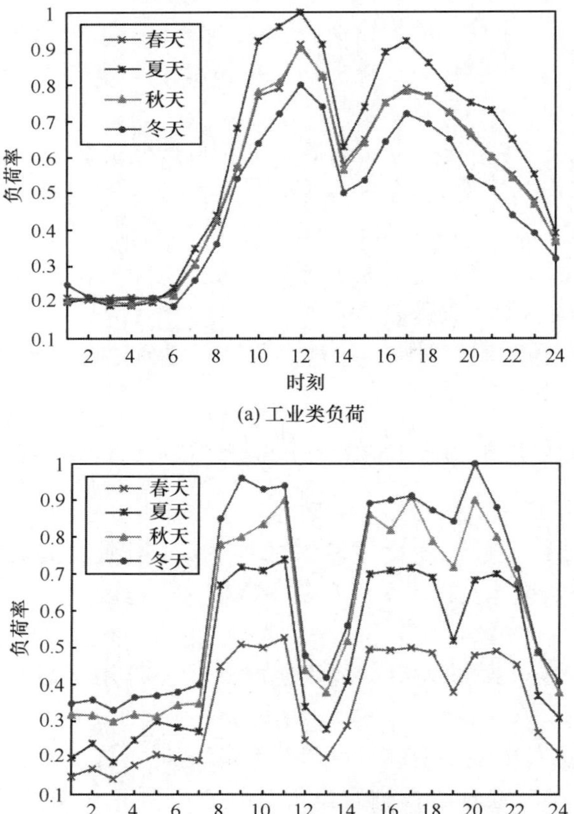

(a) 工业类负荷

(b) 农业类负荷

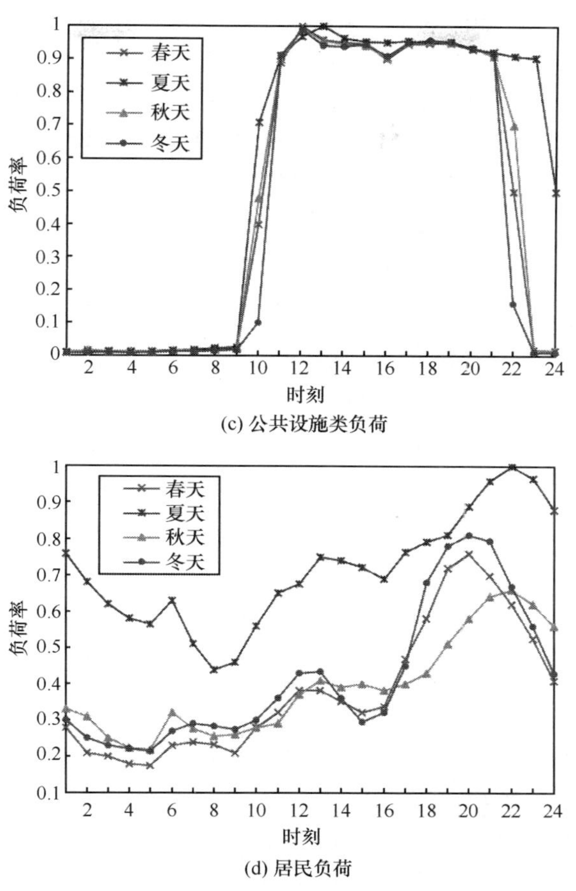

(c) 公共设施类负荷

(d) 居民负荷

图 3.2　四种典型负荷时序特性曲线

图中的时刻代表整点时刻，后同

农业类负荷冬季最高，春季最低，四季峰荷大小差别明显，具有很强的季节性。农业类负荷每天用电时段主要集中在 08:00～11:00 和 15:00～22:00，最高负荷出现在 10:00 左右，在 00:00～07:00 时间段农业类负荷较低。

公共设施类负荷以商业负荷为代表，其四季的用电特性差异很小，春、秋、冬三个季节中每一天的日时序特性曲线基本一致，夏季商业负荷持续时间较其他三个季节稍长。在四季中，11:00 以后基本接近最大负荷，00:00～08:00 商业负荷接近为 0。

居民负荷夏季需求最大，并且远大于其他三个季节，春季负荷需求最小。居民负荷每天在 17:00～22:00 时段出现负荷高峰，在其他时段需求较为均衡。

3.1.3　实例分析

本节以 2014 年中国东部沿海地区 J 市电网 110kV SA 变电站供区负荷为研究对象展开实例分析。该供区负荷主要以轻工业为主，同时拥有少部分公共设施类负荷和居民负荷。由变电站实测数据可得，2014 年该地区电网最大负荷为 56.2MW，最高负荷日负荷率为 75.8%，当日最小负荷率为 55.1%。1～12 月平均日负荷率为 78.1%，全年最大峰谷差为 48.9MW，平均月最大负荷利用小时数为 483.5h，各月最大负荷及最大负荷利用小时数如表 3.1 所示。可见，该地区电网的负荷水平较高，负荷变化较为平缓。

表 3.1　SA 变电站供区 2014 年月最大负荷及月最大负荷利用小时数

月份	最大负荷/MW	月最大负荷利用小时数/h	月份	最大负荷/MW	月最大负荷利用小时数/h
1 月	47.8	361.68	7 月	53.5	531.56
2 月	54.1	434.09	8 月	54.3	502.05
3 月	56.2	509.86	9 月	48.3	470.04
4 月	51.7	500.87	10 月	44.9	485.77
5 月	54.8	510.85	11 月	46.7	503.40
6 月	55.2	479.25	12 月	50.1	512.73

根据该地区的气候特征，选取 2014 年 4 月、7 月、10 月和 1 月的负荷数据作为春夏秋冬四季的典型代表，并根据其中典型日的数据可得该地区负荷在不同季节下的日时序特性曲线。如图 3.3 所示，该地区负荷具有较强的季节特性：夏季较高，冬季较低，春秋两季处于中间位置。四季中，负荷的变化规律基本保持一致，用

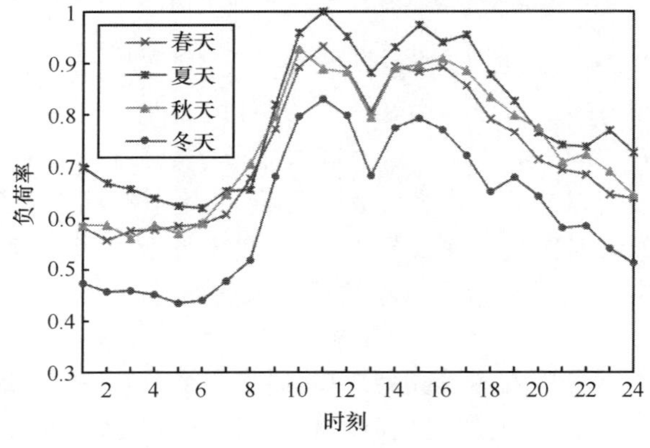

图 3.3　SA 变电站供区负荷四季时序特性曲线

电时段主要集中在每日 09:00～21:00,大约在 11:00 和 15:00 出现两个用电高峰。对比图 3.2(a)与图 3.3 可知,该地区负荷的变化规律符合轻工业类负荷的时序特性。

以负荷最重的夏季 7 月为例,该地区电网的月持续负荷曲线如图 3.4 所示。若定义最高负荷 85%以上的负荷持续时间为峰荷持续时间,可得 7 月的峰荷持续时间为 154h,约占全月小时数的 21%。若在该 SA 变电站供区的配电网中接入一定规模的分布式光伏电源,可以有效降低峰荷持续时间,在一定程度上缓解电网的供电压力。

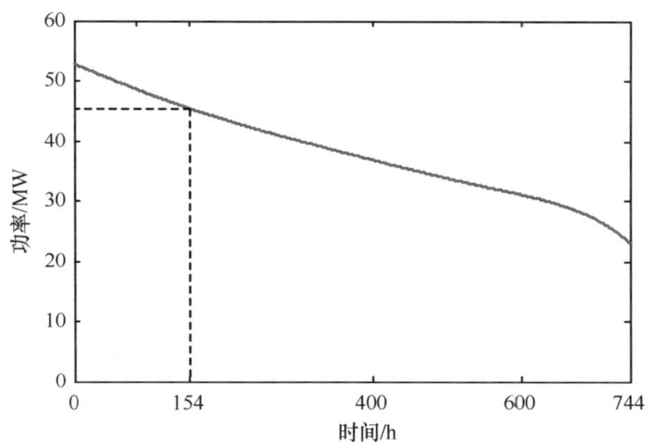

图 3.4　SA 变电站供区负荷 2014 年 7 月的月持续负荷曲线

进一步分析相邻 5min 的负荷变动情况。电网中负荷功率的大小受多种因素影响,对外呈现一定的随机性,通常可以用统计方法研究其变化特性。概率密度函数是一种描述某一随机事件在指定范围内发生概率的函数表达式,其函数曲线与横坐标轴包围的面积为所有事件概率和为 1,曲线纵坐标数值为相应横坐标事件发生的概率密度。图 3.5 为该地区 7 月负荷波动的概率密度函数,其横坐标为相邻 5min 功率变化量的百分数,以当月最高负荷为基准,纵坐标为负荷变化的概率密度。由图可得,7 月该地区 99.6%的相邻 5min 负荷功率变化不超过当月系统最高负荷的 2%,其中 90.0%的负荷波动集中于最高负荷的 1%以内。因此,从负荷波动情况看,该地区电网对光伏等波动性较大的分布式电源有一定的接纳能力,具备接入大规模分布式光伏电源的可能性。

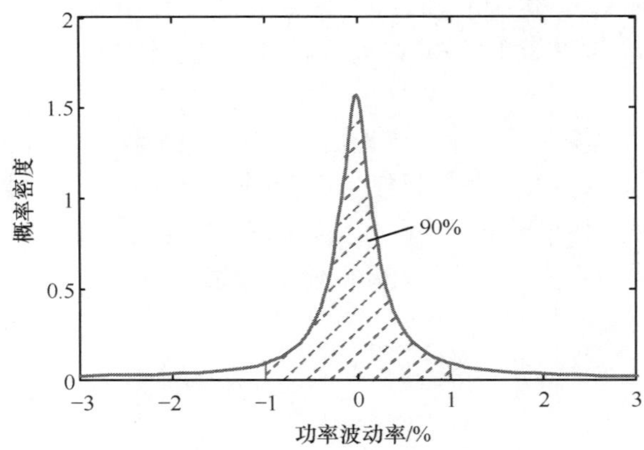

图 3.5　SA 变电站供区 2014 年 7 月相邻 5min 负荷波动概率密度函数

3.2　光伏电源出力特性

3.2.1　光伏电源并网规范

目前,光伏出力的间歇性和波动性是影响分布式光伏电源发展的一个重要因素,分布式光伏电源的出力波动对配电网的影响主要体现在以下几个方面[8-9]:

(1) 对配电网规划的影响。光伏出力具有波动性,且其波动是随机的,无法满足电网对供电稳定性、连续性和可靠性的要求,需要电网留有足够的旋转备用进行调节;同时光伏出力的波动性会造成一定程度的设备容量浪费,给电网的合理规划带来了挑战。

(2) 对配电网运行、调度的影响。为确保电网运行的稳定性和电能质量,需要抑制光伏出力波动,对电网的运行控制提出了更高的要求。光伏出力波动给负荷预测造成一定困难,加大了电网的调度难度。

(3) 对电能质量的影响。光伏出力波动到达一定程度时,会造成明显的电网电压波动,对电网的频率也会产生一定影响,光伏出力变小时,并网逆变器输出轻载,电流谐波增大。

为减少分布式光伏电源出力波动对配电网的影响,世界各国制定了多项针对分布式电源并网的技术规范和标准,对分布式电源的容量和接入后的电压波动范围进行限制。IEEE 1547[10]和德国《中低压并网指南》通过限制分布式电源接入后公共连接点(points of common connection,PCC)最大电压变化率对分布式电源的并网容量进行了约束。其中,IEEE 1547 标准要求分布式电源在公共连接点产生的电压波动不应大于±5%额定电压,德国《中压并网指南》[11]规定网络中每个公共连接点的电压幅值变化与没有连接分布式电源时相比不能超过 2%,《低压并网指南》[12]要求不得超过 3%。

我国在 GB/T 29319—2012[13]《光伏发电系统接入配电网技术规定》国家标准中规定,光伏发电系统接入公共连接点的电压偏差需满足 GB/T 12325 规定,即 20kV 及以下三相电压偏差小于额定值的±7%,220V 单相电压偏差为+7%、-10%。该标准还要求光伏发电系统在并网点额定电压 90%~110%区间范围内能正常运行,并且能够在其无功输出范围内,接收电网无功调度指令,参与电网电压调节。中国能源行业标准 NB/T 32015—2013[14]《分布式电源接入配电网技术规定》要求,对于通过 380V 电压等级并网的分布式电源,其保持正常运行的电压范围为 85%~110%。国家电网公司在其技术规范中规定了并网光伏电源的功率波动范围,具体如表 3.2 所示。

表 3.2　中国国家电网对并网光伏电源功率波动的技术规范[15]

光伏电源接入电压等级/kV	10min 有功功率变化最大限值/MW	1min 有功功率变化最大限值/MW
0.38	装机容量	0.2
10~35	装机容量	装机容量/5

另有一些其他标准对频率偏差和相角偏差等参数进行了限制,具体如表 3.3 所示。

表 3.3　一些标准对分布式电源并网参数的限制[16]

分布式电源功率/MW	频率偏差/Hz	相角偏差/(°)	标准
0~0.5	0.3	20	IEEE 1547
0.5~1.5	0.2	15	
1.5~10	0.1	10	
小型	0.1	10	法国
小型	0.5	(5.6%)	意大利
0~1	0.1	10	西班牙
>1	0.2	20	
中压并网	0.5	10	德国

3.2.2　典型光伏电源时序特性

在第 2 章中已经描述,光伏电源的输出功率与光照强度以及环境温度密切相关,受天气变化影响严重,具有很强的随机性和时序性特征。在不同的天气类型、不同的季节条件下,各地区的光照强度和温度差异较大,因此光伏电源的时序特性也各不相同。研究某地区的光伏出力特性，可以通过整理分析该地区的气象资料得到光照强度和温度曲线，进而计算光伏的输出日时序特征曲线。

图 3.6 为光伏电源在春夏秋冬四季中呈现的典型时序特性[17]。由图可得，夏季由于日照时间长、光照强度大、温度较高，光伏电源的出力最大；同理，冬季由于日照时间短、光照强度小、温度较低，光伏电源的出力最小；春秋两季处于中间水平，同时由于光照和温度两个因素较为接近，导致其出力也基本相同。光伏电源一天中的最大功率通常在中午 12:00 左右，夜间由于没有光照，其出力均为 0。

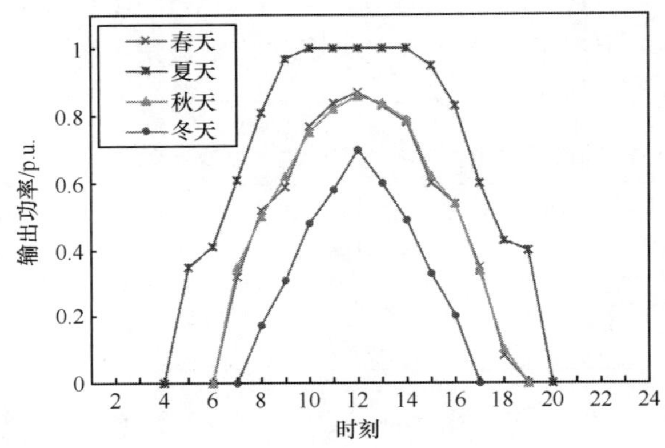

图 3.6 不同季节下分布式光伏电源典型时序特性曲线

图 3.7 为光伏电源在晴天、阴天、雨雪和多云四种天气下的时序特性曲线。由图可得，天气变化对光伏电源出力的波动水平有显著影响，晴天时光伏出力较为平稳，从太阳升起时光伏电源开始出力，接着光伏输出功率随光照强度的增加而平稳上升，并于中午前后到达峰值，午后光伏出力随着光照强度的降低而平稳下降，最

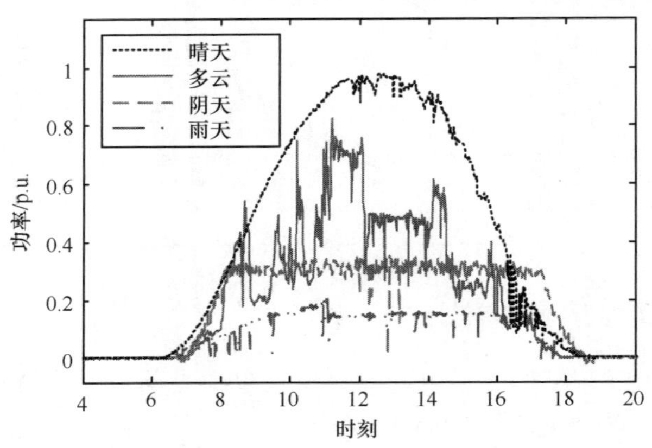

图 3.7 不同天气类型下分布式光伏电源典型时序特性曲线

后待太阳落山后出力变为 0。阴天和雨雪天气时，光伏出力的时序特性与晴天类似，但是其出力的波动性水平会略有增加，同时受光照强度的影响，同一时刻的光伏电源出力，晴天最高，阴天次之，雨雪天气最低。多云天气中，受太阳光不时会被云层遮挡的影响，光伏电源的出力波动会明显增大，短时间内的波动量甚至会超过装机容量的 50%。因此，在多云天气条件下，接入大规模分布式光伏电源的配电网系统电压的波动性也会明显增大，可能会影响电网的安全稳定运行。

3.2.3　实例分析

本节仍以前述 110kV SA 变电站区域配电网为研究对象，对其区域中已投运的某一分布式光伏电源出力特性进行分析。该分布式光伏电源位于供区内某厂房屋顶，设有 24 个阵列，共计使用光伏发电组件 480 片，首批建成的 120kW 分布式光伏电源已于 2013 年 2 月 28 日投入运行，具体现场图如图 3.8 所示。该光伏电源采用自发自用、余量上网的运营机制，即屋顶光伏组件将太阳能转变为直流电，通过逆变器将直流电转化为交流电接入楼内的用户线路，优先满足楼内用户用电；用户消纳不完的电能再经变压器升压后送入本地配电网中。

图 3.8　SA 变电站供区某分布式光伏电源现场图

同样选取 2014 年 4 月、7 月、10 月和 1 月的光伏数据作为春夏秋冬四季的代表进行分析。图 3.9 为这四个月光伏电源的日最大输出功率特性曲线。由图可得，光伏电源的日最大输出功率的变化很大。进一步分析表明，春夏秋冬四季的平均日最大输出功率分别为 69.8kW、73.4kW、68.5kW 和 52.0kW，全年的平均日最大输出功率仅为 65.9kW，约占额定容量的 54.9%。可见，该地区光照条件一般，属于中国太阳能资源划分的 III 类地区。

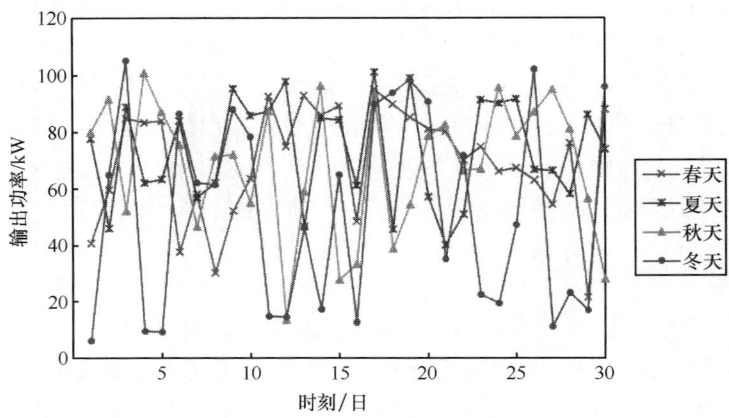

图 3.9 该分布式光伏电源春夏秋冬四季日最大输出功率曲线图

该分布式光伏电源全年四个季度的日运行小时数和日有效运行小时数的统计数据如表 3.4 所示。可见,该地区光伏电源的日运行时间较短,承担负荷的能力有限;光伏电源在春季和夏季的日有效运行时间较长;而冬季的日有效运行时间较短,作为紧急备用电源承担负荷的能力有限。

表 3.4 分布式光伏电源日运行小时数和日有效运行小时数

季节	日运行小时数/h			日有效运行小时数/h		
	最大值	最小值	平均值	最大值	最小值	平均值
春季	12.5	0	7.2	6.7	0	3.3
夏季	13.8	0	8.1	7.4	0	4.0
秋季	11.7	0	5.8	5.6	0	2.5
冬季	9.6	0	4.2	4.5	0	1.6
全年	13.8	0	6.3	7.4	0	2.9

图 3.10 为该分布式光伏电源在各个季度的持续出力特性曲线。由图可得,全年中光伏电源在夏季的出力时间最长,冬季最短,春秋两季处于中间水平。进一步计算可得,该光伏电源在春夏秋冬四季的季最大功率利用小时数分别为 376.1h、427.0h、307.7h 以及 245.6h。可见,光伏电源只在白天输出功率,且早上和傍晚的输出功率都较小,因此光伏电源的最大功率利用小时数均较小。

进一步分析该分布式光伏电源的输出功率波动情况,图 3.11 为该光伏电源 2014 年春夏秋冬四季运行时间内,相邻 5min 输出功率变化量的概率密度函数。图中剔除功率变化量为零的样本,其横坐标为相邻 5min 功率变化量的百分数,以该季度最高出力为基准,纵坐标为功率变化的概率密度。由图可得,该地区四季光

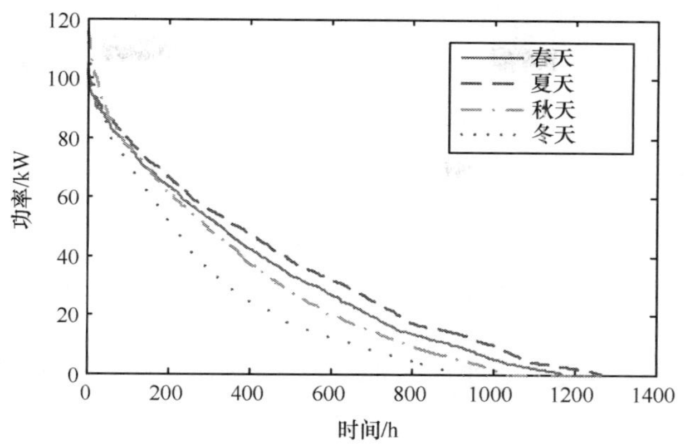

图 3.10　该分布式光伏电源在各个季节的持续出力特性曲线

伏出力的波动规律基本相同，冬季由于光照强度低，光伏电源的出力波动相对较小。全年光伏电源的相邻 5min 输出功率变化量多集中于最大出力的 20%以内，在极少数情况下，这一数值会达到最大出力的 50%。因此，分布式光伏电源输出功率在某些时刻的变化可能会对电网调峰造成一定影响。

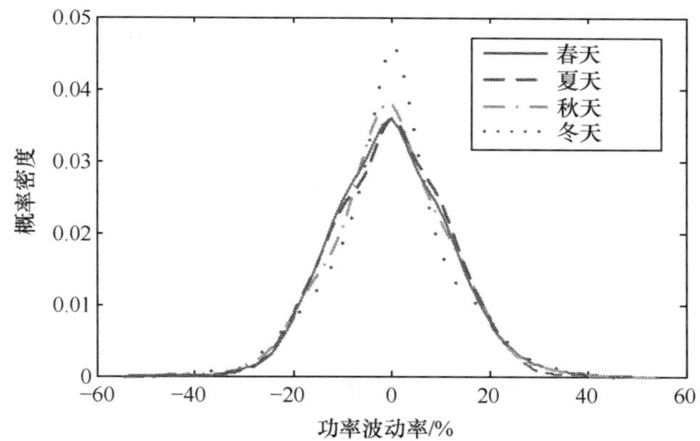

图 3.11　光伏电源相邻 5min 输出功率变化量的概率密度函数

3.3　分布式光伏电源接入后的配电网净负荷特性

由前两节分析可得，配电网中的最高负荷与分布式光伏电源的出力峰值通常不会在同一时刻出现。当配电网中接入一定容量的分布式光伏电源时，可以适当降低系统的净负荷峰值(本书称原始负荷功率减去光伏出力为净负荷)；然而当分布式光伏电源接入容量较大时，由于其输出功率本身具有不确定性和随机性，可能会引起配电网中电压升高或者潮流倒送，甚至影响整个区域内电源的运行调度。本节将在前两节实例分析的基础上，进一步研究分布式光伏电源接入配电网后，系统净负荷特性的变化。

3.3.1 分布式光伏电源接入对系统负荷水平的影响

本节同样选取2014年4月、7月、10月和1月四个月SA变电站供区负荷和分布式光伏电源数据作为春夏秋冬四季的典型代表，假设分布式光伏电源的输出功率与其容量成正比，并以分布式光伏电源接入容量为系统当月最大负荷的15%为例，将分布式光伏电源输出功率与同一时刻的系统负荷功率叠加，形成计及分布式光伏电源影响的系统净负荷。图3.12为负荷水平最重的7月的原始负荷以及接入容量为当月最大负荷的15%分布式光伏电源后净负荷的月持续负荷曲线(其余月份的变化趋势类似)。表3.5和表3.6分别为这四个月的负荷特性参数。

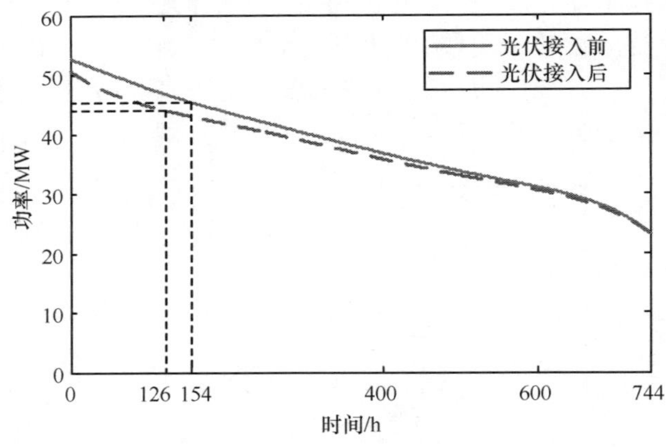

图3.12 2014年7月SA变电站供区分布式光伏电源接入前后的月负荷持续曲线

表3.5 分布式光伏电源接入前后系统的最大负荷、最大负荷利用小时数和峰荷持续时间

月份	原始负荷			净负荷		
	最大负荷/MW	最大负荷利用小时数/h	峰荷持续时间/h	最大负荷/MW	最大负荷利用小时数/h	峰荷持续时间/h
1月	47.8	361.7	44	47.2	355.0	32
4月	51.7	500.9	133	48.7	514.4	117
7月	53.5	531.6	154	51.7	530.1	126
10月	44.9	485.8	100	43.5	486.7	82

表 3.6　分布式光伏电源接入前后的负荷率与峰谷差

月份	原始负荷			净负荷		
	最小负荷率/%	平均负荷率/%	最大峰谷差/MW	最小负荷率/%	平均负荷率/%	最大峰谷差/MW
1月	15.1%	48.6%	30.4	15.5%	47.7%	28.6
4月	38.0%	69.6%	35.6	40.3%	71.4%	34.2
7月	43.2%	71.4%	40.6	44.7%	71.3%	40.2
10月	20.7%	65.3%	32.1	21.4%	65.4%	29.0

由图 3.12 及表 3.5 可知，相对于原始负荷，接入分布式光伏电源后，2014 年 1 月、4 月、7 月和 10 月系统净负荷的月最大负荷水平均有所下降；最大负荷利用小时数由负荷消耗量和最大负荷水平共同决定，而分布式光伏电源的接入在降低最大负荷水平的同时也会减小负荷消耗的电量，因此分布式光伏电源接入后系统净负荷最大利用小时数的变化需根据实际情况确定。表 3.5 中分布式光伏电源接入后，1 月和 7 月的最大负荷利用小时数下降，而 4 月和 10 月的最大负荷利用小时数上升；接入分布式光伏电源后，系统净负荷的峰荷持续时间均显著减小，如负荷水平最重的 7 月，峰荷持续时间由 154h 减少到了 126h，说明分布式光伏电源对系统负荷具有明显的“削峰”作用。

由表 3.6 可得，接入分布式光伏电源后，系统净负荷的最小负荷率上升，而最大峰谷差下降。这是由于该地区负荷以轻工业为主，其负荷时序特性与图 3.3 类似。每天的最低负荷一般出现在夜晚，此时光伏电源出力为 0，若分布式光伏电源的接入容量不大时（这里是 15%）将不会影响系统的最低负荷；而由前面分析得到，分布式光伏电源对系统负荷具有明显的“削峰”作用，因此这四个月中系统净负荷的最小负荷率上升、最大峰谷差下降。由于平均负荷率指标与系统的平均负荷和最高负荷有关，而分布式光伏电源接入后，这两者指标均有所下降，因此平均负荷率的变化趋势与具体情况有关。由表 3.6 可以看到，1 月和 7 月系统净负荷的平均负荷率略有减少，而 4 月和 10 月净负荷的平均负荷率略有增加。

进一步研究分布式光伏电源接入容量与系统净负荷持续曲线的关系。以负荷最重的 7 月份为例，分布式光伏电源接入容量用当月最大负荷的百分数表示，不同分布式光伏接入容量下系统净负荷的月持续曲线如图 3.13 所示。由图可得，分布式光伏电源的接入会降低系统的峰荷和谷荷水平，但是当光伏接入容量达到一定比例以后，峰荷下降速度会变慢，而谷荷会迅速降低。这是由于配电网中的最高负荷与光伏电源的出力峰值出现在不同时刻，随着分布式光伏电源接入容量的增加，系统净负荷的峰荷时间将发生转移，而分布式光伏出力较高的中午时段将有可能成为日负荷曲线的低谷，相关示意图如图 3.14 所示。

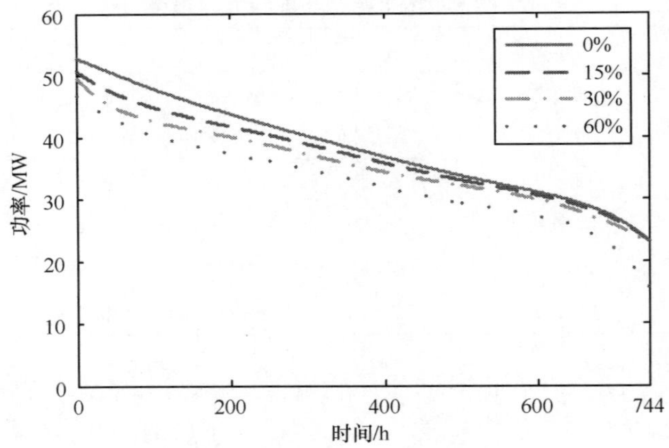

图 3.13 SA 变电站供区净负荷 7 月在不同分布式光伏电源接入容量下的月负荷持续曲线

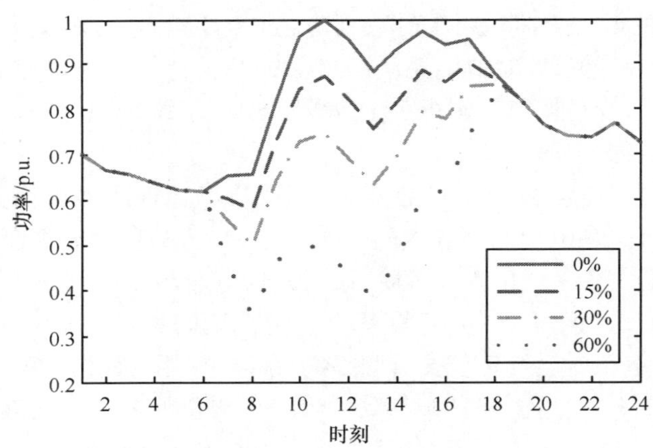

图 3.14 不同分布式光伏电源接入容量下系统净负荷的日时序特性曲线

表 3.7 为不同接入容量下，2014 年 1 月、4 月、7 月和 10 月四个月的系统净负荷的峰荷持续时间。由表中数据可得，接入分布式光伏电源可以有效减小峰荷持续时间；同时，分布式光伏电源的接入容量越大，越有利于减小峰荷持续时间。

表 3.7　SA 变电站供区 2014 年 1 月、4 月、7 月和 10 月系统净负荷的峰荷持续时间

（单位：h）

光伏容量/最大负荷/%	1 月	4 月	7 月	10 月
0	44	133	154	100
15	32	117	126	82
30	25	104	78	60
60	24	70	44	53

由以上分析可见，分布式光伏电源对系统负荷具有明显的“削峰”作用，分布式光伏电源的接入可以提高系统的供电能力，同时在一定程度上减少系统的备用容量。

3.3.2　分布式光伏电源接入对系统负荷波动的影响

同样以负荷最重的 7 月为例，进一步研究分布式光伏电源接入对系统负荷波动的影响。表 3.8 列出了不同分布式光伏电源接入容量下，相邻 5min 系统净负荷的功率变化率（$\Delta P\%$）的最大值，净负荷相邻 5min 功率变化率的概率密度函数如图 3.15 所示。

表 3.8　不同分布式光伏电源接入容量下系统净负荷的最大波动

分布式光伏电源接入比例/%	0	15	30	40	50	60%
最大变化率（$\Delta P\%$）$_{max}$/%	5.1	8.1	16.4	21.9	24.6	29.4

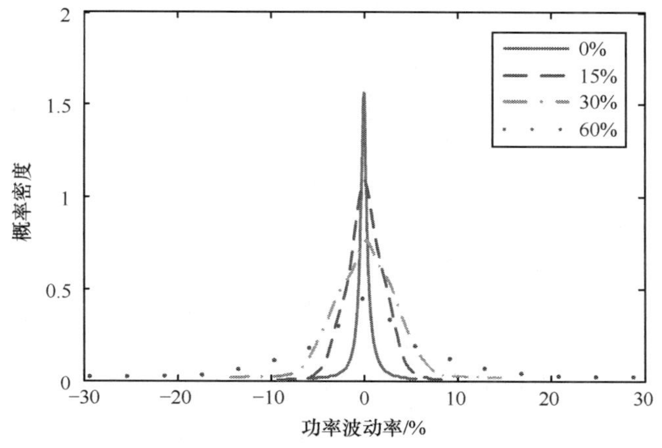

图 3.15　不同分布式光伏电源接入容量下的系统净负荷功率变化率的概率密度函数

由表 3.8 及图 3.15 可知，随着分布式光伏电源接入容量的增加，系统净负荷相邻时刻的波动幅度也相应增加，这会增加电力系统负荷预测的不确定性，对系统的备用容量也提出了更高的要求。从系统调峰角度来看，通常为了满足调峰要求，相邻 5min 负荷波动不应超过最大负荷的 25%，即负荷功率变化率要小于 25%。由表 3.8 可见，当分布式光伏接入容量增加至最大负荷的 50%时，绝大多数情况下，相邻 5min 净负荷的功率变化率要远小于 25%。因此，一般来说，分布式光伏电源的接入不会对系统调峰造成不良影响。但是当分布式光伏接入容量增大至最大负荷的 60%时，少数情况下，相邻 5min 净负荷的功率变化率将达到 30%左右。因此，分布式光伏电源接入容量过多会对系统调峰及 AGC 造成一定的影响。

3.4 分布式光伏电源电力电量分析

3.4.1 分布式光伏电源有效出力及等效发电量

由本章分析可得，分布式光伏电源的接入对系统最大负荷功率预测的影响，主要体现在削峰作用上。对于给定容量的分布式光伏电源，其削峰的大小与其平均出力水平相关，同时也与负荷曲线和分布式光伏电源出力曲线的匹配程度相关。

本书将分布式光伏电源的等效削峰容量定义为分布式光伏电源的有效出力。对于某一计算周期内(年/季/月)，可由式(3-4)～式(3-7)计算：

$$P_{\mathrm{gmax}}=\sum_{i=1}^{N_{\mathrm{g}}}(\eta_i\cdot P_{\mathrm{gN},i}) \tag{3-4}$$

$$\Delta P_{\text{cut-MLDday}}=k_1\cdot k_2\cdot P_{\mathrm{gmax}} \tag{3-5}$$

$$\Delta P_{\mathrm{Ldmax}}^{\mathrm{d\text{-}n}}=P_{\mathrm{Ldmax}}^{\mathrm{day}}-P_{\mathrm{Ldmax}}^{\mathrm{night}} \tag{3-6}$$

$$\Delta P_{\mathrm{cut}}=\begin{cases}0, & P_{\mathrm{Ldmax}}^{\mathrm{day}}\leqslant P_{\mathrm{Ldmax}}^{\mathrm{night}}\\ \min\{\Delta P_{\text{cut-MLDday}},\Delta P_{\mathrm{Ldmax}}^{\mathrm{d\text{-}n}}\}, & P_{\mathrm{Ldmax}}^{\mathrm{day}}>P_{\mathrm{Ldmax}}^{\mathrm{night}}\end{cases} \tag{3-7}$$

式中，P_{gmax}是所有分布式光伏电源最大发电功率之和(MW)；N_{g}是分布式光伏电源数量；η_i是第 i 个分布式光伏电源的最大发电效率，$i=1,2,3,\cdots,N_{\mathrm{g}}$；$P_{\mathrm{gN},i}$是第 i 个分布式光伏电源的额定容量(MW)；$\Delta P_{\text{cut-MLDday}}$是所有分布式光伏电源最大负荷日白天峰荷时段的有效出力(MW)；k_1是分布式光伏电源最大负荷日白天峰荷时段有效出力修正系数；k_2是分布式光伏电源最大负荷日白天峰荷时段平均发电功率修正系数；$P_{\mathrm{Ldmax}}^{\mathrm{day}}$是预测周期内白天传统负荷的最大功率预测值(MW)；$P_{\mathrm{Ldmax}}^{\mathrm{night}}$是预测周期内晚高峰时段传统负荷的最大功率预测值(MW)；ΔP_{cut}是所有分布式光伏电源的有效出力(MW)。

分布式光伏电源对电量预测的影响,取决于分布式光伏电源最大功率利用小时数和最大发电效率。分布式光伏电源计算周期内的等效发电量为

$$W_{g,i}=k_3 \cdot \eta_i \cdot P_{gN,i} \cdot T \tag{3-8}$$

$$W_g = \sum_{i=1}^{N_g} W_{g,i} \tag{3-9}$$

式中,$W_{g,i}$是第 i 个分布式光伏电源的等效发电量(MWh);k_3是分布式光伏电源等效发电量修正系数;T 是计算周期内的总小时数(h);W_g是所有分布式光伏电源的等效发电量(MWh)。

3.4.2　分布式光伏电源有效出力修正系数的计算方法

以上公式中的分布式光伏电源修正系数 k_1、k_2和 k_3均能够基于特定地区的负荷以及典型分布式光伏电源的时序特性历史数据计算得到。

首先介绍光伏电源有效出力修正系数 k_1和 k_2的计算步骤。

(1) 所有运行的分布式光伏电源发电功率的综合处理。

假设同一地区同类型分布式光伏电源具有相似的发电出力特性。通过对该地区光伏出力历史数据进行统计处理,可以获得该地区典型光伏电源出力时序特性曲线,该曲线能够有效反映该地区分布式光伏电源出力规律。在此典型光伏出力时序特性基础上,可以确定所有同类型运行分布式光伏电源的发电功率。具体计算方法如下:

$$P_{g,d,t}^{on} = \frac{P_{g,d,t}^0}{P_{gmax}^0} \sum_{i=1}^{N_g^{on}} (\eta_i \cdot P_{gN,i}^{on}) \tag{3-10}$$

式中,$t=1,2,\cdots,T_d$,$d=1,2,\cdots,D$;T_d是光伏功率实测值的日保存时段数(通常为每 5min 保存一次,全天时段数为 $12\times24=288$);D 是计算周期内的天数;$P_{g,d,t}^{on}$是所有运行分布式光伏电源第 d 天第 t 时段的有功功率(MW);$P_{g,d,t}^0$是典型分布式光伏电源第 d 天第 t 时段的有功功率(MW);P_{gmax}^0是典型分布式光伏电源的最大发电功率(MW);N_g^{on} 是所有运行分布式光伏电源的数量;$P_{gN,i}^{on}$是第 i 个运行分布式光伏电站的额定容量。

(2) 原始负荷功率的修正。

假设特定地区的负荷实测功率中包含了所有运行分布式光伏电源的发电功率。首先需要将其与分布式光伏电源的发电功率相叠加,得到不含光伏发电功率的传统负荷功率:

$$P_{\mathrm{Ld},d,t}=P_{\mathrm{Ldg},d,t}+P_{\mathrm{g},d,t}^{\mathrm{on}} \tag{3-11}$$

式中，$t=1,2,\cdots,T_d$，$d=1,2,\cdots,D$；$P_{\mathrm{Ld},d,t}$是该地区第d天第t时段的传统负荷功率值；$P_{\mathrm{Ldg},d,t}$是该地区第d天第t时段的净负荷功率实测值。

(3) 最大负荷日及其白天峰荷时段的选择。

理论上，分布式光伏电源的最大有效出力可能等于其最大发电功率，但是由于分布式光伏发电功率曲线与负荷曲线并不相同，实际的最大有效出力肯定小于其最大发电功率。为了得到合适的有效出力，通常需要根据分布式光伏电源的等效最大发电功率与最大传统负荷功率的比例来选择最大负荷日。

$$P_{\mathrm{gmax}}^{\mathrm{on}}=\sum_{i=1}^{N_{\mathrm{g}}^{\mathrm{on}}}P_{\mathrm{gmax},i}^{\mathrm{on}} \tag{3-12}$$

$$P_{\mathrm{Ldmax},d}=\max\{P_{\mathrm{Ld},d,t}\mid t=1,2,\cdots,T_d;d=1,2,\cdots,D\} \tag{3-13}$$

$$P_{\mathrm{Ldmax}}=\max\{P_{\mathrm{Ld},d,t}\mid t=1,2,\cdots,T_d;d=1,2,\cdots,D\} \tag{3-14}$$

$$\alpha=1-\frac{P_{\mathrm{gmax}}^{\mathrm{on}}}{P_{\mathrm{Ldmax}}} \tag{3-15}$$

$$\varphi_{\mathrm{MLD}}=\{d\mid P_{\mathrm{Ldmax},d}\geqslant\alpha P_{\mathrm{Ldmax}};d=1,2,\cdots,D\} \tag{3-16}$$

$$\psi_{\mathrm{MLDday}}=\{t\mid P_{\mathrm{Ld},d,t}\geqslant\alpha P_{\mathrm{Ldmax},d};\ t=T_d^S,T_d^S+1,T_d^S+2,\cdots,T_d^E;d\in\varphi_{\mathrm{MLD}}\} \tag{3-17}$$

式中，$P_{\mathrm{gmax}}^{\mathrm{on}}$是所有运行分布式光伏电源的最大发电功率(MW)；$P_{\mathrm{gmax},i}^{\mathrm{on}}$是第$i$个运行分布式光伏电源的最大发电功率(MW)；$P_{\mathrm{Ldmax},d}$是第$d$天传统负荷的最大功率(MW)；$P_{\mathrm{Ldmax}}$是计算周期内传统负荷的最大功率(MW)；$\alpha$是最大负荷日选取的门槛比例；$\varphi_{\mathrm{MLD}}$是最大负荷日集合；$\psi_{\mathrm{MLDday}}$是最大负荷日白天的峰荷时段集合；$T_d^S$是白天分布式光伏发电的开始时间；$T_d^E$是白天分布式光伏发电的结束时间。

最大负荷日的选取过程如图 3.16 所示，其中$\alpha P_{\mathrm{Ldmax}}$为计算周期内最大负荷日选择的最小门槛功率，即定义日最大负荷功率大于该门槛值的对应日为最大负荷日。具体步骤如下：

① 在已知分布式光伏电源发电功率和系统净负荷功率(net load)的历史实测数据基础上，还原得到不含光伏功率的原始负荷功率。

② 由分布式光伏电源最大发电功率与传统负荷最大功率之比来确定最大负荷日选择的最小门槛功率，并进一步确定具体的最大负荷日。

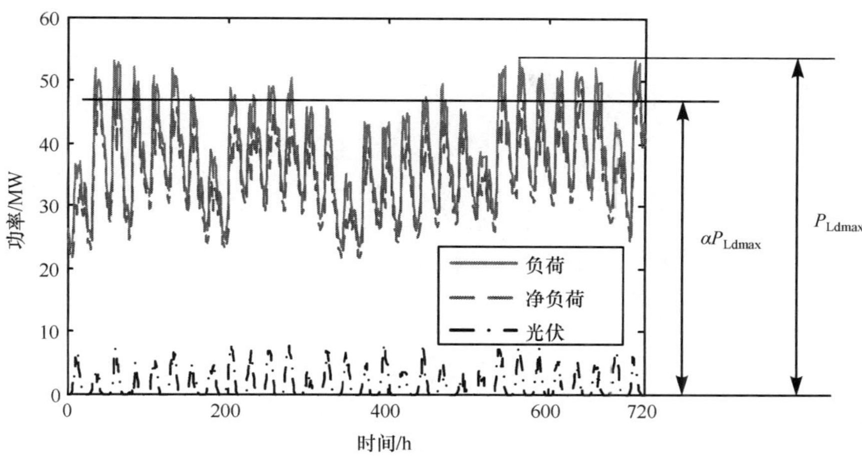

图 3.16　最大负荷日的选取

（4）运行的分布式光伏电源最大负荷日白天峰荷时段的平均发电功率。

$$\overline{P}^{\text{on}}_{\text{g-MLDday}} = \frac{1}{N_{\text{MLDday}}} \sum_{\substack{t \in \psi_{\text{MLDday}} \\ d \in \varphi_{\text{MLD}}}} P^{\text{on}}_{\text{g},d,t} \tag{3-18}$$

式中，$\overline{P}^{\text{on}}_{\text{g-MLDday}}$是运行分布式光伏电源最大负荷日白天峰荷时段的平均发电功率；N_{MLDday}是最大负荷日白天峰荷时段的总时段数。

（5）运行光伏电源最大负荷日白天峰荷时段的平均有效出力。

$$P^{\text{MLD}}_{\text{Ldmax},d} = \max\{P_{\text{Ld},d,t} \mid t \in \psi_{\text{MLDday}}\}, \quad d \in \varphi_{\text{MLD}} \tag{3-19}$$

$$P^{\text{MLD}}_{\text{Ldgmax},d} = \max\{P_{\text{Ldg},d,t} \mid t \in \psi_{\text{MLDday}}\}, \quad d \in \varphi_{\text{MLD}} \tag{3-20}$$

$$\Delta\overline{P}^{\text{on}}_{\text{cut-MLDday}} = \frac{1}{N_{\text{MLD}}} \sum_{d \in \varphi_{\text{MLD}}} (P^{\text{MLD}}_{\text{Ldmax},d} - P^{\text{MLD}}_{\text{Ldgmax},d}) \tag{3-21}$$

式中，$P^{\text{MLD}}_{\text{Ldmax},d}$是最大负荷日传统负荷的最大功率（MW）；$P^{\text{MLD}}_{\text{Ldgmax},d}$是最大负荷日系统净负荷的最大功率（MW）；$\Delta\overline{P}^{\text{on}}_{\text{cut-MLDday}}$是运行分布式光伏电源的最大负荷日白天峰荷时段的平均有效出力；N_{MLD}是最大负荷日天数。

（6）最后，计算得到分布式光伏电源的有效出力修正系数 k_1、k_2 为

$$k_1 = \Delta\overline{P}^{\text{on}}_{\text{cut-MLDday}} / \overline{P}^{\text{on}}_{\text{g-MLDday}} \tag{3-22}$$

$$k_2 = \overline{P}^{\text{on}}_{\text{g-MLDday}} / P^{\text{on}}_{\text{gmax}} \tag{3-23}$$

下面进一步介绍分布式光伏电源等效发电量修正系数 k_3 的计算步骤。

首先，计算典型运行的分布式光伏电源计算周期内的总发电量。

$$W^0_{\text{g}} = \sum_{d=1}^{D} \sum_{t=1}^{T_d} (P^0_{\text{g},d,t} \cdot \Delta\tau_{d,t}) \tag{3-24}$$

式中，$\Delta\tau_{d,t}$是两个相邻时段的时间（h）；W_{g}^{0} 是典型运行分布式光伏电源计算周期内的总发电量（MWh）。

得到典型运行的分布式光伏电源最大功率利用小时数。

$$T_{gmax}^{0}=\frac{W_{g}^{0}}{P_{gmax}^{0}} \tag{3-25}$$

式中，T_{gmax}^{0}是典型运行分布式光伏电源的最大功率利用小时数（h）。

最后，计算得到分布式光伏电源的等效发电量修正系数 k_3

$$k_3=\frac{T_{gmax}^{0}}{T} \tag{3-26}$$

3.5 小　　结

本章首先介绍了配电网中四类典型负荷（工业类负荷、农业类负荷、公共设施类负荷以及居民负荷）的时序特性曲线。接着基于负荷率、峰谷差、最大负荷利用小时数、持续负荷曲线等负荷特性指标，对中国东部沿海 J 市电网 110kV SA 变电站供区负荷展开实例分析。

同时，根据分布式光伏电源的并网规范，分析了不同季节和不同天气类型下，典型分布式光伏电源出力的时序特性。仍以 SA 变电站供区为例，分析对比了该区域中接入分布式光伏电源前后系统净负荷的特性变化，包括对系统负荷水平和系统负荷波动的影响，结果显示分布式光伏电源的接入对系统负荷具有明显的“削峰”作用，但是分布式光伏接入容量的增加会导致净负荷的波动也相应增加。

最后，本章还详细介绍了有关分布式光伏电源电力电量的计算公式，包括有效出力和等效发电量等，并对分布式光伏电源有效出力修正系数的计算进行推导，为后续章节的研究提供了理论基础。

参考文献

[1] 李亚男．不同网络重构方案下的负荷恢复研究．保定：华北电力大学硕士学位论文，2012.

[2] 陈伟，乐丽琴，崔凯，等．典型用户负荷特性及用电特点分析．能源技术经济，2011，23(9)：44-49.

[3] Chang R F，Lu C N. Feeder reconfiguration for load factor improvement. Power Engineering Society Winter Meeting. IEEE，2002，2：980-984.

[4] Tang Y，Song H，Hu F，et al. Investigation on TOU pricing principles. Transmission and Distribution Conference and Exhibition：Asia and Pacific，2005 IEEE/PES. IEEE，2005：1-9.

[5] Gomez J C，Morcos M M. Impact of EV battery chargers on the power quality of distribution systems. IEEE Power Engineering Review，2003，18(3)：975-981.

[6] Poulin A，Dostie M，Fournier M，et al. Load duration curve：A tool for technico-economic

analysis of energy solutions. Energy & Buildings,2008,40(1):29-35.

[7] 李亮,唐巍,白牧可,等. 考虑时序特性的多目标分布式电源选址定容规划. 电力系统自动化,2013,37(3):58-63.

[8] 陈炜,艾欣,吴涛,等. 光伏并网发电系统对电网的影响研究综述. 电力自动化设备,2013,33(2):26-32.

[9] 刘伟,彭冬,卜广全,等. 光伏发电接入智能配电网后的系统问题综述. 电网技术,2009,33(19):1-6.

[10] IEEE 1547-2003. IEEE Standard for Interconnecting Distributed Resources with Electric Power Systems. Institute of Electrical & Electronics Engineers Inc,2003:1-28.

[11] Bundesverband der Energie- und Wasserwirtschaft. Technical Guideline:Generating Flants Connected to the Medium-Voltage Network. Germany,Bundesverband der Energie- und Wasserwirtschaft,2013.

[12] Forum Netztechnik/Netzbetrieb im VDE. VDE-AR-N 4105:2011—08 Power Generation Systems Connected to the Low Voltage Distribution Network. Germany,Forum Netztechnik/Netzbetrieb im VDE,2011.

[13] GB/T 29319—2012. 光伏发电网接入用户侧配电系统技术标准. 北京:中国标准出版社,2013.

[14] NB/T 32015—2013. 分布式电源接入配电网技术规定. 北京:中国电力出版社,2014.

[15] Q/GDW 617—2011. 光伏电站接入电网技术规定. 北京:中国电力出版社,2011.

[16] 杨大为,黄秀琼,杨建华,等. 微电网和分布式电源系列标准 IEEE 1547 述评. 南方电网技术,2012,6(5):7-12.

[17] 黄付顺. 基于时序特性的分布式电源优化配置研究. 成都:西南交通大学硕士学位论文,2015.

第 4 章　基于渗透率的区域配电网分布式光伏电源并网消纳能力分析

4.1　引　　言

在过去十年里，分布式光伏电源在全世界范围内得到了快速的发展，其安装成本已大幅度下降。国家能源局发布的《太阳能利用“十三五”发展规划(征求意见稿)》中明确提出，全面推动分布式光伏发电，重点发展以大型工业园区、经济开发区、公共设施、居民住宅等为主要依托的屋顶分布式光伏发电系统，使得一些区域配电网的分布式光伏并网容量不断增加，打破了传统的供电格局。随着技术的进步，光伏效率的逐步提升和成本的进一步下降，依次降低补贴力度，最终实现平价上网的目标也是可期的。若光伏电源成本能够与电网售电电价相差无几的时候，甚至比电网电价更加便宜，对于用户，选择安装光伏就成为可能。对于电力公司，负荷脱网将会越来越严重。电网公司将不得不面临大规模分布式光伏电源带来的挑战[1-2]。

根据分布式光伏电源并网的发展趋势，随着渗透率的逐渐升高，在一些区域配电网通常会经历三个发展阶段[3-4]：

阶段 1　初期阶段，区域配电网中的分布式光伏电源并网容量相对较少，渗透率在中低水平，区域内能够被负荷完全消纳，不会引起反向潮流，对现有配电网的形态及稳定运行影响不大。

阶段 2　在阶段 1 的基础上，随着分布式光伏电源并网容量的不断增加，使区域配电网内部形成高渗透率的光伏发电格局。在某些时段，区域内负荷不能完全消纳光伏发电，未被消纳的光伏功率会被倒送至母线或上一级电网，对传统配电网的运行、保护、电能质量将会产生一定的影响，但此时的分布式光伏还不是主要供电方，仍以公共电网供电为主。

阶段 3　在阶段 2 的基础上，随着政策的鼓励及商业模式的不断成熟，仍然继续增加分布式光伏电源并网容量，光伏渗透率进一步提高，此时光伏发电电量在区域配电网负荷用电总量中占有较大比例，在多个时段将发生功率倒送现象，未被消纳的光伏发电功率会以能源互联的形式进入市场竞价，配电网中形成以光伏供电为主、与公共电网公司互为备用的格局，对现有电力系统将会产生较大的影响，主动配电网将会不断深化形成。

光伏发电的间歇性与电网中负荷特性的差异，使得电网不可能无限制的接纳光伏电源。现有对配电网光伏消纳能力的研究，主流思路是通过并网后电网的各种安全稳定运行约束指标获得配电网光伏的最大准入容量，或者通过一定的措施提升光伏的准入容量，但以光伏渗透率为指标开展配电网光伏消纳能力的研究较为匮乏，且现有的研究角度相对单一，光伏功率对配电网的冲击，光伏能量对配网的支撑等无法完全体现。对于一个已知的区域配电网，对其进行光伏容量前期规划时，需要根据区域内现状或未来整体的负荷曲线，从功率、能量平衡角度对光伏的消纳情况进行宏观地评估，而对于考虑具体的网架结构和安稳运行限制，如何确定光伏安装位置、安装方式及安装容量，采用何种控制方案以提高配电网的光伏最大准入容量则是后续的具体设计过程。在实际当中，美国等发达国家已将渗透率作为简化分布式光伏并网审查程序的判断标准，渗透率指标已成为国外很多电力公司评判分布式光伏接入配电网的重要依据，但在我国，以渗透率为基础对配电网进行光伏安装分析、规划却很少涉及。从本章开始，为了实现区域配电网分布式光伏电源接入容量的前期规划，提出光伏功率渗透率、容量渗透率和能量渗透率等光伏渗透率指标群，分析各渗透率指标的物理意义，并对某实际配电网展开分析。通过对渗透率指标群的分析，及时公布配电网剩余分布式光伏电源接纳空间，电力公司能够有效引导项目业主优先在剩余接纳空间较大、适宜于接入的地区投资建设分布式光伏电源项目，能极大地促进光伏消纳，扩大光伏安装比例，从而推动分布式光伏电源与电网协调发展。

4.2　分布式光伏电源经济效益分析

在初期阶段，分布式光伏电源并网渗透率较低，对配电网影响较小，光伏投资效益是影响光伏并网发电的重要因素。对用户而言，如果投资成本过高，效益过低，用户更愿意直接从公共电网购买电量。目前各国政府已经推出了一系列政策扶持光伏行业，目的是为进一步促进分布式光伏电源的健康发展，降低分布式光伏电源的投资运营成本，形成规模化效应。因此，本节首先开展分布式光伏经济效益的简单分析。

4.2.1　分布式光伏电源并网成本/效益分析

在全寿命周期内，效益由总支出和总收入决定。支出包括项目建设初期的初始投资、运维成本和置换成本；而收入主要来自光伏发电自发自用节省的电量和卖电收入。在大多数国家，分布式光伏电源还能获得不同的政府补贴。在从收入中扣除税金和各项成本的基础上获得最后利润[5]。

1) 成本组成

对于光伏电源投资成本，由 5 部分组成：初始成本、运维成本、置换成本、剩余成本、其他费用。初始成本是指项目建设初期成本，主要包括系统部件成本和安装成本；运维成本指在全寿命周期内运行维护费用；置换成本指在全寿命周期内系统元件更换成本；剩余成本指项目结束时各部件残值。

(1) 初始成本：

$$C_{cap}=W_{pv}c_{pv} \tag{4-1}$$

式中，C_{cap}为光伏发电的初期投资费用；W_{pv}为光伏发电的装机容量；c_{pv}为单位装机容量成本。

(2) 运维成本：

$$C_{op}=W_{pv}c_{op} \tag{4-2}$$

式中，C_{cp}为单位光伏发电的年运行维护费用。一般情况下，针对于分布式光伏电源，每年的运行维护只需要数小时，主要是清理光伏组件的灰层与污垢以及检查逆变器的运行性能，运维成本主要是当地的人工成本。

(3) 置换成本：置换成本指光伏组件工作到一定年限时衰减到一定程度，需要重新更换而带来的成本，在本章用 C_{re}表示。一般来说光伏组件寿命较长，25 年内能实现光伏组装件衰减不超过 20%，需要置换的主要是逆变器。根据欧洲光伏产业协会(European Photovoltaic Industry Association，EPIA)及 Creara 机构对现有全球逆变器安装容量即未来发展趋势的研究[6]，预测未来逆变器的价格趋势如图 4.1 所示，图中逆变器的价格为不含税价格，单位为：欧分/W。

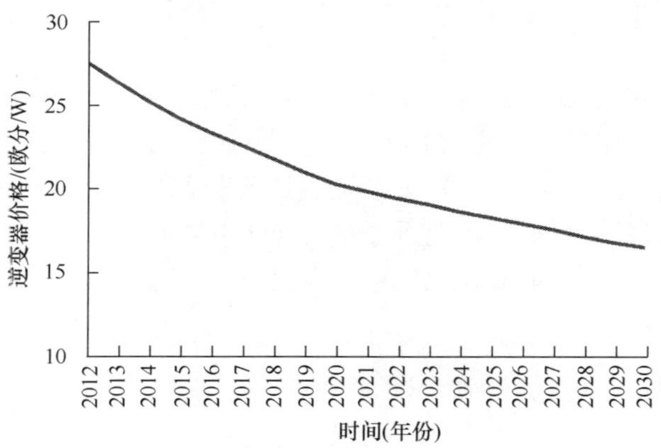

图 4.1　2012～2030 年逆变器安装容量价格趋势图

总的来说，分布式光伏电源在运行期间每年的成本支出 C_t可以表示为

$$C_t=C_{op}+C_{re} \tag{4-3}$$

(4) 剩余成本：

剩余成本指各部件残值。

$$S=C_{\mathrm{re}}\frac{R_{\mathrm{rem}}}{R_{\mathrm{comp}}} \tag{4-4}$$

式中，S 指残值；R_{rem}为部件剩余寿命；R_{comp}为部件寿命。

(5) 其他费用：

其他费用 C_{el}是指预留应急费用，主要应对建设过程中税率波动，费用损耗，人事费用波动，可能的配网设备更新线路改造等不确定情况。

此外，在实际操作中，光伏初期投资可能需要向银行贷款，所以，成本投资中还要考虑银行贷款带来的利息支出。

2) 收入组成

分布式光伏电源投资后收入主要由两大部分组成：光伏补贴收入和电量收入，电量收入包括上网电量收入和节省的电费收入。

(1) 补贴收入：在中国，政府补贴一般有两种形式：一种是电价补贴，由国家发展和改革委员会确定电价补贴标准；一种是建设投资补贴，一般占初期建设投资的一定比例(如金太阳工程为 50%)。现在，后一种基本上已经取消了，本章仅考虑第一种电价补贴方式。

$$I_{\mathrm{b}}=c_{\mathrm{b}}E_{\mathrm{pv}} \tag{4-5}$$

式中，I_{b}为补贴收入；E_{pv}为光伏发电总量；c_{b}为单位电量补贴。

(2) 电量收入：在现有的政策下，光伏发电量上送至公共电网，电网公司会按照脱硫煤上网标杆电价收购这部分电量。

$$I_{\mathrm{gr}}=c_{\mathrm{gr}}E_{\mathrm{gr}} \tag{4-6}$$

式中，I_{gr}为补贴收入；E_{gr}为光伏上网电量；c_{gr}为脱硫煤上网标杆电价。

在大多数居民用电和商业用电情况下，光伏发电会优先满足用户自身使用，余电上网，用户消纳的光伏电量(即节省的电量)也纳入节省电费的收入。

$$I_{\mathrm{sa}}=c_{\mathrm{sa}}E_{\mathrm{sa}} \tag{4-7}$$

式中，I_{sa}为节省的电费收入；E_{sa}为节省的电量；c_{sa}为节省的电量单价。

最后，投资成本现值和收入现值分别可以表达为

$$C_p = C_{\mathrm{cap}} + C_{\mathrm{el}} + \sum_{i=1}^{N}(C_{\mathrm{op}} + C_{\mathrm{re}})(1 + i_{\mathrm{c}})^{-t} \tag{4-8}$$

$$I_p = \sum_{t=1}^{N}(I_b + I_{\mathrm{gr}} + I_{\mathrm{sa}})(1 + i_{\mathrm{c}})^{-t} + S(1 + i_{\mathrm{c}})^{-N} \tag{4-9}$$

式中，t 为光伏项目开始运营的年数，$t=0$ 代表投资建设年，$t=1$ 代表光伏系统开始运营的第 1 年；N 为光伏项目的工程运营周期；i_{c}为折现率。

4.2.2 市电平价

从现实情况来看，只有分布式光伏电源的归一化度电成本(levelized cost of energy/levelized cost of electricity,LCOE)能够与购电成本相等甚至低于购电成本时，即达到市电平价时，才会有更多的用户考虑投资分布式光伏电源。通常市电平价是指光伏出力100%自消纳的情况下，光伏LCOE降至与市场零售电价相当，使得光伏发电可在不需要政府补贴的情况下，也能具有竞争价值，从而吸引民众主动安装。

美国国家可再生能源实验室(NREL)把LCOE定义为电力成本；德国Fraunhofer-ISE把LCOE定义为度电成本。综合来看，针对分布式光伏电源项目，LCOE是指光伏发电单位发电量的综合成本，亦即光伏发电项目在运营期内发生的所有成本与全部发电量的比值[7-13]。LCOE是用于分析各种发电技术成本问题的主要指标。光伏项目的LCOE测算数据能够使投资者清晰地看到光伏项目单位发电量的成本水平，因此具有非常重要的实际意义。

LCOE指标可以表达为两种形式，即真实LCOE和名义LCOE。真实LCOE以某一基础年作为基期的价格，不受价格波动的影响，名义LCOE以本年的价格进行计算，考虑了通货膨胀等因素带来的价格波动。对于光伏投资而言，通常都要考虑一个基础年的时间周期，故需要考虑价格可能带来的变动影响，因此通常以名义LCOE为分析对象，以居民用电为例，通过如下方程获得名义LCOE：

$$\sum_{t=1}^{N}\left(\frac{\text{LCOE}}{(1+i_{\mathrm{c}})^t}\times E_{\mathrm{pvt}}\right)=C_{\mathrm{cap}}+C_{\mathrm{el}}+\sum_{t=1}^{N}\frac{C_t}{(1+i_{\mathrm{c}})^t} \tag{4-10}$$

式中，E_{pvt}为第t年光伏总发电量；C_t为第t年总支出。

假设一年当中价格是不变的，可以获得LCOE为

$$\text{LCOE}=\frac{C_{\mathrm{cap}}+C_{\mathrm{el}}+\sum_{t=1}^{N}\frac{C_t}{(1+i_{\mathrm{c}})^t}}{\sum_{t=1}^{N}\frac{E_{\mathrm{pvt}}}{(1+i_{\mathrm{c}})^t}} \tag{4-11}$$

从LCOE的计算方法可知，它并没有考虑项目当地政府的税收激励以及上网电价的补贴。因此，LCOE是在不考虑任何外部激励政策情况下仅从分布式光伏电源度电成本与市电零售价格对比指标。

在过去十年，由于分布式光伏电源成本较高，发电成本远高于一般电力市场的电价，光伏发电普遍不具经济效益，通常需要政府给予高额的补贴，才能刺激市场需求。随着技术的进步，光伏成本快速下降，甚至在一些地方接近或低于市电电价，即达到市电平价，使得光伏发电具有经济效益，可在不需政府补助的情况下，也能具有应用价值，吸引投资者。图4.2是一个简化的光伏市电平价的趋势图。可

以看出，一旦到达光伏市电平价，对于终端用户而言，会去考虑选择投资安装分布式光伏自产自销已达到节省购买市电成本的目的。

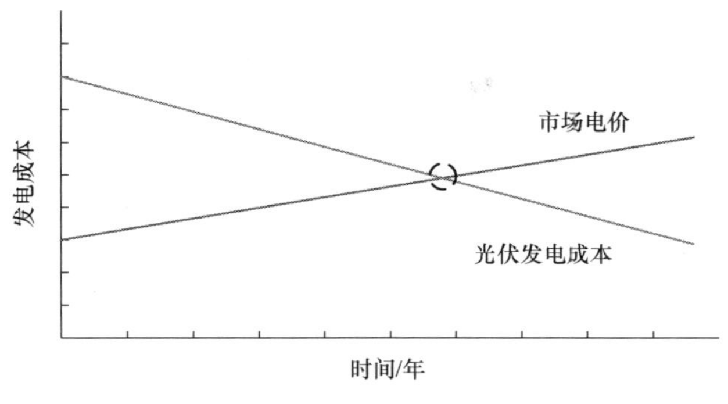

图 4.2　市电平价简图

4.3　大规模分布式光伏电源并网渗透率分析

4.3.1　一些概念的进一步解释

在初期阶段，由于分布式光伏电源对配电网的影响相对较小，更多关心的是经济效益，但是当达到阶段 2 甚至阶段 3 时，形成高渗透率分布式光伏电源接入配电网的格局，净负荷可能降到零值以下，导致配电网中出现功率倒送，甚至可能向上一级系统倒送多余的光伏功率。在本节，首先从电力系统宏观的角度去分析，将配电网看成是一个负荷的集聚点，与电网和电源互联形成电力系统稳定运行，图 4.3 为简化系统示意图。

在我国，传统电力系统中发电机组主要有水电机组、核电机组和各类火电机组，其中以火电为主。根据机组的调节能力和经济效益，火电机组一般都有一个稳定出力的最小极限，通常称为最小技术出力或最小稳定出力。当负荷低于最小技术出力时，火电机组将会退出停机。因此，在电力系统的常规机组中，通常基荷由核电机组和部分火电机组的最小技术出力来共同承担，并将该部分基荷称为系统最小技术出力。

从整个电力系统宏观角度分析，高渗透率分布式光伏电源并网后，当净负荷穿越了系统最小技术出力范围时，部分常规机组将被迫退出运行，会造成较大的经济损失。因此，将光伏电源并网后不允许穿越到系统技术最小出力范围为假设条件进行分析。如图 4.4 所示，假设系统最小技术出力线在 $0.4P_0$ 的范围内，在中午 12 时左右，由于光伏发电功率较大，净负荷曲线已经低于系统最小技术出力，须限制光伏电源发电，即图中黑色部分为不可用的光伏出力。

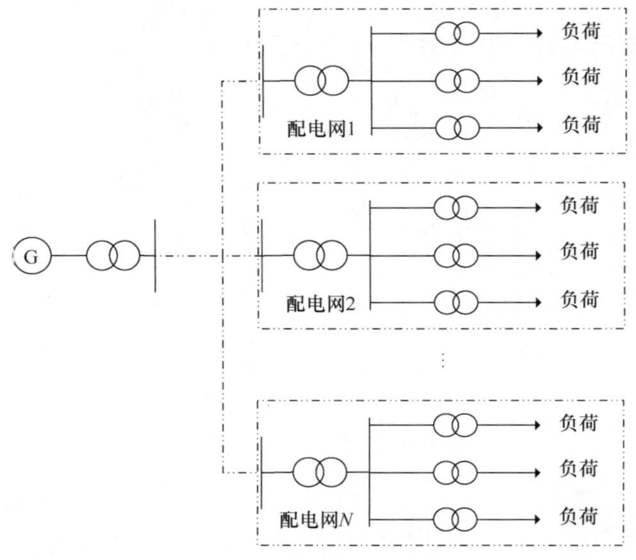

图 4.3 简化系统示意图

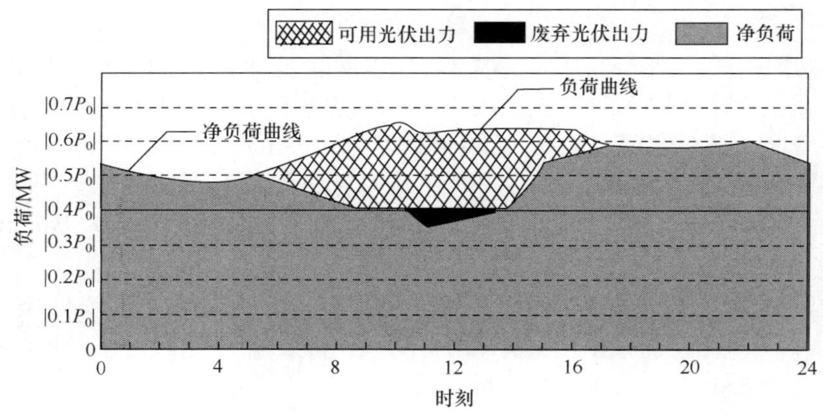

图 4.4 系统最小技术出力与不可用光伏示意图

缩小研究范围,针对区域配电网而言,如果不进行光伏并网容量的限制,净负荷可能降到零值以下,导致配电网中出现功率倒送,甚至可能向上一级系统倒送,这将打破现有辐射型配电网保护配置的原则,并引发电压调节、继电保护和系统调度的诸多问题。因此,在本章的讨论中,以现有配电网的结构、设备和运行条件为前提,以相关光伏渗透率指标群为基础,研究配电网可能的光伏消纳能力。需要说明的是,消纳能力分析是针对区域配电网而言,倒送回上级电网的光伏出力以及通过各种控制手段使得光伏电源输出功率受限或者弃光现象都是属于配电网无法消纳的范畴,这些在本章中均定义为不可用的光伏出力。

4.3.2 光伏渗透率的基本概念和基本假设

1) 基本概念

首先,相关基本概念定义如下[14]:

功率渗透率(power penetration,PP):在给定的区域配电网内,所有分布式光伏电源发电功率与同一时刻该区域负荷之比的全年最大值,如式(4-12)所示,反映了一年当中光伏功率对负荷的最大支撑能力,其他时刻光伏发电功率与负荷的比值均是低于功率渗透率的。在不考虑光伏输出功率限制时,当功率渗透率超过100%时,则表示光伏发电功率超过了此时刻区域内负荷需求,多余的光伏发电功率将倒送回电网。

$$PP=\begin{cases}\max\left\{\dfrac{P_{pv}}{P_{load}}\right\}\times 100\%, & P_{load}\neq 0\\ 0, & P_{load}=0\end{cases} \tag{4-12}$$

式中,P_{pv}为该区域某一时刻所有分布式光伏的发电功率;P_{load}为同一时刻该区域的负荷值。

容量渗透率(capacity penetration,CP):在给定的区域配电网内,分布式光伏电源全年最大发电功率与区域负荷全年最大值的百分比,如式(4-13)所示。光伏容量渗透率与光伏功率渗透率相似,都是光伏发电功率与系统负荷的比值,但不同的是,PP 中光伏电源发电功率与负荷是同一时刻的比值,而 CP 的光伏发电功率与负荷通常并不在同一时刻发生。光伏容量渗透率体现区域配电网内光伏安装容量的饱和程度,反映区域配电网内的光伏安装容量极限。

$$CP=\frac{P_{pvmax}}{P_{loadmax}}\times 100\% \tag{4-13}$$

式中,P_{pvmax}为年分布式光伏电源的最大发电功率;$P_{loadmax}$为区域年最大负荷。

能量渗透率(energy penetration,EP):在给定的区域配电网内,分布式光伏电源全年提供的电量占系统负荷全年耗电总量的百分比,如式(4-14)所示。

$$EP=\frac{E_{pv}}{E_{load}}\times 100\% \tag{4-14}$$

式中,E_{pv}为区域配电网内年分布式光伏电源的可用发电量;E_{load}为区域配电网内年负荷总用电量。

光伏利用率(PV utility ratio,PUR):分布式光伏电源全年实际可用发电量与实际光照条件下允许的最大发电量的比值。

$$PUR=\frac{E_{pv}}{E_{pv\text{-}ge}}\times 100\% \tag{4-15}$$

式中，$E_{pv\text{-}ge}$为分布式光伏电源全年可以发出的发电量。

光伏成本（PV cost，PC）：对于已投资的固定分布式光伏电源而言，光伏利用率越高，光伏发电回收效益也就越高，相对而言，分布式光伏电源成本也就更低。故考虑光伏利用率后的光伏成本用光伏利用率的倒数表示，即实际光伏成本相对于光伏利用率为1时的数值。

$$PC=1/PUR \tag{4-16}$$

2）基本假设

为进一步讨论光伏渗透率、光伏利用率和光伏成本与区域配电网消纳分布式光伏电源能力之间的关系，在本章的研究中对计算条件作如下假设[15]：

（1）不考虑光伏发电的传输损耗，即认为分布式光伏电源接在系统的负荷侧，光伏出力可以直接满足等量的负荷需求；

（2）逆变器和光伏元件采用统一的效率曲线，不考虑生产厂家和环境因素差异的影响；

（3）分布式光伏电源的分散布置可以减弱光照快速变化云层移动造成阴影等现象对配电网的影响，这里不考虑光伏出力的暂态影响，分析的最小时间尺度为1小时；

（4）研究对象通常为一个区域配电网，将区域配电网等效为一个负荷集聚点，从宏观的角度对配电网的光伏消纳能力进行分析，实现对现有配电网的光伏安装容量的前期规划，因此暂不考虑配电网内馈线之间的相互影响以及光伏安装位置、安装方式的影响。

4.3.3 光伏渗透率分析

分布式光伏电源并网后，在配电网正常运行约束条件下，光伏发电被负荷就近消纳，降低公共电网的供电压力。由于本章的研究目的在于从宏观的角度对区域配电网的光伏消纳能力进行分析，基于前述假设条件，配电网与输电网及分布式光伏之间的功率交换方式可以简化为图4.5所示。

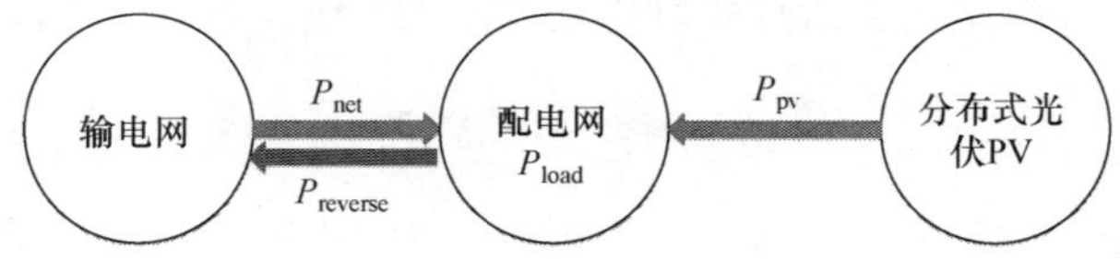

图4.5 配电网功率流动图

在图4.5中，本章将已知的区域配电网内分布的负荷等效为一个整体负荷，为了便于各光伏渗透率指标群的分析，仍以中国J市110kV SA变电站所辖供电区域为例进行说明。SA变电站2014年全年8760h负荷分布情况如图4.6所示。从图中可以看出,SA 变电站所辖区域全年最大负荷为 56.2MW,图中 2 月的整体负荷较低是由于 2 月处于春节时期,整个配电网区域负荷较轻。从整体来看,SA 变电站全年负荷季节特性不明显,全年负荷较为平稳。SA 变电站所辖区域 2014 年辐照度曲线如图 4.7 所示。

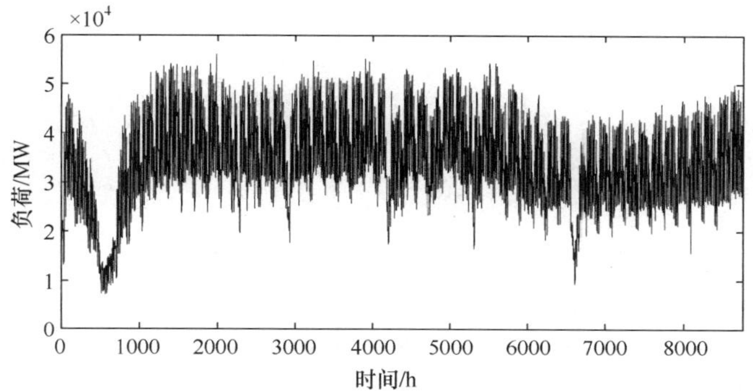

图 4.6　SA 变电站 2014 年年负荷曲线图

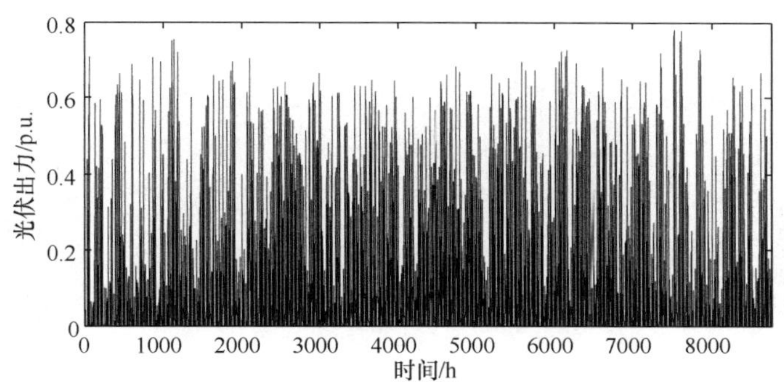

图 4.7　SA 变电站 2014 年辐照度曲线图

根据定义,光伏功率渗透率与光伏并网容量成正相关。对于 SA 变电站所辖区域,假设逐渐增加光伏安装容量,通过分析获得功率渗透率 PP 随光伏并网容量增加的变化情况,如图 4.8 所示。

根据式(4-12),由于 SA 变电站负荷大小及分布已知,当光伏安装容量增加时光伏功率渗透率线性增加,且区域配电网中的净负荷不断减小。根据该区域的光伏发电系统运行经验,分布式光伏实际发电效率在 78%～83%,如图 4.8 所示,当光伏安装容量达到 23MW 时,光伏功率渗透率达到 100%时,根据 PP 的定义,此时光伏发电功率等于该区域配电网中的负荷,配电网中的净负荷值为 0,上级电网不需要向 SA 变电站区域负荷供电,此时图 4.5 中功率流动方向为 P_{net},光伏出力可独自支撑整个配电网,且不会出现功率倒送的情况。若继续增加光伏安装容量,

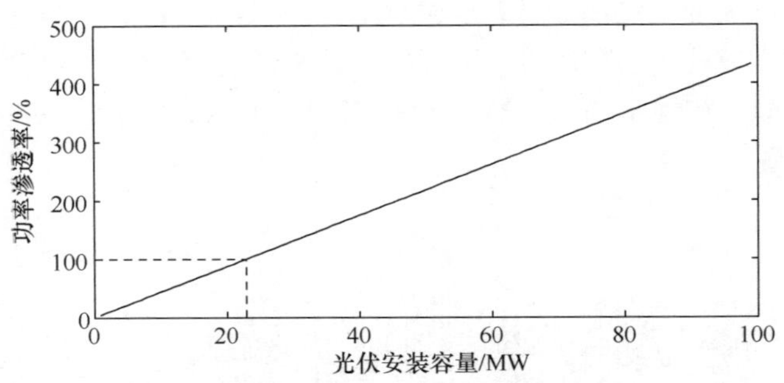

图 4.8　光伏 PP 与并网容量关系

光伏功率渗透率会超过 100%，在此安装容量下，全年当中某些时段光伏发电功率会超过区域配电网的负荷，配电网中净负荷为负值，多余的光伏发电功率会倒送至上一级电网，此时图 4.5 中的功率流动方向变为 P_{reverse}。由以上分析可知，PP 反映了全年当中某个时刻光伏发电功率与此时刻所对应的区域配电网负荷之间的匹配程度，体现一年当中光伏功率对负荷的最大支撑能力，其关键临界点 PP＝100% 时的光伏安装容量可作为评估区域配电网发生功率倒送的标准。

与光伏功率渗透率相同，由于 SA 变电站所在区域负荷已知，根据式(4-13)，光伏容量渗透率也随光伏安装容量的增加而线性增长，其变化曲线如图 4.9 所示。

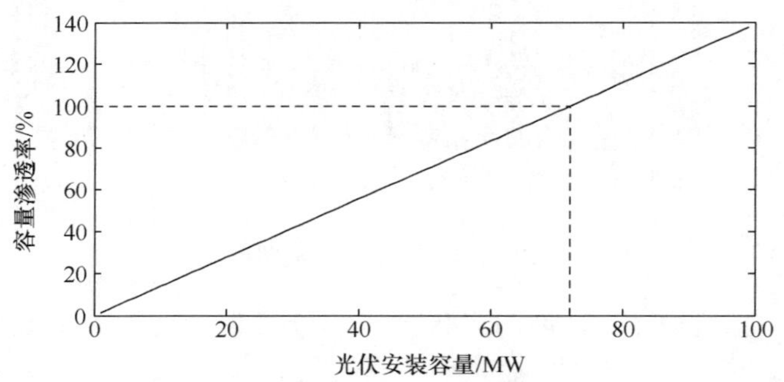

图 4.9　光伏 CP 与并网容量关系

随着光伏安装容量的增加，CP 不断增加，当光伏安装容量约为 72MW 时，CP 达到 100%。根据 CP 的定义，此时光伏全年出力最大值与负荷全年出力最大值相等，如果继续增加光伏安装容量，由于光伏全年出力最大值大于负荷全年最大值，所以配电网中必然出现光伏无法消纳的时段。图 4.10 给出了 CP＝100%时，SA 变电站全年光伏出力与负荷比值分布情况，横坐标代表光伏出力与负荷比值大小，纵坐标表示全年 8760 个时段中光伏出力与负荷比值出现频次。如图 4.10 所示，当CP=100%时，光伏出力与负荷比值主要分布在0～100%，这些时段光伏发电功率都能被区域内负荷所消纳；但在一些时段内，光伏出力与负荷比值均大于100%，最大比值甚至高达300%，光伏发电向上级电网倒送功率现象严重。虽然严重倒送的时段数量极少，对全年光伏总体消纳影响较小，仍会对配电网安全运行带来影响。如果继续增加光伏安装容量，光伏出力与负荷比值超过100%时段增加且幅值会持续增大，这会导致持续的、大量的光伏功率被倒送至上级电网，会严重影响电网安全稳定运行。由以上分析及CP的定义可知，光伏容量渗透率表示区域配电网内光伏安装容量的饱和程度，体现了光伏发电功率对配电网负荷可能带来的影响极限，其关键临界点CP=100%时的光伏安装容量可作为区域配电网光伏安装容量极限的参考值。

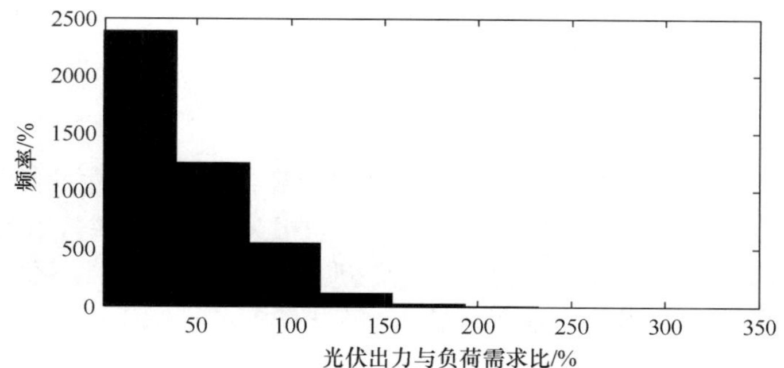

图4.10　CP=100%时，光伏出力与负荷比的概率分布

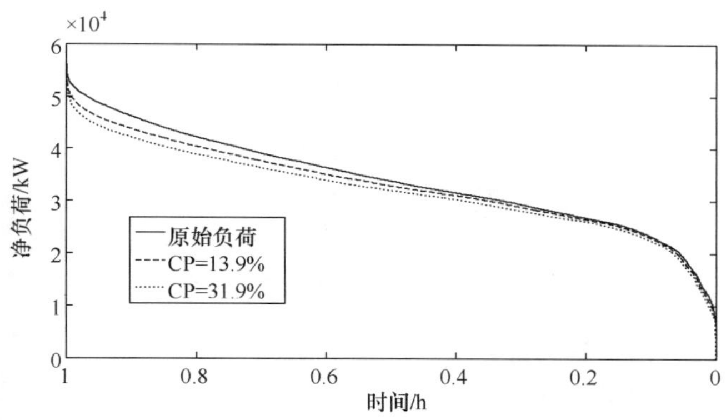

图4.11　净负荷持续时间曲线

从图4.11中可知，相较于原始负荷，随着CP的增加，系统净负荷逐步下降。以图中CP=13.9%为例，净负荷有较明显下降，尤其是重负荷时段，负荷峰值下降明显。PP达到了100%，如果CP继续增加，电网的净负荷会出现负值，

发生反向潮流。当 CP 进一步增加，净负荷出现负值的时段增多，反向潮流更加频繁。

功率渗透率和容量渗透率均是反映全年光伏发电功率的影响，无法体现分布式光伏对电量供应上的影响。根据定义，光伏能量渗透率为可用光伏发电电量与区域配电网全年所需电量的百分比值，它能有效反映光伏出力的累积效果。为此，本节从能量渗透率的角度入手，进一步分析光伏接入系统的利用率和相对成本。光伏能量渗透率反映了一段时间内(可以是年、月、日)光伏出力的累积效果。对于某一时刻，光伏可用功率可以表达为

$$P_{\text{avai}}=\begin{cases}P_{\text{out}}, & P_{\text{out}}\leqslant P_{\text{load}}\\ P_{\text{load}}, & P_{\text{out}}>P_{\text{load}}\end{cases} \tag{4-17}$$

式中，P_{out} 为光伏输出功率；P_{load} 为对应时刻负荷功率。则全年光伏可用能量可以表达为

$$E_{\text{avai}}=\int_0^t P_{\text{avai}}\,\mathrm{d}t \tag{4-18}$$

根据定义，光伏能量渗透率为区域配电网内在给定时间段内所能消纳的光伏电量与所需负荷电量的百分比值[16]。为了加深相关概念的理解，以 SA 变电站所辖区域配电网 2014 年 5 月 1 日的数据为例进行解释说明。假设逐步增加光伏安装容量，直至当日净负荷最小值接近于 0。经过分析，当日 CP＝43%，光伏发电量占负荷用电量的 27.6%，即 EP＝27.6%，光伏发电功率完全被消纳，光伏利用率为 100%。图 4.12 中的斜线部分为光伏发电被消纳的部分，即“可用光伏发电量”；灰色阴影部分为电网供电运行负荷。可以看到，集中于午间时段的光伏出力可以有效降低系统日峰荷的大小。

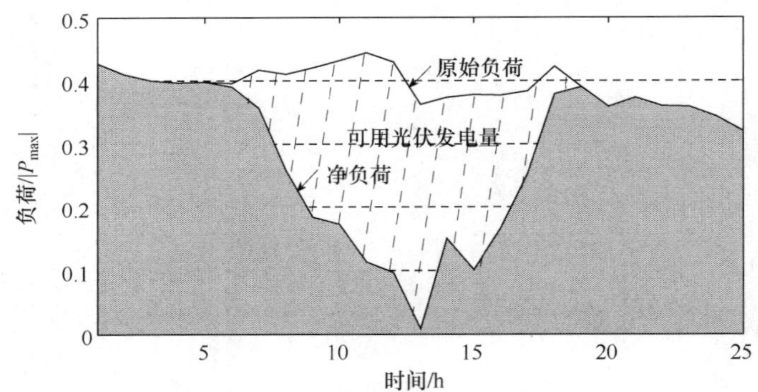

图 4.12 当 CP＝ 43%时，光伏利用与净负荷曲线情况

保持上述条件不变，假设将光伏安装容量扩大为原来的 2 倍，即 CP＝86%，但同日 EP 增加为 55.2%，实际光伏利用率降为 76.47%，如图 4.13 所示。对比

图 4.12 和图 4.13，在正午时分，由于光伏安装容量过大使得区域配电网内净负荷小于 0，需倒送回上级电网或者丢弃，即交叉线部分所表示为此日不可用光伏发电量。

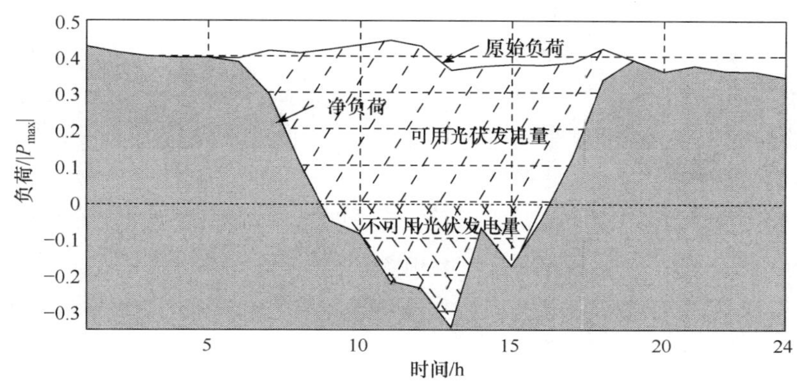

图 4.13　当 CP＝86％时，光伏利用与净负荷曲线情况

由于光伏出力的大小受到负荷消纳能力的限制，在光伏能量渗透率较高的情况下，光伏发电对系统的贡献不再与安装容量正线性相关。

通过上面分析可知，光伏安装容量较大时，部分光伏可能无法被消纳，所以能量渗透率和光伏安装容量呈非线性关系。根据 SA 变电站 2014 年的负荷数据，计算得出不同光伏安装容量（最大负荷 P_{max} 倍数表示）的光伏能量渗透率曲线如图 4.14所示。从图中可知，光伏安装容量较小的时候，光伏能量渗透率与光伏安装容量几乎呈线性增长，此时配电网中的光伏发电能够完全被消纳，但当光伏能量渗透率达到一定值后，随着光伏安装容量的增加，部分时段光伏出力大于负荷需求，此时多余的光伏发电无法被消纳，导致光伏能量渗透率增长斜率逐渐变小，并最终使得光伏能量渗透率增长斜率趋于 0。分析原因，由于区域配电网内负荷已

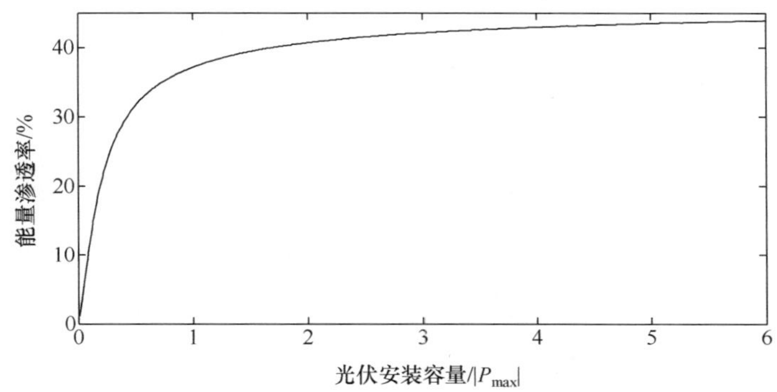

图 4.14　光伏能量渗透率与光伏安装容量关系

知，负荷全年所需电量为定值，随着分布式光伏并网容量的增加，光伏被消纳的总电量存在极值，即光伏能量渗透率存在一个极值。如图 4.14 所示，对于 SA 变电站，随着光伏安装容量的增加，光伏能量渗透率的极限值为 45%。由以上分析可知，光伏能量渗透率表示区域配电网内对光伏发电总电量的接纳能力，EP 随光伏安装容量的变化曲线能有效地体现出配电网对光伏消纳能力的变化趋势，初始曲线斜率不变时，表示所安装的光伏能够完全被消纳；但随光伏安装容量的不断增加，EP 曲线斜率逐渐减小，表示区域配电网中某些时段光伏无法被消纳，且斜率越小，不能被消纳的光伏电量将越多。

图 4.15 反映了 PP、CP 与 EP 三者之间的关系，可以得到同样的结论，在给定的区域配电网中，随着光伏安装容量的增加，光伏容量渗透率和光伏功率渗透率都会同步增加，光伏能量渗透率在安装容量较小时增长较快，但是当能量渗透率将达到极值，不可用光伏电量将快速增加。

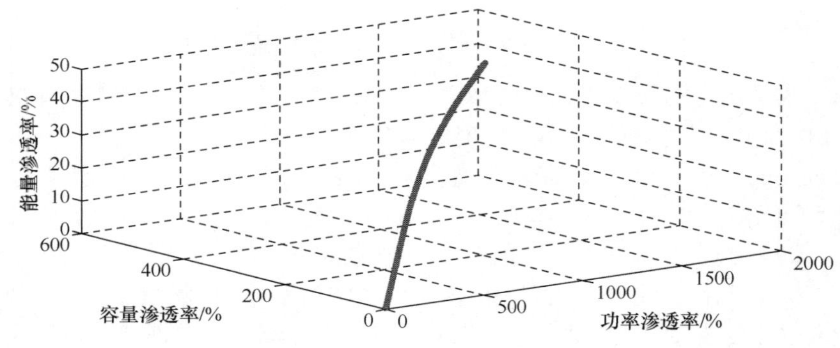

图 4.15 PP、CP、EP 三者关系图

图 4.16 为光伏利用率 PUR 和光伏成本 PC 随光伏能量渗透率 EP 变化的曲线，反映了 SA 区域内光伏利用情况与光伏能量渗透率之间的关系。从图 4.16 中可以看出，在光伏能量渗透率小于 11%时，光伏利用率保持在 1 左右，即此区域类安装的分布式光伏能被较好地利用；当光伏能量渗透率超过 11%时，光伏利用率下降迅速，与图 4.14 相对应，光伏能量渗透率达到 11%之前，EP 曲线呈线性增长的趋势，当 EP 值超过 11%之后，EP 曲线斜率减少，系统开始出现某些时段光伏无法被消纳，导致光伏利用率随之下降。当光伏利用率下降时，光伏的单位电量成本会随之上升，随着能量渗透率的增加，光伏发电成本不断上升。由光伏利用率和光伏成本的关系可知，光伏能量渗透率水平越高，增加分布式光伏安装容量所带来的光伏边际利用率会越低，光伏成本也就越高。

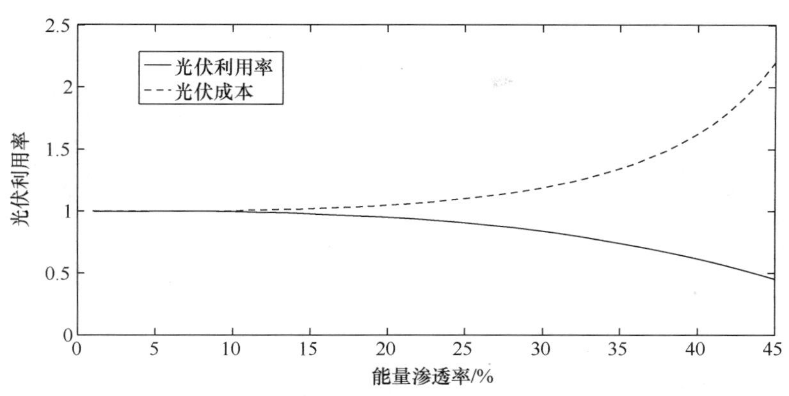

图 4.16 PUR、PC 与 EP 关系曲线图

4.3.4 不同负荷类型下光伏渗透率分析

由上节可知，在区域配电网负荷分布已知的情况下，PP、VP 和 EP 随光伏安装容量的变化趋势可以确定。但不同负荷类型因其不同的用电特性对分布式光伏电源的消纳能力不同，会对渗透率指标群的影响有所不同。本节针对不同的负荷类型，在相同的安装容量下，对区域配电网的光伏消纳能力进行分析，为未来不同区域的分布式光伏规划提供参考。

在第 3 章中负荷类型被划分为四大类：工业类负荷、农业类负荷、公共设施类负荷以及居民负荷。以此为依据，讨论光伏电源时序特性下含不同类型负荷的区域配电网光伏容量渗透率和功率渗透率之间的关系。不同负荷类型的典型日时序特性曲线参考第 3 章图 3.2，通过拟合算法获得不同类型负荷的典型年负荷曲线。考虑到实际区域配电网中，一般都含多种不同类型的负荷，以 SA 变电站负荷为基础，拟合典型综合负荷曲线。在实际中，该区域主要负荷为轻工业负荷，另有少量的公共设施类负荷和居民负荷，因此按照四种负荷类型 8∶0∶1∶1 的比例拟合成典型综合负荷。在此分析中，光伏电源出力曲线仍然采用 J 市 SA 变电站仿真分析所用的年辐照度曲线，假设光伏安装容量值以典型负荷日平均值为基础，采用相同安装容量，进行全年 8760 小时时序仿真，形成的不同典型负荷下全年光伏输出与负荷需求比分布如图 4.17 所示。

图 4.17(a)～(e)分别反映了工、农、公共设施、居民类负荷以及综合负荷情况下光伏出力与负荷分布的对应情况。横坐标为负荷值，纵坐标为光伏出力。图上 8760 个点反映全年每小时的负荷与该时刻光伏出力的对应情况。在图中，斜率为 1 的直线表示比值为 100％的情况，即光伏出力与负荷完全匹配。当位于斜线上方的点，表示该时刻光伏功率与负荷比值高于 100％，会有多余的光伏功率无法被区

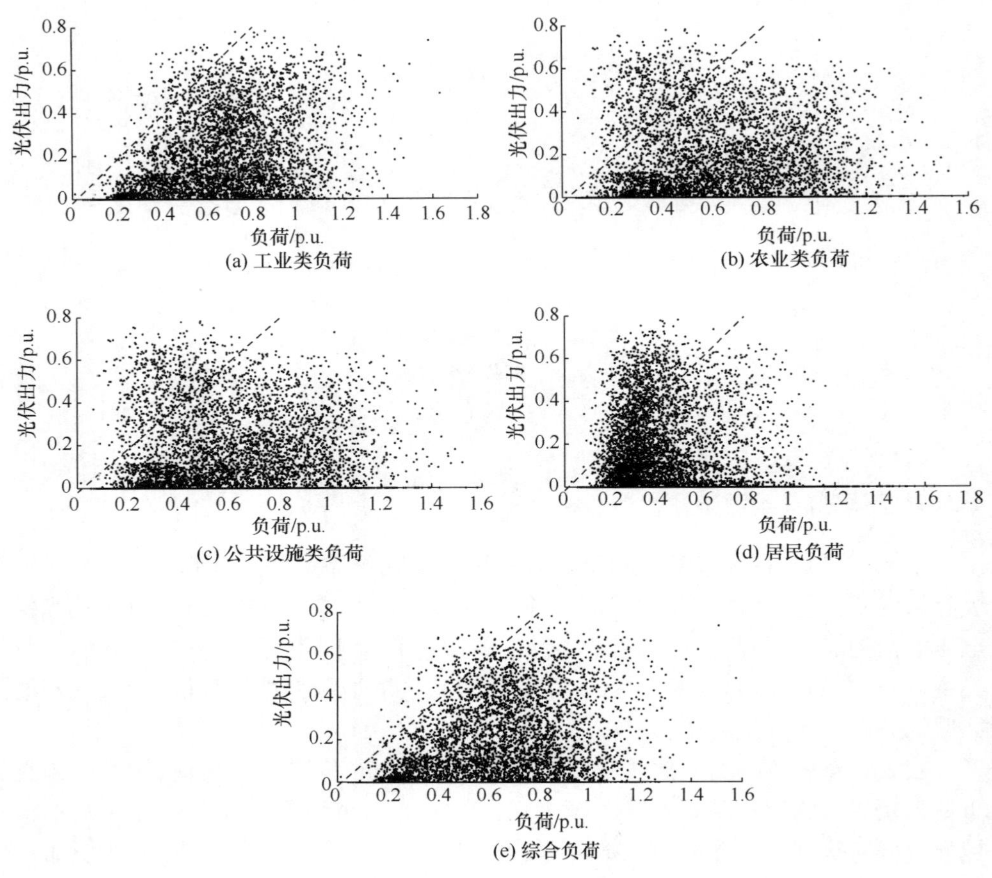

(a) 工业类负荷　(b) 农业类负荷　(c) 公共设施类负荷　(d) 居民负荷　(e) 综合负荷

图 4.17　光伏-负荷分布特性图

域内负荷消纳。当位于斜线下方的点，表明该时刻光伏功率与负荷比值低于100%，光伏发电功率小于负荷需求，能够完全就地消纳。

从图 4.17 中可知，任何负荷类型均发生了不同时段的功率倒送现象，其中居民负荷、公共设施类及农业类负荷发生功率倒送的时段较多，这是由三者负荷的用电时段与光伏发电时段不一致所造成，导致大量光伏发电不能被消纳，而工业类负荷由于其用电时段与光伏发电相近，能有效的消纳光伏发电，发生功率倒送的频率最低，这也进一步说明目前我国在工业园区鼓励屋顶分布式光伏的建设是合适的，能够有效发挥分布式光伏的综合效益。在 SA 变电站区域内，由于其主要以轻工业为主，用电时段与光伏发电时段匹配程度较高，发生功率倒送的频率也较低。上述结果表明，相同的光伏安装容量下，区域配电网对光伏发电的消纳能力与配电网内的负荷类型直接相关，负荷用电时段与光伏发电时段差异越大，其 PP 越容易超过 100%，发生功率倒送的概率就越大。相同的光伏安装容量条件下，根据拟合后的典型年负荷分布，各类型负荷的光伏功率渗透率、容量渗透率及功率倒送的频次统计数据如下表 4.1 所示。

表 4.1　各类负荷典型日的光伏渗透率情况统计

各类型负荷	光伏功率渗透率/%	光伏容量渗透率/%	功率倒送出现时段数	相关性
工业类负荷	216.75	47.80	126	0.48
农业类负荷	598.47	49.41	560	0.21
公共设施类负荷	3907.11	44.79	1145	0.38
居民负荷	392.30	47.46	939	−0.10
综合负荷	202.9	49.54	131	0.45

由表 4.1 可知，相同的光伏安装容量，不同类型负荷所对应的 PP 差异很大。PP 最小的是综合负荷，幅值为 202.9%；PP 最大的是公共设施类负荷，幅值高达 3907.11%。进一步分析公共设施类负荷，光伏出力和负荷比最大的时刻出现在上午时段，虽然光伏发电功率不大，但此时公共类负荷较小，使得 PP 值较大，而实际上光伏安装容量相对于公共设施类负荷并不算大，其 CP 仅为 44.79%，而综合负荷的 CP 为 49.54%，二者相差不大。从表 4.1 还可以看出，尽管不同负荷类型所对应的 PP 值相差较大，但 CP 值相差不大，这是由于 CP 值只与年负荷最大值与年光伏发电最大值相关，不考虑时间上的匹配，使得不同类型负荷的 CP 值基本相同，所以负荷类型变化只会较大影响 PP，对 CP 的影响较小。这也进一步说明现有较多电力公司仅使用 CP 来评估分布式光伏电源对区域负荷平衡能力的影响是不全面的。

表 4.1 中最右列是光伏出力与负荷需求的相关性。为衡量负荷与光伏出力这两个随机变量之间的相关程度，引入了皮尔逊相关系数，该系数被广泛用于度量两个变量之间的相关程度，能有效发掘变量之间的相关特征。计算公式如下：

$$r=\frac{\sum_{i=1}^{N}(x_i-\overline{x})(y_i-\overline{y})}{\sqrt{\sum_{i=1}^{N}(x_i-\overline{x})^2\sum_{i=1}^{N}(y_i-\overline{y})^2}} \tag{4-19}$$

式中，x_i 为时段 i 的光伏出力，$\overline{x}$ 为其平均值；y_i 为时段 i 的负荷，$\overline{y}$ 为其平均值；N 为 8760 个时间段。r 范围在 −1 到 1 之间：$r=-1$，表示两者负线性相关；$r=1$，表示两者正线性相关；$r=0$ 表示两者不相关。从式(4-19)可以看到，光伏出力与负荷特性相关系数不受光伏安装容量的影响，即使将安装容量增大 1 倍，光伏出力增大 1 倍，负荷与光伏出力之间的相关系数值仍然是不变的，因此相关系数可以体现光伏出力特性与负荷特性之间的匹配程度，负荷和光伏出力特性间相关系数越高，越适宜接入分布式光伏电源。

根据表 4.1 中的相关系数计算结果可以看到，工业类负荷能够较好地匹配光伏发电功率特性，居民负荷与光伏出力相关系数绝对值较小，并且其相关系数为负，呈负相关，在图 4.17(d)中也可以看到，功率倒送情况比较严重。而实际的综合负荷由于以工业负荷为主，也包含其他类负荷对光伏消纳能力的影响，因此其相关性相对于单一工业类负荷略有下降。

对于 EP，不同类型负荷并入光伏后的 EP 变化程度存在差异，EP 极限值也不同。图 4.18 是不同负荷类型情况下光伏安装容量-能量渗透率曲线。

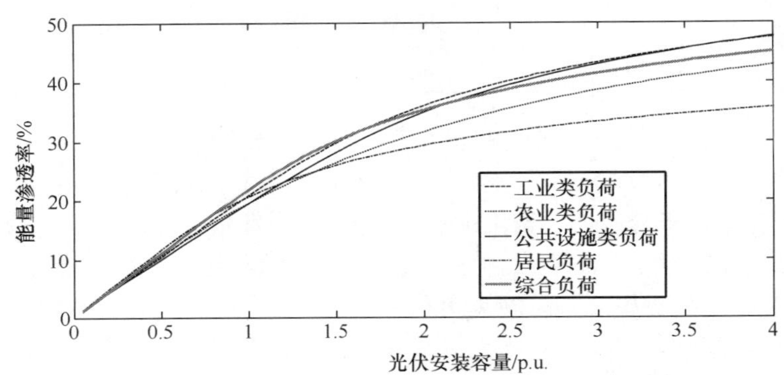

图 4.18 不同负荷特性情况下光伏安装容量与能量渗透率关系曲线

图 4.18 中可知，当光伏安装容量较小时，各类负荷对应的 EP 增长都较快，但是随着光伏安装容量的进一步增加，居民类负荷对应的 EP 增长迅速减慢，而工业负荷和公共设施类负荷对应的 EP 能够持续保持较好的增速，其能量渗透率极限值也远高于其他两类负荷。总体来说，含较多工业类负荷的区域配电网能够更好地适应大规模分布式光伏电源并网。

图 4.19 为不同负荷特性下光伏安装容量一光伏成本变化曲线。可以看到，当光伏并网容量较小时，公共设施类负荷消纳光伏成本相对较高，而其他类负荷光伏成本基本一致，但随着光伏并网容量的增大，公共设施类负荷的光伏成本增长减慢，居民类负荷利用光伏的成本则快速增加。

综上所述，在区域配电网的分布式光伏电源初期规划当中，以光伏渗透率指标群为指导，对区域配电网光伏容量规划是具有实际意义的。基于渗透率指标群的区域配电网光伏容量规划步骤如下，流程图如图 4.20 所示。

(1) 根据区域配电网现有的典型历史负荷数据或者预测的未来负荷数据，确定区域负荷的分布特性，并结合当地的光辐照度分布获得当地光伏出力特性曲线。

(2) 计算区域配电网内光伏与负荷的相关系数并进行初步判断，对照区域负荷与光伏出力的匹配程度，对于匹配度较高的区域可以有较大的空间接纳更多的

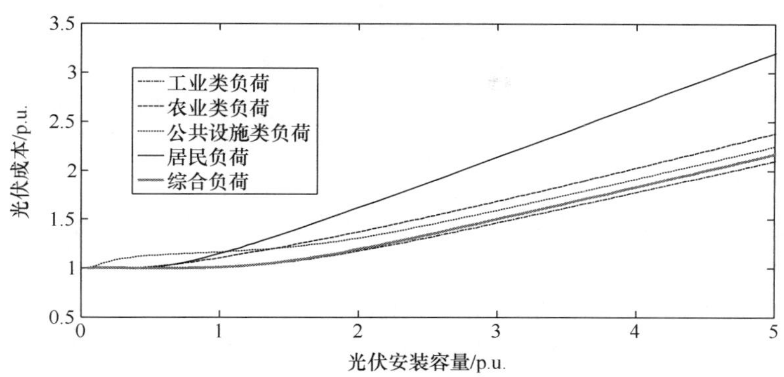

图 4.19 不同负荷特性下光伏安装容量与光伏利用成本关系

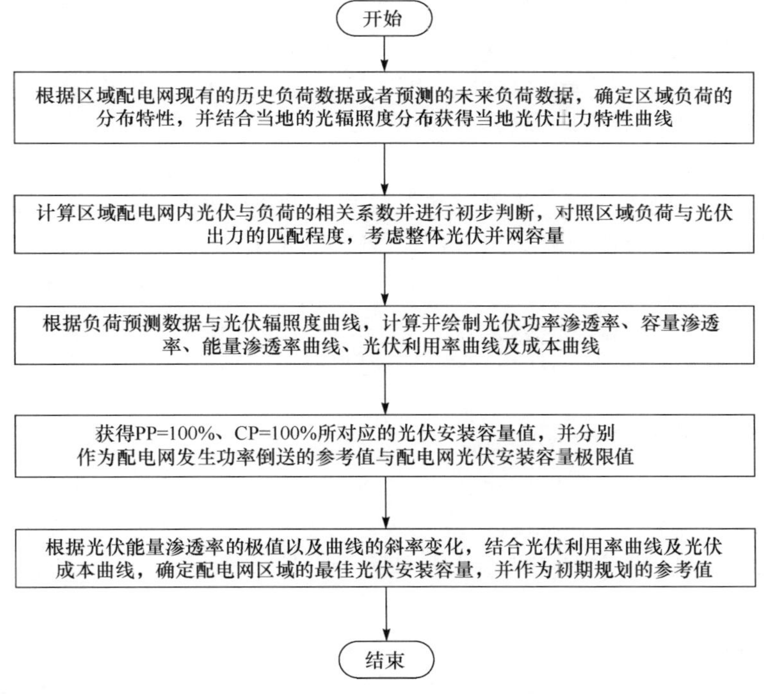

图 4.20 区域配电网光伏安装规划流程图

光伏容量，反之则要谨慎考虑整体光伏并网容量。

(3) 根据负荷预测数据与光伏辐照度曲线，计算并绘制光伏功率渗透率、容量渗透率、能量渗透率曲线、光伏利用率曲线及成本曲线。

(4) 根据上述曲线获得 PP＝100％、CP＝100％所对应的光伏安装容量值，将 PP＝100％所对应的光伏安装容量值作为配电网发生功率倒送的参考值，将 CP＝

100%所对应的光伏安装容量值作为配电网光伏安装容量极限值。

(5) 根据光伏能量渗透率的极值以及曲线的斜率变化,结合光伏利用率曲线及光伏成本曲线,参考(4)中的两个参考值,确定配电网区域的最佳光伏安装容量,并作为初期规划的参考值。

4.4 配电网中分布式光伏电源最大准入容量计算

以上是从功率平衡和能量平衡的角度通过渗透率指标群分析区域配电网中分布式光伏的消纳能力,因而很多电力公司都引入渗透率指标作为抓手指导分布式光伏电源的发展。在实际配电网中,配电网传输能力、保护设置、网络结构都会限制分布式光伏发电功率的消纳。在很多时候,当光伏渗透率较高时,配电网基础设施和运行限制已经成为影响分布式光伏并网容量进一步增大的关键因素。

高渗透率的分布式光伏电源并网对配电网的影响一方面表现在大量有功功率的注入和功率波动,对电网电压、电气设备负载等安全性指标的影响;另一方面,大量的电力电子设备并网,对电网电能质量、电压稳定性造成影响。此外,传统配电网络在设计时,一般都设计为辐射网络运行方式,并未考虑分布式光伏电源的影响。分布式光伏电源的接入使得配电网络变成了环形网络,这给网络运行带来了一系列困难。故充分利用现有网络,定量分析分布式光伏电源可能带来的影响,在保证安全稳定前提下尽可能多地接入分布式光伏电源,确定分布式光伏电源的最大准入容量[17]。总结现有的研究成果,针对具体的配电网,求取最大准入容量的方法可以归纳为三种:静特性约束法、带约束的优化算法、数字仿真法。

4.4.1 静特性约束法

静特性约束是为满足配电网稳定运行的单个特性而对分布式光伏电源并网容量带来的约束,主要包括电压特性,谐波特性,保护特性等。通过对单方面特性进行理论分析,约束分布式光伏电源并网容量。

1) 电压约束

稳态运行状态下,电压理论上沿传输线潮流方向逐渐降低。光伏电源接入后,传输功率的波动和分布式负荷的特性,使传输线各负荷节点处的电压偏高或偏低,导致电压偏差超过安全运行的技术指标。图 4.21 中描述了分布式光伏电源接入配电网对于局部电压影响的原理,在大规模分布式光伏电源接入后,配电网局部节点存在静态电压偏移的问题。因此,分布式光伏电源接入配电网导致电压升高是限制光伏接入容量的最大因素,也是现在的热点研究课题。

分布式光伏电源对电压的影响还体现在可能造成电压的波动和闪变。由于光伏电源的出力随入射的太阳辐照度而变,可能会造成局部配电线路的电压波动和

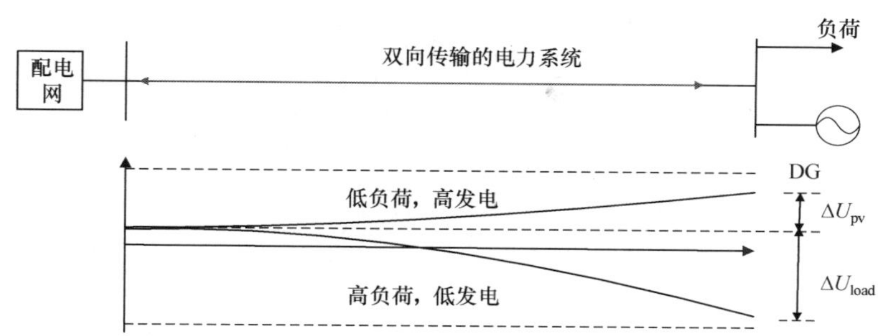

图 4.21 分布式光伏电源接入配电网对于局部电压的影响

闪变，若跟负荷改变叠加在一起，将会引起更大的电压波动和闪变。虽然目前实际运行的光伏电源并没引起显著的电压波动和闪变，当大量并网光伏电源接入时，对接入位置和容量进行合理的规划依然很重要[18]。

2）保护

目前，传统配电网络的典型保护系统主要由断路器、重合器和熔断丝组成。变电站内馈线断路器装设无方向性的三段式过流保护作为线路的主保护和后备保护：由分段式过流保护（过流 I 段、过流 II 段、过流 III 段等）电流动作值和动作时限的合理整定来实现本线路的主保护和下级馈线的后备保护；主馈线装设重合器，按照预先设定的操作程序（如两快一慢、两快两慢等）进行故障切除、隔离以及瞬时故障时重合动作恢复系统供电；支馈线装设熔断器，在线路中通过大于不允许电流值并持续一定时间后其丝熔断实现故障部分的切除、隔离。断路器、重合器、熔断器之间满足选择性的配合由断路器动作电流值、动作时延的整定、重合器操作程序的设定和熔断熔丝的选定共同作用实现[19]。

然而随着大量分布式光伏电源接入配电网后，配电网的网络结构由原来单电源辐射型转化为多电源的复杂结构。系统故障时，故障电流幅值、方向均发生了变化，保护设备的相互配合几乎完全被破坏，传统保护的灵敏性、选择性、快速性、可靠性均很难满足含分布式光伏电源并网的配电网安全稳定运行的要求。以电流保护为例分析在不影响原有系统电流保护的基础上，分布式光伏电源并网所允许的最大值。

分布式光伏电源并网后，在故障发生时将向故障点提供短路电流。根据第 2 章的图 2.4，分布式光伏电源可以等效为一个电流源并联一个电抗的模型，则含分布式光伏电源的配电网等值电路如图 4.22 所示。

为了反映光伏并网容量对短路电流的影响，需要确定光伏系统次暂态电抗 x_{dg} 随其容量的关系。首先考虑了如下假设：①不计变压器非标准变比的影响；②不计负荷影响；③系统侧电源电势和 DG 次暂态电势标幺值均为 1.0，相角为 0。

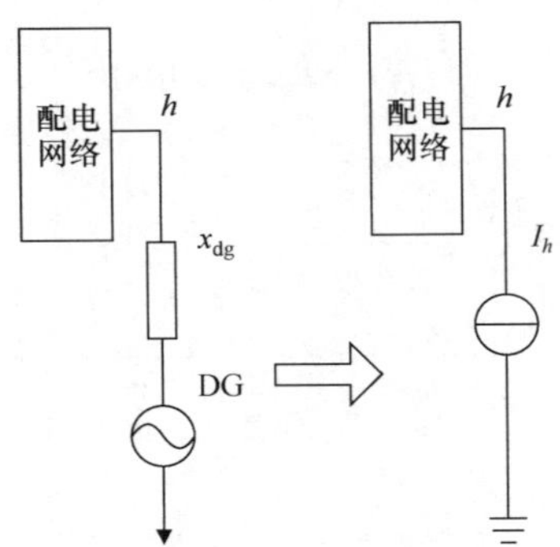

图 4.22 含分布式光伏电源的配电网等值电路

设光伏并网前配电系统的节点阻抗矩阵为 $\boldsymbol{Z}$,配电网络的电压方程用节点阻抗矩阵来表示:

$$\boldsymbol{Z}\dot{\boldsymbol{I}}=\dot{\boldsymbol{V}} \tag{4-20}$$

式中,$\dot{\boldsymbol{I}}$ 为系统的电流矩阵(A);$\dot{\boldsymbol{V}}$ 为系统的电压矩阵(V)。

假设在节点 k 处接入分布式光伏电源,则相当于在原网络注入电流为

$$I_k^{(1)}=\frac{1}{jx_{\mathrm{dg}}}\cdot\frac{S_{k\mathrm{dg}}}{S_{\mathrm{B}}}-V_k\cdot\frac{1}{jx_{\mathrm{dg}}}\cdot\frac{S_{k\mathrm{dg}}}{S_{\mathrm{B}}} \tag{4-21}$$

式中,$S_{k\mathrm{dg}}$为分布式光伏电源的并网容量;x_{dg}为其次暂态电抗;S_{B}为系统标幺值换算的基准容量;V_k为发生故障后节点 k 的电压;I_k为迭代计算时的电流。

求解配电网的电压方程(4-20),节点电压可以表示为含有 $S_{k\mathrm{dg}}$的一次函数,则节点 k 的电压为

$$V_k=f_k(S_{k\mathrm{dg}}) \tag{4-22}$$

则对于任意支路 $m-n$ 的短路电流可以表示为

$$I_{mn}=\frac{U_m-U_n}{Z_{mn}}=\frac{f_m(S_{k\mathrm{dg}})-f_n(S_{k\mathrm{dg}})}{Z_{mn}} \tag{4-23}$$

式中,I_{mn}为支路 $m-n$ 的短路电流(A);Z_{mn}为支路 $m-n$ 的正序阻抗(Ω)。

由以上推导可以看出分布式光伏电源的容量与线路上的短路电流存在对应关系,因此可以进一步建立以满足线路各电流保护整定值为条件的 DG 并网的准入容量数学模型,其基本的约束优化模型为

$$\begin{cases}\max f(x)\\ \text{s.t.}\quad g_i(x)<b_i,\quad i=1,2,\cdots,m\end{cases} \tag{4-24}$$

式中,$g_i(x)$为节点流过短路电流值(A);$f(x)$为接入配电网的光伏容量之和(MVA);b_i为节点电流保护整定值(A);x 为以接入配电网的各分布式光伏容量为

元素组成的列向量(MVA)。

一般来说，传统的同步机具有提供短路电流的能力，在与电网提供的短路电流叠加后可以确保线路保护在 1～2 个周波时间断开。然而，光伏逆变器由于能量密度有限，其中电力电子元件过流能力限制，并不能提供较高的短路电流。通过实验和动态仿真，一般认为光伏逆变器的短路电流只比额定电流大 25%以内。即使在国际相关标准中，也只要求逆变器提供 1 倍额定的短路电流。这导致在大规模接入分布式光伏电源的情况下，传输线发生短路故障时，由于光伏逆变器短路电流能力不足，线路上的故障无法被检测并且使保护响应。因此，光伏发电电源的短路电流贡献应当在配电系统规划、分布式光伏系统并网设计中被充分考虑。

3) 谐波限制

谐波主要是指电流谐波，由光伏逆变器的电力电子元件引起，一般情况下只有通过测试分析才可以识别。闪变主要指电压的快速波动引起用电端可人为感知的效应，光伏发电系统中是由同时快速投切的并网逆变器造成的。分布式光伏电源产生的谐波和闪变对电网和负荷的影响，除了以上提及的因素外，还依赖于并网点的短路容量和同一中压升压变下并网的分布式光伏电源总量。

设配电网某 10kV 节点不带负荷，仅接入光伏装置。根据 GB/T 14549—1993《电能质量公用电网谐波》，公共连接点 PCC 的全部用户向该点注入的谐波电流分量(方均根值)不应超过规定的允许值[20]。以 5 次谐波为例，设该节点最小短路容量为 100MWA，查表可得允许值为 20A。按照 GB/T 19939—2005《光伏系统并网技术要求》[21]，假设光伏电源的 5 次谐波发射水平为最大值的 4%，则该点接入的单台逆变器的容量 S_{pv}应满足

$$\frac{S_{pv}}{\sqrt{3}\times 10\text{kV}}\times 4\%\leqslant 20\text{A} \tag{4-25}$$

以此得到以 5 次谐波为约束得到的准入功率限值为 8.66MW。按同样的方法可计算以其他次谐波为约束条件的光伏准入功率限值[22]。

当同一节点有多台逆变器以并联的形式接入时，考虑谐波发射幅值和相位的分散性，可接入的光伏容量可在上式的基础上进行修正。文献[23]根据统计方法给出通用的谐波电流求和法则，h 次谐波合成电流可以表示为

$$I_h = k\Big(\sum_i I_{hi}^{a}\Big)^{\frac{1}{a}} \tag{4-26}$$

式中，I_h为所有谐波源发生的第 h 次谐波电流的合成值；I_{hi}为要进行合成的各单个谐波源第 h 次谐波电流的值；系数 k 和指数 a 的取值主要取决于对不超过计算值的实际值所选择的概率值以及各次谐波电流幅值和相位随机变化的程度两个因素。

4.4.2 带约束的最优化方法

带约束的优化算法通常假设光伏并网容量初值，再利用各种优化方法，如确定性优化方法，概率性优化方法，智能算法等对并网的容量进行修正。通过不断地仿真、分析和修正，直到求得该种运行方式下满足约束的光伏最大准入容量。由此可知分布式光伏电源的最大准入容量其实是在满足电网安全稳定运行约束下的最优化问题。其数学表达式如下：

$$\begin{cases} \max f=(c^{\mathrm{T}}y) \\ g(u,x,y)=0 \\ h(u,x,y)\leqslant 0 \end{cases} \tag{4-27}$$

式中，u,x 分别为系统中各个元件的控制与状态变量；y 为光伏电源有功功率（在确定性变量形式下与光伏电源的装机容量成正比）及无功功率组成的列向量，既不能列入控制变量，也不属于状态变量，所以单独列出；c 为系数向量，其维数与光伏电源数目相同，当光伏电源有功出力不为 0 时其对应值为 1，其余为 0。

需要满足的等式约束主要是潮流平衡方程[24]：

$$\begin{cases} P_i^{sp}-U_i\sum\limits_{j\in i}U_j(G_{ij}\cos\theta_{ij}+B_{ij}\sin\theta_{ij})=0 \\ Q_i^{sp}-U_i\sum\limits_{j\in i}U_j(G_{ij}\cos\theta_{ij}-B_{ij}\sin\theta_{ij})=0 \end{cases},\quad i=1,2,\cdots,N-1 \tag{4-28}$$

式中，N 为网络节点数；P_I^{sp}，Q_I^{sp} 分别为节点有功及无功注入功率列矢量 P^{sp}，Q^{sp} 的第 i 个元素，并且有

$$\begin{cases} P^{sp}=P^G+P^D+P^S \\ Q^{sp}=Q^G+Q^D+Q^S \end{cases} \tag{4-29}$$

式中，P^G，P^D，P^S分别为节点发电、负荷和光伏有功功率列向量；Q^G，Q^D，Q^S分别为节点发电、负荷和光伏无功功率列向量（不含平衡节点 N）。

(1) 不等式约束 $h(u,x,y)\leqslant 0$ 涵盖的内容很多，包括线路约束（如电流或线路潮流限制）；

(2) 节点电压约束；

(3) 谐波电流约束。

4.4.3 数字仿真法

数字仿真法是通过稳态仿真和动态仿真，检验在几种典型的运行方式下，分析一系列给定容量的光伏并网对电网电能质量、安全性和稳定性的影响，得出系统可以接受的最大光伏装机容量。常用的有最大与最小负荷两种运行方式，同时应满

足电网的静态与动态安全稳定约束。也就是说在最大接入容量下，分布式光伏电源并网发电应满足下述条件：

(1) 稳态运行时系统内各节点电压未越限，满足线路传输极限限制。

(2) 由光照导致的光伏出力的剧烈波动的扰动下，系统能够维持安全稳定运行。

(3) 在光伏发电系统由额定出力突然退出以及光伏出力在短时间内升至额定出力的情况下，系统能够维持安全稳定运行。

(4) 在系统扰动如并网点三相接地故障扰动下，系统能够维持安全稳定运行。

稳态和暂态仿真求取最大准入容量方法如下。

1) 稳态仿真求取光伏最大接入容量

稳态仿真求取光伏最大准入容量是利用 P-V 曲线法分析。P-V 曲线分析方法是从系统当前稳态运行点开始，通过不断增加光伏出力，逐点求出系统变化过程的轨迹，获得一个完整的 P-V 曲线。只有当该 P-V 曲线中有某一点电压位于临界值且其余点未越限时，该额定功率才为当前电网所能接受的光伏并网最大接入容量。将光照缓慢变化引起的光伏出力的不断增加简化为一个个离散点，求取各个点的静态潮流，研究光伏出力不断增加引起的系统中电压稳定性的变化。

2) 动态仿真求取最大接入容量

动态仿真是不断增加接入电网光伏电源额定功率，仿真观察在扰动下系统的稳定性，直至找到位于临界稳定状态下的光伏发电系统额定功率，即为当前电网所能消纳的最大光伏准入容量。

扰动的主要形式包括：

(1) 系统扰动形式。主要是考虑线路故障波动下光伏电源的暂态稳定性以及此时光伏电源对电网暂态稳定性的影响，因此故障点设定在光伏电源出线上。线路故障可分为两种情况：一种情况是光伏电源容量较小时，通常光伏电源只有一回线路与电力系统相连，此时可考虑瞬间三相短路然后故障消失的情况；另一种情况是光伏电源容量增加后，与电网有两条线路连接，此时需考虑一回线路故障后切除的情况。

(2) 光伏发电系统扰动形式。通过在光照剧烈变化下光伏电源的出力波动对系统稳定性的影响，以及光伏出力在短时间内由额定出力降至零，光伏电源在短时间内由零升至额定出力的影响。

4.5　基于随机场景法的分布式光伏电源最大准入容量分析

在上述三大类光伏最大准入容量计算方法中，带约束的最优化方法一般利用各种算法对光伏准入容量进行不断修正，因此能够以较少的计算代价和较高的准确性获得不同情况下(约束条件,目标函数)的最大准入容量。它能充分考虑各种可能的运行方式,并且根据不同的侧重点提供有价值的最大准入容量参考值,具有很好的灵活性。本章中仍以实际 SA 变电站数据为基础,引入“随机场景”的思想,以电压约束为限制条件,提出一种基于随机场景法的分布式光伏电源最大准入容量计算方法。

4.5.1 方法介绍

在实际配电网中,受配电网节点众多、负荷不同(类型与大小)等因素的影响,分布式光伏电源在接入配电网时的接入方案(接入位置和接入容量)众多,这使得在确定配电网的最大光伏准入容量时,若接入方案少则求解结果不精确,若接入方案多则费时费力。结合以上的研究方法,引入“随机场景”的思想[25],如图 4.23 所示,根据分布式光伏电源的并网方式和接入节点的负荷特征确定配电网的最大光伏准入容量[26]。

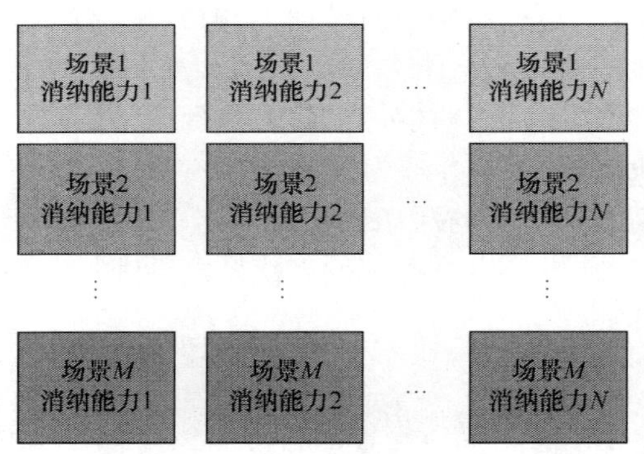

图 4.23 “随机场景”示意图

如图 4.23 所示,该方法是通过随机 M 个固定场景,不断改变每个场景的光伏安装容量来获取配电网的最大光伏准入容量。若一个场景下 N 种安装容量代表分布式光伏电源的 N 种接入方案,则 M 个场景的分布式光伏电源共有 $M\times N$ 种接入方案。在具体实施时,分布式光伏电源的接入方案可由总接入个数、接入位置和接入容量确定,若将分布式光伏电源的总接入个数、接入位置和接入容量设定为接入方案的决策变量,则 M 个随机场景可利用分布式光伏电源的总接入个数和接入位置进行确定,而每个场景的 N 种安装容量则可由分布式光伏电源的初始接入容量按一定规律的变化得到。图 4.24 流程图描述了配电网分布式光伏电源最大准入容量的评估过程,评估步骤为:

(1) 根据配电网负荷特征和规划要求,从配电网中选择 k 个节点作为分布式光伏电源的可接入节点,得到光伏的可接入节点集合 $B_{\mathrm{avai}}=\{b_1,b_2,\cdots,b_k\}$;

(2) 采用试探法对随机场景总数 M 进行取值(这里 M 值取 300)；

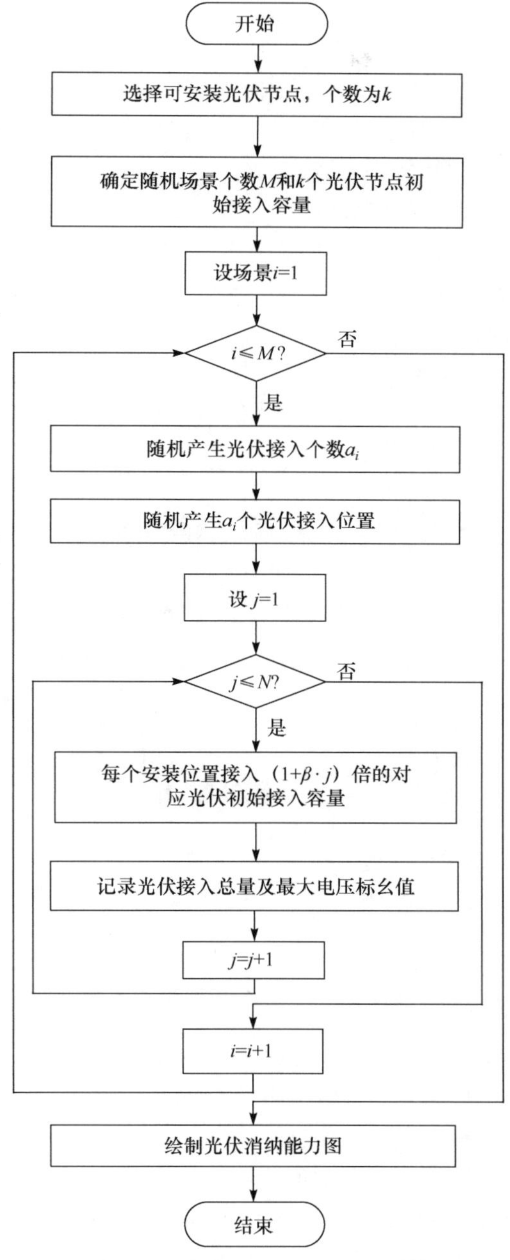

图 4.24　配电网分布式光伏电源最大准入容量的评估流程图

(3) 确定 B_{avai} 中各可接入光伏节点的初始接入容量，取值为对应节点的负荷峰值，记为集合 $L_{ref}=\{l_1,l_2,\cdots,l_k\}$；

(4) 确定每个场景的光伏接入总数，方法为随机生成 M 个 a_i($0<a_i<k$，$1\leqslant i\leqslant M$ 且为整数)的整数作为 M 个场景的光伏接入个数，记为集合 $A=\{a_1,a_2,\cdots,a_M\}$；

(5) 确定每个场景的光伏接入位置，方法为从集合 B_{avai} 中随机选取 a_i 个互不相同的节点作为场景 i 的光伏接入位置；

(6) 确定每个场景的 N 种光伏接入方案并记录仿真结果，方法为将 a_i 个对应节点的光伏初始接入容量按照 β 倍的速率递增 N 次作为场景 i 的 N 种接入方案，潮流求解后记录场景 i 全部方案的光伏接入总量和配电网最大电压标幺值(通常 β 值取 0.1～0.3，N 值取 10～30)；

(7) 重复(5)～(6)，可得到 M 组光伏接入方案下的运行记录数据；

(8) 绘制各种接入方案并获得配电网的最大准入容量。

4.5.2 案例分析

仍以 J 市 SA 变电站某 10kV 馈线所辖区域为例，馈线结构如图 4.25 所示。对于该馈线区域，影响分布式光伏接入的最大因素是电压越限问题。为使馈线能够尽可能的接入分布式光伏电源，在保证线路安全稳定运行的前提下，通过不断地仿真、分析和修正，找到满足约束的光伏最大准入容量，确定该馈线的光伏消纳能力。

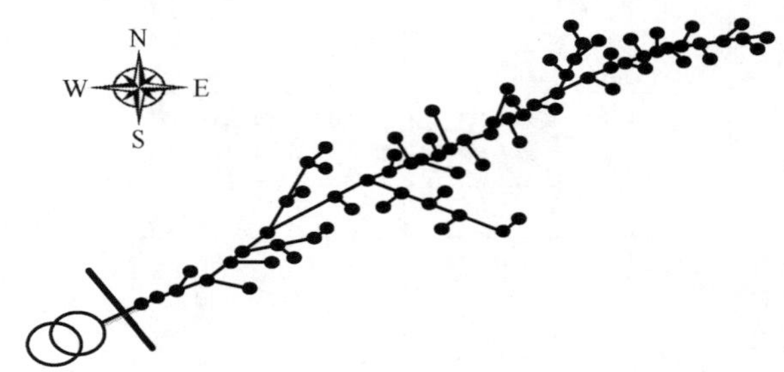

图 4.25 SA 变电站所辖 10kV 馈线拓扑结构图

从图 4.25 可以看出，该配电网为典型的辐射型配电网，线路导线类型包括 DL-150、JKLY-185、DL-70 等 12 种，接有负荷的节点有 36 个，在 2014 年线路的总有功负荷如图 4.26 所示。

图 4.26 中，配电网的最小总有功负荷为 0.237MW，最大为 5.239MW，有功负荷年平均值为 2.719MW，一年中 6～7 月为用电高峰期，1～2 月为用电低谷期。并且从局部放大图可以看出，该配电网地区的负荷类型为轻工业负荷，因为日用电具有两个高峰时段，分别出现在上午 9:00～11:00 时段和下午 13:00～17:00 时段。

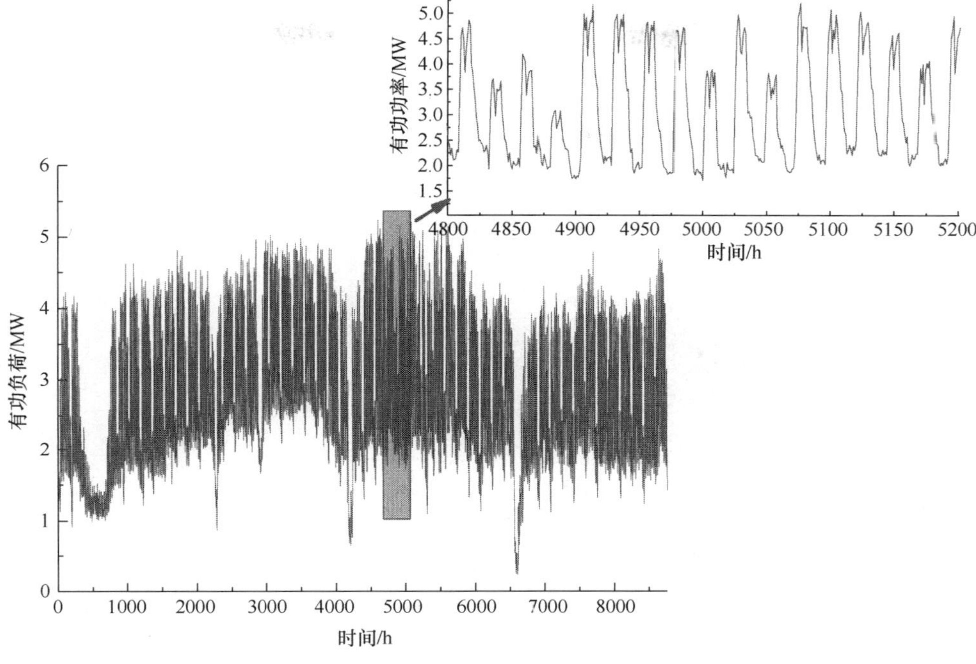

图 4.26　负荷总有功功率时序图

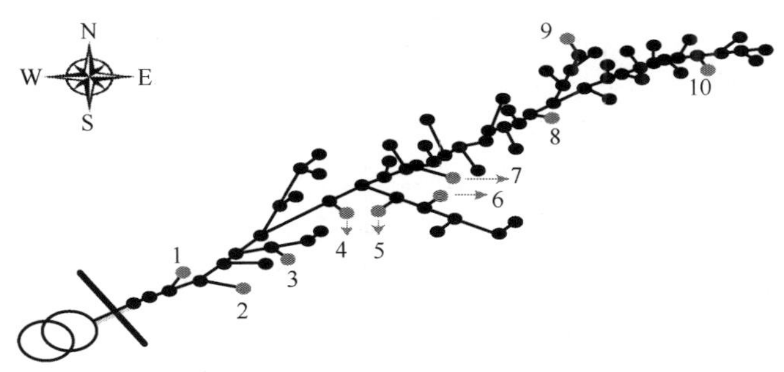

图 4.27　配电网分布式光伏电源可接入位置图

根据规划要求，单个节点的分布式光伏电源接入容量最小值为 0.25MW，选择额定有功负荷不小于 0.25MW 的节点作为该配电网的可接入分布式光伏电源位置，则满足该条件的节点共有 10 个，如图 4.27 所示。为了便于分析，现将该 10 个节点记作光伏节点 1～10。

设置降压变压器出口电压标幺值为 1.04p.u.，按照实测数据设置光伏系统的光照强度、环境温度，光伏逆变器按单位功率因数运行，则采用前述方法对光伏消纳能力进行评估仿真，得到该馈线的光伏消纳能力如图 4.28 所示。

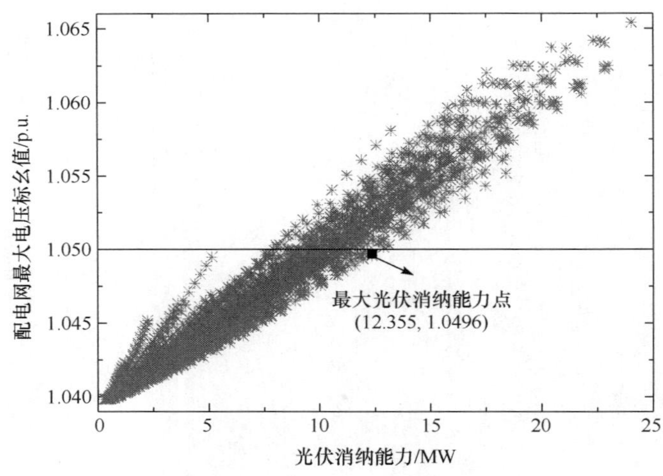

图 4.28 配电网分布式光伏电源消纳能力图

图 4.28 中，该配电网的光伏接入方案有 3200 种，所有方案被 1.050p.u. 线截为两部分，线下星点表示的是配电网可接受的接入方案，而线上星点的接入方案则会引起电压越限。黑色方点为线下星点中最右边的点，是该配电网的最大光伏消纳能力点，此时对光伏的最大准入容量为 12.355MW，电压标幺值达到 1.0496p.u.，接入分布式光伏电源的节点分别是节点 1、2、3、5、7 和 8。

在此准入容量情况下，根据 4.3 节渗透率的计算公式，以 2014 年负荷为基础条件，若馈线安装分布式光伏容量达到 12.355MW 时，其功率渗透率为 1564%，容量渗透率为 227%，能量渗透率为 51%。三者中，功率渗透率最大，说明在某些时刻光伏出力远大于负荷需求，将倒送功率在 10kV 母线上被其他馈线负荷消纳或者向上一级电网倒送，而能量渗透率达到 51%，说明全年中光伏能够满足 51% 的负荷需求，能量渗透率也非常高。当然，这里仅仅考虑了电压的影响，如果进一步考虑其他约束条件的限制，其最大准入容量则会相应的下降，光伏容量渗透率、光伏功率渗透率和光伏能量渗透率也会相继下降。

4.6 提高光伏渗透率的措施

根据以上分析，为促进分布式光伏电源消纳，增加光伏最大准入容量，提高光伏渗透率，可以从源-网-荷三方面进行综合考虑，进一步的措施分析将在本书第 9 章中详细介绍。

1）从电源侧出发——发挥分布式光伏电源的调节能力

针对分布式光伏电源进行主动地调节与控制，利用先进的计算机控制与通信技术手段，使分布式光伏电源与电网有效地集成，充分发挥分布式光伏电源的无功调节能力，积极参与电网电压无功控制，既能实现电网的安全稳定优化运行，也能提高分布式光伏电源的渗透率。当光伏发电功率较大时，会抬升电网电压水平，将会给电网安全运行增加不稳定因素。为此可充分发挥光伏逆变器的可用无功调节容量，利用合理的光伏逆变器控制策略，保证电网电压运行在允许范围内，同时可在本级电网层面解决无功电压问题，避免上下级电网之间无功功率的频繁流动。

2）从电网侧出发——升级改造现有电网

通过电网接纳分布式光伏电源的适应性改造，能够有效提高电网接纳光伏的能力，提高光伏的渗透率。大规模高渗透率的分布式光伏电源并网后，电网的潮流可能会在不同电压等级电网之间进行双向的功率频繁流动，也将改变现有电网的电压水平与电压分布情况，由此为了保证传统电网安全稳定运行，在一些情况下将采取光伏限电措施，这会直接降低光伏的渗透率。为此，传统电网需要进行适应性改造，具体的改造措施包括一次设备与保护系统改造、电网运行控制系统的改造等，尤其是能量管理系统需增加光伏发电预测功能和含高渗透率光伏的机组组合与经济调度功能。

3）从负荷侧出发——需求侧响应改善电力系统负荷特性

通过需求侧响应技术能够改善用户的负荷特性，从而在一定程度上提高分布式光伏电源的渗透率，其中，负荷转移作为需求侧响应的一种手段，对于促进光伏发电消纳的效果最为明显。借助对价格或激励的响应对用户的用电行为进行引导，转移用电设备的使用时间，尤其是将其他时段负荷转移到光伏出力较大时段，使负荷特性曲线与光伏发电曲线实现最佳的匹配，以此达到增加系统在光伏出力时段净负荷量的目的。

4）从负荷侧出发——储能技术调节光伏出力与负荷特性匹配

储能具有削峰填谷、改善负荷特性、提高电能质量等优点，对于提高电网中的光伏消纳能力具有显著的作用。因此，在用户侧的分布式光伏发电系统中或变电站装设一定容量的储能装置，在光伏发电功率较大时段，通过储能系统存储无法消纳的多余电能；在其他合适时段再进行放电，实际上等效地降低了系统中机组的最小技术出力，从而有效缓解电网机组运行的压力，进而提高光伏的渗透率。此外，由于光伏发电功率的间歇性和波动性，储能不仅可作为光伏电源与电网之间的缓冲器，而且能够有效改善光伏并网后给电网带来的电能质量问题，如电压波动与谐波等。

4.7 小　　结

大规模分布式光伏电源并网时代的到来必然会经历渗透率从低到高的三个阶段。在初期阶段，光伏渗透率不高，对配电网的影响相对较小，分布式光伏电源并网的投资效益是影响光伏并网容量进一步增加的关键因素。本章首先开展分布式光伏并网成本效益分析，若分布式光伏电源投资经济上达到市电平价时，将会有越来越多的分布式光伏电源并入电网，在配电网中将会形成高渗透光伏并网的格局，负荷脱网甚至是用户脱网将成为一种趋势。

对于配电网，在其已有的电源规划和负荷水平下，大规模的分布式光伏电源接入并不代表较高的光伏渗透率，分布式光伏电源对系统的贡献并不一定与安装容量正线性相关。通过对光伏功率渗透率、光伏容量渗透率和光伏能量渗透率的定性与定量分析，实现区域配电网分布式光伏电源接入容量的前期规划，获得配电网剩余分布式光伏接纳空间，有效引导项目业主投资建设分布式光伏电源项目，能极大地促进光伏消纳。

当光伏渗透率达到较高水平时，大规模分布式光伏电源并网会对配电网运行带来巨大的改变，现有的配电网并不具备无限接纳大规模光伏并网容量的能力。在现有配网系统安全性和稳定性方面的限制下，总结了分布式光伏电源最大准入容量计算方法，并以实际数据为基础，提出了一种基于随机场景的分布式光伏电源最大准入容量算法。

最后为促进光伏消纳，从源-网-荷多维度探讨了提高光伏渗透率的措施，为分布式光伏电源并网规划提供参考依据。

参 考 文 献

[1] PeterBronski, Jon Creyts(RMI), Peter Lilienthal, John Glassmire (HOMER Energy), Mark Crowdls, John Richardson(COHNREZNICK THINK ENERGY), et al. The economics of grid defection. USA: Rocky Mountain Institute, 2014.

[2] PeterBronski, Jon Creyts, Mark Crowdis (global X), Stephen Doig, John Glassmire (HOMER Energy), et al. The economics of load defection. USA: Rocky Mountain Institute, 2015.

[3] ThomasStetz, Manoel Rekinger, Ioannis Theologitis. Transition from Uni-Directional to Bi-Directional Distribution Grid: Management Summary of IEA Task 14 Subtask 2- Recoommendations based on Global experience. France: International Energy Agency, 2014.

[4] High Penetration of PV in local distribution grids: Subtask 2: Case-StudyCollection. France: International Energy Agency, 2014.

[5] 苏剑，周莉梅，李蕊．分布式光伏发电并网的成本/效益分析．中国电机工程学报，2013，33

(34):50-56.

[6] PV grid parity monitor-residential sector-issue_3rd issue,Creara Energy Experts . 2015,February.

[7] REN21. Renewables 2007 global status report. Paris:REN21 Secretariat and Washington, Renewable EnergyPolicy Network for the 21st Century (REN21),2008.

[8] REN21. Renewables 2010 global status report. Paris:REN21 Secretariat and Washington, Renewable EnergyPolicy Network for the 21st Century (REN21),2010.

[9] Black,Veatch Corporation. Renewable energy transmission initiative phase 2B:draft report. Sacramento:RETI Stakeholder Steering Committee,2010.

[10] PaulGrana. Demystifying LCOE. http://www. renewableenergyworld. com/ugc/articles/2010/08/demystifying-lcoe,2010-08-18.

[11] Darling S B,You F,Veselka T,et al. Assumptions and the levelized cost of energy for photovoltaics. Energy & Environmental Science,2011,4(9):3133-3139.

[12] Short W,Packey D J,Holt T. A Manual for the Economic Evaluation of Energy Efficiency and Renewable Energy Technologies. Office of Scientific & Technical Information Technical Reports,1995,95.

[13] 陈荣荣,孙韵琳,陈思铭,等．并网光伏发电项目的 LCOE 分析．可再生能源,2015,33(5):731-735.

[14] Anderson K. Interconnecting PV on New York City's Secondary Network Distribution System. Office of Scientific & Technical Information Technical Reports,2009.

[15] 赵波,肖传亮,徐琛,等. 基于渗透率的区域配电网分布式光伏并网消纳能力分析. 电力系统自动化,2017,41(待出版).

[16] 赵波,张雪松,洪博文．大量分布式光伏电源接入智能配电网后的能量渗透率研究．电力自动化设备,2012,32(8):95-100.

[17] 程绳．分布式电源接入配电网渗透率及运行协调优化研究．北京:中国电力科学研究院,2014.

[18] 范征．分布式光伏并网技术有多难?．http://www. wusuobuneng. com/archives/7437,2014-08-12.

[19] 龚源．分布式电源对配电网保护的影响及准入容量的研究．河北:燕山大学,2012.

[20] GB/T 14549—1993. 电能质量公用电网谐波．北京:中国质检出版社,1994.

[21] GB/T 19939—2005. 光伏系统并网技术要求．北京:中国标准出版社,2006.

[22] 钟清,高新华,余南华,等．谐波约束下的主动配电网分布式电源准入容量与接入方式．电力系统自动化,2014,38(24):108-113.

[23] 彭克,王成山,李琰,等．典型中低压微电网算例系统设计．电力系统自动化,2011,35(18):31-35.

[24] 唐彬伟．并网光伏发电系统建模及最大接入容量研究．乌鲁木齐:新疆大学硕士学位论文,2012.

[25] Electric Power Research Institute. Stochastic analysis to determine feeder hosting capacity for distributed solar PV. USA:Electric Power Research Institute,2012.

[26] 赵波,韦立坤,徐志成,等. 计及储能系统的馈线光伏消纳能力随机场景分析. 电力系统自动化,2015,39(9):34-40.

第 5 章　含高渗透率分布式光伏电源的配电网潮流分析

5.1 引　　言

近年来，配电网中分布式光伏电源并网容量逐步增大，含高渗透率分布式光伏电源的区域配电网正在逐步形成。在配电网中，分布式光伏电源所发出的功率通常优先被本地用户就地消纳，若有多余部分将通过本地变压器上送至上一级的电网。这将使得配电网由无源网络变为有源网络，改变系统潮流的特性，加大电力系统负荷预测的不确定性，对配电网中的网损和电压分布等将会产生重要的影响，配电网结构和运行控制方式也将发生较大改变。因此，在对接入含高渗透率分布式光伏电源的配电网的相关研究中，潮流分析显得尤为重要。它根据给定网络的结构及运行条件来确定整个网络的电气状态，了解和评价配电系统的运行状况，是对配电系统规划设计和运行方式的合理性、可靠性及经济性进行定量分析的重要依据，也是分析分布式光伏电源对电网稳定性的影响等其他理论研究工作的基础[1]。

5.2　含分布式光伏电源的配电网潮流计算

中低压配电网具有阻抗比高、网络结构复杂等特点，接入配网中的分布式光伏电源由于其潮流计算模型与传统发电机组计算模型不一致而呈现电源模型的多样性，馈线段的潮流可能增加也可能减少，甚至可能反向。另外，由于分布式光伏电源的输出受天气的影响比较大，功率输出波动性强，系统的潮流变化难以预测[2]。理解这些不同，是利用传统单电源辐射型配电网潮流算法来研究含分布式光伏电源的配电网潮流计算的关键所在。

5.2.1　常用的配电网潮流算法比较

配电网的潮流算法有前推回代法、回路阻抗法、牛顿法、改进快速解析法等，各种方法的比较如表 5.1 所示。总的来说，根据研究对象的不同，以上各种算法可以分为节点类算法和支路类算法两大类[3]。

表 5.1 典型配电网潮流计算方法比较[4]

名称	基本思想	优点	缺点
高斯赛德尔法	用高斯赛德尔迭代法求解节点电压方程	原理简单易编程，占用计算机内存少	不能处理PV节点，收敛性差
牛顿-拉夫逊法	把非线性潮流方程展开成泰勒级数形式，取其线型部分，多次迭代进行修正，直至收敛	收敛速度快，能够进行自动校正	雅克比矩阵计算量大，占用内存多，对初值要求高，易形成病态方程
前推回代法	根据根节点的电压和各节点负荷前推求得各支路上的电流，回代求得各节点电压，反复迭代直至收敛	辐射型网络中编程简单，计算速度快	不能处理PV节点，环网处理能力差
回路阻抗法	用恒定阻抗来表示各节点负荷，从根节点到每个负荷节点形成一个回路，列出回路电流方程进行求解	环网处理能力强，原理简单	求解速度慢，内存占用大
改进牛-拉法	在牛顿-拉夫逊法的基础上对节点优化进行变革，生成近似雅克比矩阵进行潮流计算	处理环网能力强	收敛性差，占用内存多
Z_{bus}高斯法	使用稀疏节点导纳矩阵来求解潮流方程	对于电压节点很少的系统，此方法收敛速度快	当系统中节点电压增多时，收敛速度变慢

节点类算法又可以分为节点功率型算法和节点电流型算法。节点功率型算法的要点是节点功率平衡方程的求解，即已知节点功率求电压；节点电流型算法的要点是节点方程的求解，即已知节点电流求节点电压。其中节点功率型算法具有二阶收敛特性，收敛速度快，但对初值要求高；节点电流型算法具有一阶收敛性，收敛速度慢，但收敛过程是单向逼近，对初值要求低。典型的节点类算法主要有 Z_{bus} 法和 Y_{bus} 法，改进牛顿法等。

支路类算法又可分为支路功率型算法和支路电流型算法。支路功率型算法的要点是以回路功率和电压为状态变量求解回路方程；支路电流型算法的要点是根据支路电流求解节点电压。支路类算法编程简单，内存占用少，运用于简单配电网时具有收敛速度快、数值稳定性好等特定。典型的支路类算法有前推回代法、回路阻抗法等。

5.2.2 分布式光伏潮流计算模型

分布式光伏电源发出的是直流电，除特殊用电负荷外，均需使用逆变器将直流电变换为交流电。通常，分布式光伏电源并入到配电网中，根据其是否含有储能装置可以分为两类：不含储能装置的称为“不可调度式光伏并网发电系统”，其模型如图 5.1 所示；含有储能装置的又称“可调度式光伏并网发电系统”，其模型如图 5.2 所示。现阶段，由于“不可调度式光伏并网发电系统”具有安装和调试相对方便、可靠性好、集成度高、成本相对较低等优点，得到了广泛的应用[5]。

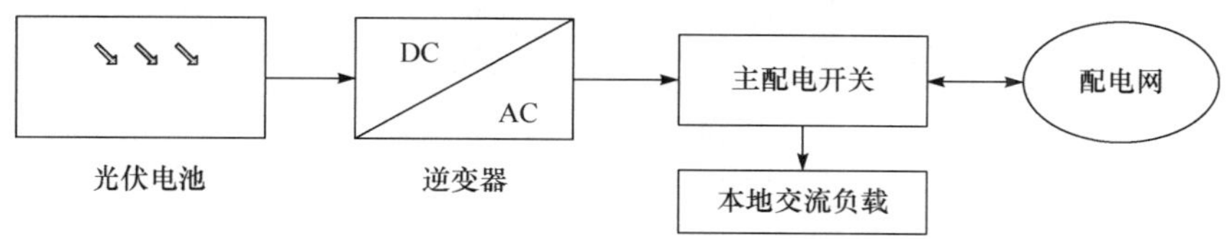

图 5.1　不可调度式光伏并网发电系统

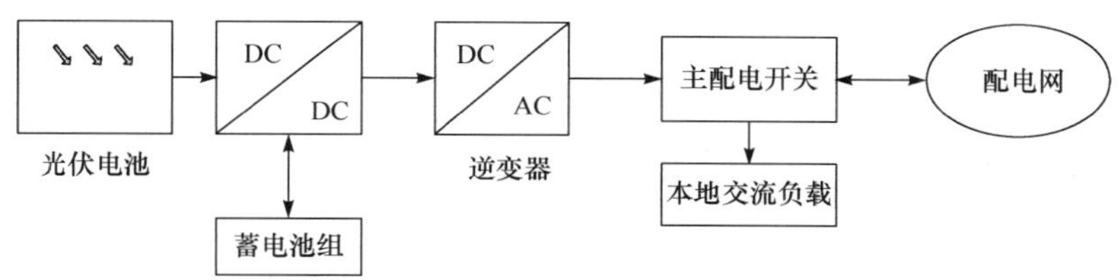

图 5.2　可调度式光伏并网发电系统

分布式光伏电源的并网逆变器控制方式一般采用电压源电流控制方法，通过控制逆变器的输出电流使其能够实时跟踪电网电压的变化，就能达到并网运行的目的。一般情况下，配电网都是利用光伏电池的有功功率，可以通过最大功率点追踪的方法时刻输出可能的最大功率。然而在特定的场合，也可以通过控制逆变器，在损失一部分有功输出的情况下，对配电网进行无功补偿，使电网更加稳定经济地运行。文献[6]提出了限定输出的逆变器模拟，分为电流控制型和电压控制型。电流控制时可当做 PI 节点，其输出有功和输入配电网的电流是恒定的，相应的无功功率可以由前次迭代得到的电压、恒定的电流幅值和有功功率计算得出。

$$Q=\sqrt{I^2(e^2+f^2)-P^2} \tag{5-1}$$

式中，P 为分布式光伏电源输出的恒定有功功率；I 为注入配网中的恒定电流；e 和 f 分别是分布式电源并网节点处的电压实部和虚部。在潮流计算时，根据每次迭代得到的电压实部和虚部由上式计算出其注入的无功，然后在下次迭代时，将其转换成 PQ 节点处理。若为电压控制型，则处理为 PV 节点，输入电流达到边界值后转化为 PI 节点如上处理。虽然光伏发电功率因素可以进行控制调节，但是通常为了尽可能多的发出有功功率，分布式光伏电源并入电网时可以保持功率因数为 1 运行，此时在潮流计算中分布式光伏电源可以只考虑有功功率，从而直接作为 PQ 节点处理。

5.2.3 含分布式光伏电源的配电网潮流算法

在各种基本的潮流算法中，前推回代法具有良好的收敛特性，尤其是其避免了矩阵运算，能够较好的节省内存，另外对于配电网高阻抗比的环境，前推回代法具有不受线路阻抗比影响的特性，因此在辐射型配电网中成为应用最为广泛的潮流算法。根据表 5-1 中算法优劣比较，前推回代法对 PV 节点处理能力不足，但是由于分布式光伏在进行潮流计算时主要为 PI 节点转换成 PQ 节点模型，故该方法能够较好的应用于含分布式光伏电源的配电网潮流计算。含分布式光伏电源的配电网潮流计算前推回代法计算步骤如下：

(1) 输入网络参数，初始化系统各节点电压和相角。

(2) 初始化各分布式电源并网参数。

(3) 计算各节点的负荷注入电流。

(4) 计算 PI 节点类型分布式光伏电源的在节点处的注入电流，并与负荷注入电流相叠加。

(5) 回代推算各支路电流。从线路最末端开始，向根节点推进求解各支路电流。

(6) 前推求解各节点电压。从电压源开始向前推进，修正各节点的电压。

(7) 计算 PI 节点注入的无功功率。若无功功率越界，则 PI 节点转变成 PQ 节点，并修正该节点的注入电流。

(8) 判断配电网中各节点在相继两次迭代过程中计算出的电压差模的最大值是否满足收敛条件。若条件满足，则进入下一步，否则转到步骤(3)。

(9) 输出结果。

5.3 分布式光伏电源对配电网电压影响分析

5.3.1 数学模型

在上面潮流算法的基础上，以辐射型配电网中压馈线为例展开分析，其典型结构如图 5.3 所示。线路上有 N 个用户沿线分布，设线路初始端电压为 U_0，第 m 个用户的电压为 U_m，功率表示为 $P_m+\mathrm{j}Q_m$，第 m 个用户和第 $m-1$ 个用户之间的阻抗为 $R_m+\mathrm{j}X_m$。假设分布式光伏电源在第 n 个用户处接入，且发电功率为 $P_v+\mathrm{j}Q_v$。

假设忽略线路损耗，定义有功功率和无功功率向负载方向流动为正向，线路上任意一点 $m-1$ 和第 m 节点之间的电压降落为

$$\Delta U_m=\frac{\sum_{i=m}^{N}P_iR_m+\sum_{i=m}^{N}Q_iX_m}{U_{m-1}} \tag{5-2}$$

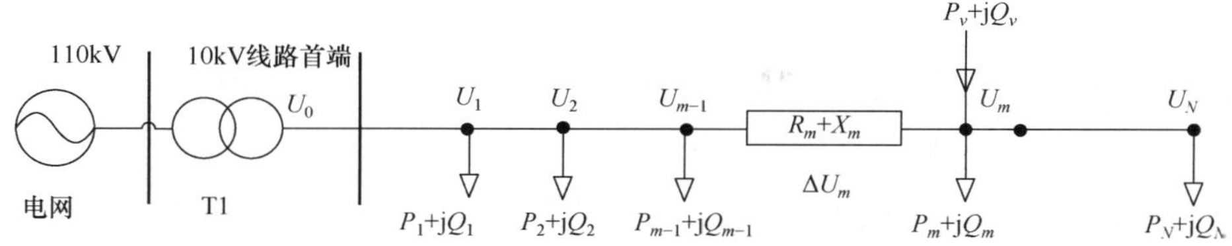

图 5.3　辐射性配电网中压馈线典型结构

则第 m 节点用户电压为

$$U_m = U_0 - \sum_{i=1}^{m} \Delta U_i = U_0 - \sum_{i=1}^{m} \frac{\sum_{j=i}^{N} P_j R_i + \sum_{j=i}^{N} Q_j X_i}{U_{i-1}} \tag{5-3}$$

假设线路阻抗是均匀分布的，单元距离电阻为 r，电抗为 x，第 $m-1$ 个节点与第 m 个节点之间的距离为 l_m。根据各用户点至电源端和各用户点之间的距离，节点 m 电压可表示为

$$U_m = U_0 - \sum_{i=1}^{m} \frac{\sum_{j=i}^{N} r P_j l_i + \sum_{j=i}^{N} x Q_j l_i}{U_{i-1}} \tag{5-4}$$

在分布式光伏电源接入前，用户有功功率 P 和无功功率 Q 通常都是正数，则第 $m-1$ 个用户与第 m 个用户之间的压降 ΔU_m 为正数，且与起点距离 l 成正比。由此可知，随着与起点距离 l 的增加，用户点的电压 U_m 也在逐渐降低。

但分布式光伏电源接入后，假设光伏发电系统只发有功功率，在分析中功率因素设为 1.00。由于光伏发电系统不发出无功，而一般配电网中配电线路不长，故可以忽略光伏发电功率对无功功率负荷的影响。对于线路上的节点 m，若光伏接入点 n 在 m 之后(即 $0<m<n$)，光伏接入后第 m 个节点电压可以表示为

$$U_{mp} = U_0 - \sum_{i=1}^{m} \frac{(\sum_{j=i}^{N} P_j - P_v) r l_i + \sum_{j=i}^{N} x Q_j l_i}{U_{i-1}} \tag{5-5}$$

故 $U_{mp} > U_m$，即分布式光伏电源接入后用户电压将有所提升，提升的程度与用户负荷、光伏发电功率、用户离电源点的距离以及系统的整体电压水平都相关。

此时，第 $m-1$ 个和第 m 个节点之间的电压差为

$$U_{mp} - U_{(m-1)p} = -\frac{(\sum_{j=m}^{N} P_j - P_v) r l_m + \sum_{j=m}^{N} x Q_j l_m}{U_{m-1}} \tag{5-6}$$

在不考虑无功功率的影响下，若 $\sum_{j=m}^{N} P_j - P_v > 0$，即第 m 个节点及其之后所有

用户的有功功率之和大于光伏发电功率，则第 m 个节点电压低于第 $m-1$ 个节点电压，但电压下降幅度比光伏接入前有所减少。若 $\sum_{j=m}^{N} P_j - P_v < 0$，即第 m 个节点及其之后所有用户的有功功率之和小于光伏发电功率，则第 m 个节点电压高于第 $m-1$ 个节点电压，过多的分布式光伏电源接入会引起接入点的电压升高。

若光伏接入点 n 在 m 之前（即 $n<m<N$），第 m 个节点电压可以表示为

$$U_{mp} = U_0 - \sum_{i=1}^{n} \frac{(\sum_{j=i}^{N} P_j - P_v) r l_i + \sum_{j=i}^{N} x Q_j l_i}{U_{i-1}} - \sum_{i=n+1}^{m} \frac{\sum_{j=i}^{N} P_j r l_i + \sum_{j=i}^{N} x Q_j l_i}{U_{i-1}} \tag{5-7}$$

则第 m 个和第 $m-1$ 个节点之间电压差为

$$U_{mp} - U_{(m-1)p} = -\frac{\sum_{j=m}^{N} P_j r l_m + \sum_{j=m}^{N} x Q_j l_m}{U_{m-1}} \tag{5-8}$$

此时，第 m 个节点电压小于第 $m-1$ 个节点电压。

总的来说，假设线路初始端电压不变，单个分布式光伏电源接入后，随着光伏发电功率的增加，线路电压分布可能会出现以下三种情况：①当光伏发电功率较小时，线路电压逐渐降低，但是降低趋势比光伏接入前更缓慢，幅度更小；②当光伏发电容量增加到一定程度，使得光伏注入的功率大于包括光伏接入点在内的下游负荷之和而小于整体馈线负荷时，线路电压呈现先降低后升高再降低的趋势；③当光伏容量进一步增大到注入功率超过整条馈线负荷时，整条馈线会发生功率倒送，电压先升高后减低。在后两种情况下，光伏接入点的电压都是该馈线电压的极大值点。

进一步考虑分布式光伏电源多点接入情况，同理，第 m 个节点的电压可以表示为

$$U_{mp} = U_0 - \sum_{i=1}^{m} \frac{\sum_{j=i}^{N} (P_j - P_{vj}) r l_i + \sum_{j=i}^{N} x Q_j l_i}{U_{i-1}} \tag{5-9}$$

则 $m-1$ 个节点和第 m 个节点之间电压差为

$$U_{mp} - U_{(m-1)p} = -\frac{\sum_{j=m}^{N} (P_j - P_{vj}) r l_m + \sum_{j=m}^{N} x Q_j l_m}{U_{m-1}} \tag{5-10}$$

可以看到，若 $\sum_{j=m}^{N} P_j - \sum_{j=m}^{N} P_{vj} > 0$，即第 m 个节点及 m 个节点之后所有用户功率之和大于 m 及 m 节点之后所有光伏发电功率，则第 m 个节点电压小于第 $m-1$

个节点，电压逐渐降低；若$\sum_{j=m}^{N}P_j-\sum_{j=m}^{N}P_{vj}<0$，则第$m$个节点电压大于第$m-1$个节点，光伏接入会引起电压上升[7]。

5.3.2　仿真分析

在上述模型的理论分析上，对典型馈线进行仿真分析，讨论分布式光伏电源并网容量和并网位置对馈线电压的影响。

假设以 10 个用户为例对图 5.3 中典型线路进行定量分析。相关参数如下：线路为 10kV 线路，线路首端电压 U_0 为 1.05（标幺值），线路长度 $L=20\text{km}$，馈线上一共有 10 个用户，每隔 2km 分布一个用户，每个用户负荷 $P_N=500\text{kW}$，则线路总负荷 P_{total}为 5MW，具体分布如图 5.4 所示。在不考虑控制因素的影响下，分布式光伏电源只发有功，功率因素为 1.00，不发出无功，系统无功负荷在光伏接入前后变化不大，故忽略无功的影响。根据第 3 章和第 4 章的分析，光伏并网容量的增加可能会使得所在区域配电网中净负荷降到零值以下，导致配电网中出现功率倒送，这将打破现有辐射型配电网保护配置的原则，并引发电压调节和继电保护等诸多问题。故在本节仿真中，假设分布式光伏电源接入容量不超过馈线的所有负荷之和。

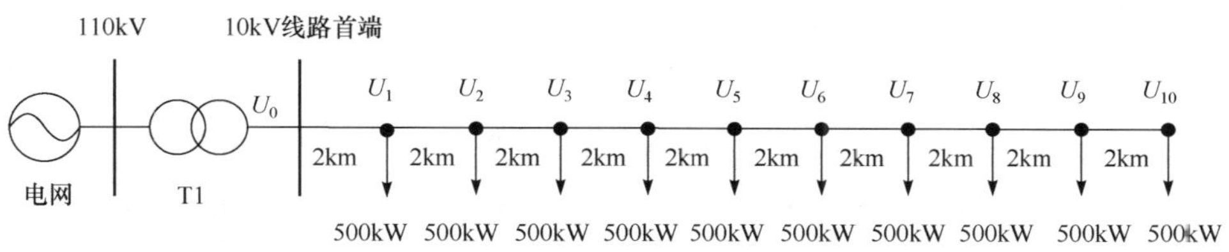

图 5.4　线路负荷分布图

在此运行条件下，假设分布式光伏电源接入总容量为 3MW，单点接入，根据表 5.2 分别接入不同的位置，分析不同接入位置对馈线电压分布的影响。由于确定的光伏并网容量下光伏发电系统实际输出波动很大，分析当中选取光伏发电功率最大的时间断面，不考虑实际的光伏系统输出效率问题，此时光伏发电功率数值上等于光伏安装容量，仿真结果见图 5.5。

表 5.2　分布式光伏电源接入位置

接入节点号	1	5	9
接入位置/km	2	10	18

从图中可知，分布式光伏电源分别在 1 号节点、5 号节点和 9 号节点接入，得到的电压分布差异较大。总的来说，不论从哪个节点接入，分布式光伏并网后相较

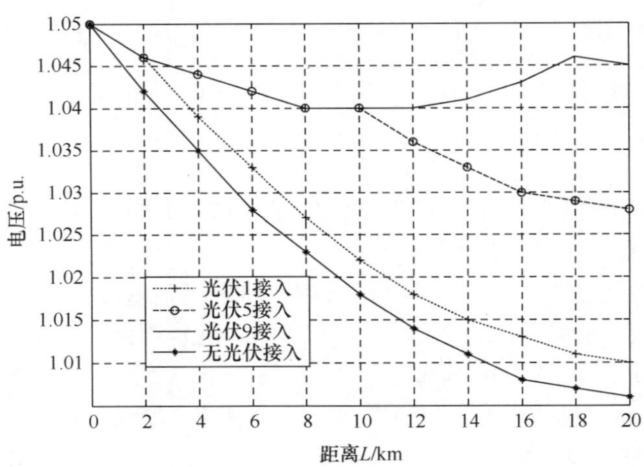

图 5.5 光伏接入不同位置后的馈线电压分布图

于无光伏接入情况，馈线整体电压都有所抬升。在 1 号、5 号节点接入后电压虽有所抬升，但是整体沿线路呈下降趋势。在 9 号节点接入，光伏发电功率远远大于 9 号节点及其之后的负荷之和，部分光伏发电功率会往线路首端倒送，此时 9 号节点电压为馈线沿线节点电压的极大值。从电压支撑的角度考虑，在一定的分布式光伏接入容量下，接入位置越靠近线路末端，馈线电压抬升程度越高，对馈线电压的支撑效果也就越好。

在不改变其他运行条件的情况下，分析不同分布式光伏电源接入容量对配电网电压的影响。采用前述的馈线参数和负荷数据，光伏接入位置设定在 1 号节点处，即距离线路首端为 2km 处，光伏接入容量如表 5.3 所示，计算所得沿线电压和有功潮流分布如图 5.6 所示，在有功潮流图中约定功率以线路上游流至线路下游为正，反之从线路下游流至线路上游为负。

表 5.3 1 号节点分布式光伏电源并网容量变化表

1 号节点光伏接入容量/MW					
0.5	1	2	3	4	5

由图 5.6 可见，由于分布式光伏发电功率能够支撑部分负荷，光伏接入点及其上游馈线传输的有功功率会相应减小，线路电压损耗减小，导致接入点及其上游馈线电压逐渐升高，而在光伏接入点下游，馈线传输功率基本保持不变，潮流变化不大，但是因为分布式光伏电源将其所在节点电压抬高，故下游馈线的电压整体升高，使得线路电压整体均有抬升。可以明显看到，随着配电网中接入分布式光伏电源容量的逐渐增大，馈线电压抬升程度也随之增大。

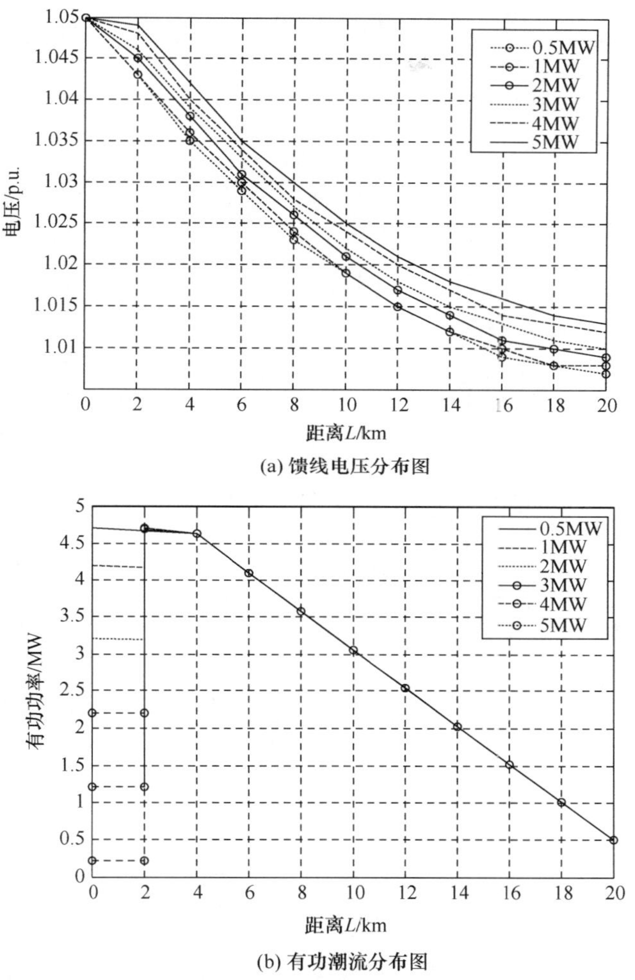

(a) 馈线电压分布图

(b) 有功潮流分布图

图 5.6　在 1 号节点接入不同容量分布式光伏电源后馈线的电压和有功潮流分布图

若以上条件不变，改变光伏接入位置至 5 号节点，即距离线路首端为 10km 处，计算所得沿线电压和有功潮流分布如图 5.7 所示。

在分析有功潮流分布图 5.7(b)时可知，当分布式光伏接入容量达到 4MW 时，在 4 号节点处，即距离线路首端为 8km 处有功潮流出现负值，即光伏发电功率从 5 号节点开始，能够支撑下游馈线上的所有负荷，并有多余的功率往线路首端倒送，支持上游负荷的需求，从而有效减少馈线首端传来的有功功率。在电压分布图 5.7(a)中可以看到，当分布式光伏接入容量为 4MW 和 5MW 时，电压分布曲线上存在极大值点，极值点均处于 5 号节点处，即分布式光伏接入点。而当分布式光伏接入容量达到 5MW 时，光伏接入点电压甚至超过了线路首端电压，这对配电网

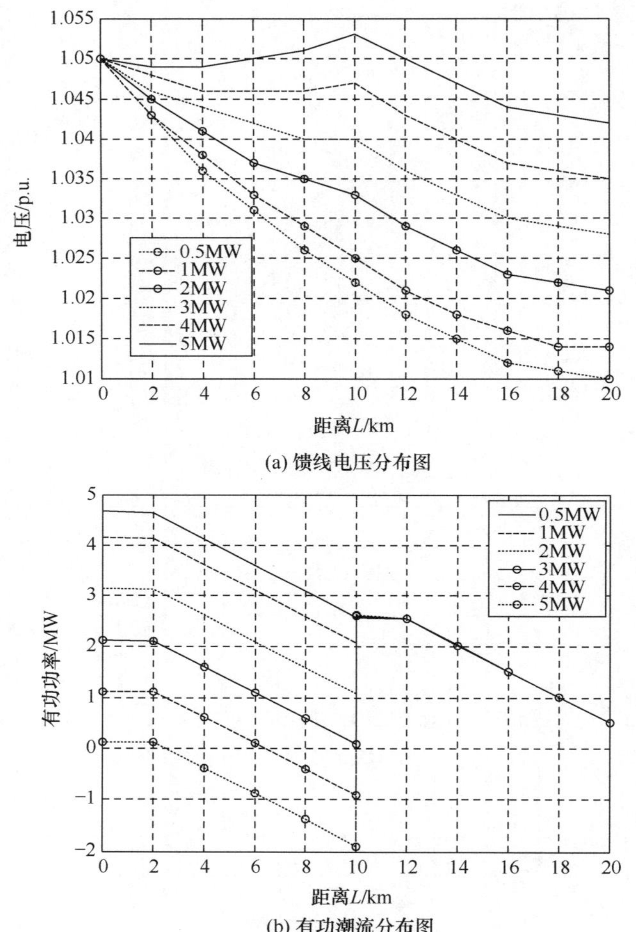

图 5.7　在 5 号节点接入不同容量分布式光伏电源后馈线电压和有功潮流分布图

的安全运行是一个负面的影响。

同样，改变分布式光伏接入位置至 9 号节点，仿真所得馈线沿线电压和有功潮流分布如图 5.8 所示。从图 5.8 可以看到，相同的分布式光伏接入容量下，9 号节点光伏接入后，馈线各节点电压上升幅值明显超过在 1 号节点接入和 5 号节点接入时的馈线情况，且当接入容量达到 4MW 或 5MW 后，电压分布曲线极大值点均明显超过了馈线首端电压，尤其是 5MW 光伏接入后 9 号节点电压甚至接近 1.07p.u.，严重影响了配电网的安全运行。

总的来说，分布式光伏电源接入配电网能够有效地支撑部分负荷，减少电网传输功率。但是由于平衡了接入点处的负荷，减小了馈线传输的潮流，电压损耗减

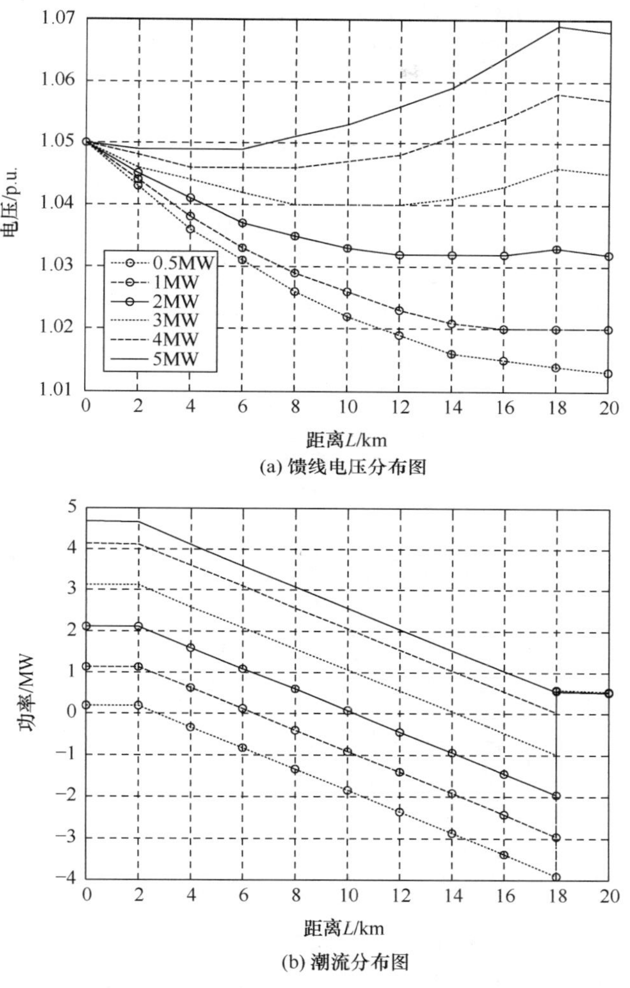

(a) 馈线电压分布图

(b) 潮流分布图

图 5.8　在 9 号节点接入不同容量分布式光伏电源后馈线电压和有功潮流分布图

小，会引起馈线电压升高，其升高幅度与光伏接入容量和接入位置相关。在同一接入位置下当光伏接入容量越大，电压升高幅度越大。当分布式光伏的输出功率大于接入点负荷时将产生过剩功率，并向下游馈线输送，若过剩功率大于下游馈线的负荷，则会往线路上游倒送；在同一接入容量下，分布式光伏接入位置越靠近线路末端则馈线电压升高幅度越大，此时需要特别注意可能引起的电压越限问题。

在分析了分布式光伏电源单点接入的基础上，进一步探讨分布式光伏电源多点接入后馈线的电压潮流分布情况。配电网结构参数和负荷数据与上相同，在该馈线中接入总容量为 5MW 的 5 个分布式光伏电源，每个光伏发电系统容量为

1MW。为了探讨不同位置接入时，分布式光伏电源给配电网电压带来影响，对分散接入和集中接入两种情况进行分析。分散接入位置如表 5.4 所示，得到仿真结果如图 5.9 所示。

表 5.4　光伏分散接入位置

曲线编号	PV1	PV2	PV3	PV4	PV5
曲线 1	1	2	3	4	5
曲线 2	1	3	5	7	9
曲线 3	6	7	8	9	10

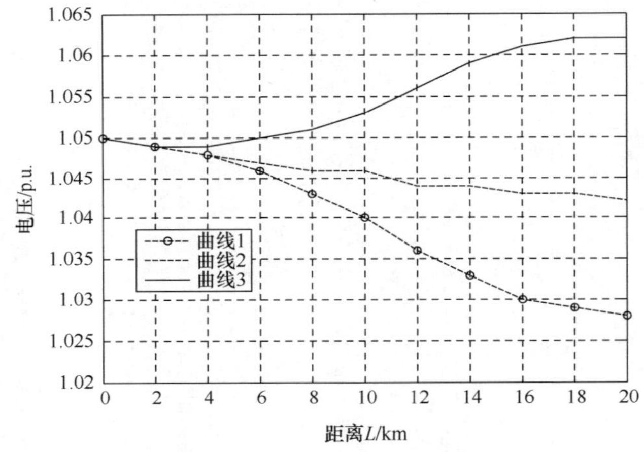

图 5.9　分布式光伏电源分散接入不同位置后馈线电压分布

根据表 5.1，曲线 1 中分布式光伏电源主要集中在馈线上游，分布在节点 1 到节点 5 处，曲线 2 中均匀分散在整个馈线当中，曲线 3 则集中在馈线下游，分布在节点 6～10 处。从图 5.9 可以看出，总出力相同的分布式光伏电源，分布在不同的位置，得到的电压分布有着较大的差异。从电压支撑的角度来看，曲线 1 上的分布式光伏电源主要集中在馈线上游，对电压的抬升作用相对较小；曲线 3 分布式光伏电源接入的位置靠近线路末端，此时的末端电压高于始端送电电压，电压越限风险程度较大；而曲线 2 上的分布式光伏电源是均匀分布在馈线当中，能够有效地覆盖线路当中的负荷并支撑线路电压。

进一步分析，再将 5 个分布式光伏电源集中放置在同一节点上，节点位置如表 5.5 所示，分别进行仿真，得到仿真结果如图 5.10 所示。

表 5.5　光伏集中接入位置

曲线编号	PV1	PV2	PV3	PV4	PV5
曲线 1	1	1	1	1	1
曲线 2	5	5	5	5	5
曲线 3	9	9	9	9	9

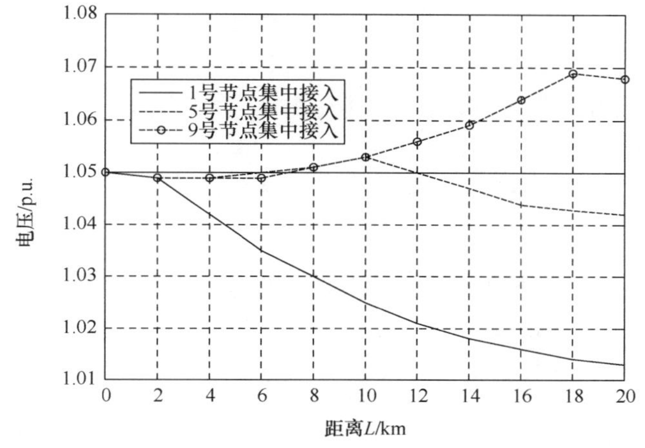

图 5.10　分布式光伏电源集中接入不同位置后馈线电压分布

在不考虑分布式光伏电源具体的接入方案的情况下，表 5.4 中 5 个 1MW 分布式光伏电源集中接入馈线与单个 5MW 分布式光伏电源并网效果是一致的。两者对比可以看到，同样的安装容量，分布式光伏电源集中接入电压分布范围更大，馈线节点电压分布在 1.01～1.07p. u.，而分散接入节点电压分布在 1.025～1.065p. u.，可见分布式光伏电源分散接入对馈线电压抬升作用更加平稳，馈线电压波动范围相对较小。

5.4　分布式光伏电源对线损影响分析

5.4.1　数学模型

分布式光伏电源并网发电相当于在负荷侧引入分散电源，势必带来整个配电网的负荷分布和潮流分布的变化，从而引起配电网损耗的变化。根据国内外现有的一些研究来看，分布式光伏并网发电的正面效果之一是能够减少电网损耗[8-9]，但是这需要合理的规划，否则分布式光伏电源盲目接入配电网反而会增大系统的损耗。本节主要考虑分布式光伏电源接入配电网后系统线损的变化，即从用户接入公共连接点至主变之间的线损，不考虑用户内部专变，光伏升压变带来的变压器损耗和用电设备接入公共连接点之间的线路损耗。

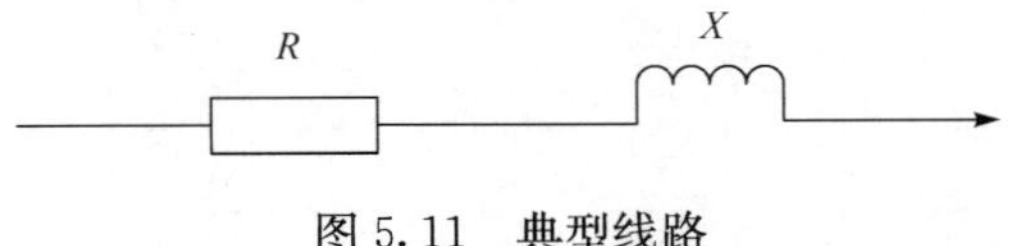

图 5.11　典型线路

对于如图 5.11 所示的典型线路而言，系统负荷为

$$S=P+\mathrm{j}Q \tag{5-11}$$

式中，S 为负荷视在功率；P 为负荷有功功率；Q 为负荷无功功率。则线路流过电流为

$$\dot{I}=\frac{P-\mathrm{j}Q}{\dot{\mathbf{V}}} \tag{5-12}$$

式中，$\dot{\boldsymbol{I}}$ 和 $\dot{\boldsymbol{V}}$ 为线路上的电流向量和节点电压向量。假设线路均匀分布，流过该段线路的电流产生的线损可以表示为

$$\mathrm{Loss}=I^2R=\frac{(P^2+Q^2)}{V^2}R=\frac{(P^2+Q^2)}{V^2}rl \tag{5-13}$$

式中，r 为单位长度的电阻值；l 为该段线路的长度；I 和 V 为线路上的电流幅值和节点电压幅值。

以此为基础，同样根据图 5.3 中的辐射型配电网中压馈线典型结构，在第 m 处用户安装有分布式光伏电源。在分布式光伏并网前，第 $m-1$ 个负荷和第 m 个负荷之间线路损耗可以表示为

$$\mathrm{Loss}_m=\frac{\left(\sum_{i=m}^{N}P_i\right)^2+\left(\sum_{i=m}^{N}Q_i\right)^2}{V_m^2}rl_m \tag{5-14}$$

式中，l_m 为第 $m-1$ 个负荷和第 m 个负荷之间的距离。则整条馈线线损为

$$\mathrm{Loss}=\sum_{i=1}^{N}\frac{\left(\sum_{j=i}^{N}P_j\right)^2+\left(\sum_{j=i}^{N}Q_j\right)^2}{V_i^2}rl_i \tag{5-15}$$

本部分假设在 m 处接入分布式光伏电源，即在 m 处增加了一个“负”的负荷 P_V。在 m 节点之前，从线路首端流至负荷处的功率减少，在 m 节点之后，线路流过的功率不变，则并网后整条馈线的线损可以表示为

$$\mathrm{Loss}_p=\sum_{i=1}^{m}\frac{\left(\sum_{j=i}^{N}P_j-P_V\right)^2+\sum_{j=i}^{N}Q_j^2}{V_i^2}rl_i+\sum_{i=m+1}^{N}\frac{\left(\sum_{j=i}^{N}P_j\right)^2+\left(\sum_{j=i}^{N}Q_j\right)^2}{V_i^2}rl_i \tag{5-16}$$

分布式光伏并网前后的线损变化量为

$$\Delta \text{Loss} = \text{Loss}_p - \text{Loss} = \sum_{i=1}^{m} \frac{P_v^2 - 2P_v \sum_{j=i}^{N} P_j}{V_i^2} r l_i \tag{5-17}$$

根据上式，当分布式光伏并网后，若希望线损变小，光伏接入容量和接入点 m 应当满足的条件为

$$\Delta \text{Loss} = \sum_{i=1}^{m} \frac{P_v^2 - 2P_v \sum_{j=i}^{N} P_j}{V_i^2} r l_i < 0 \tag{5-18}$$

由于 v、r、l 均为正数，忽略线路 v 的变化，并且假设线路各负荷均为 P_N，且相邻两负荷之间距离相同，线路型号参数相同，则只需要满足

$$\sum_{i=1}^{m} \left(P_v^2 - 2P_v \sum_{j=i}^{N} P_j\right) < 0 \tag{5-19}$$

由于 P_V 值为正，化简得

$$mP_v - \sum_{i=1}^{m} \left(2 \sum_{j=i}^{N} P_j\right) < 0 \tag{5-20}$$

由于假设负荷分布均匀，则上式可以整理为

$$mP_v - 2\left(mN - \frac{m(m-1)}{2}\right) P_N < 0 \tag{5-21}$$

要使得 $\Delta\text{Loss}<0$，光伏并网发电功率与光伏并网点位置应满足如下关系：

$$P_v < 2\left(N - \frac{(m-1)}{2}\right) P_N = \left(2 - \frac{m-1}{N}\right) P_{\text{total}} \tag{5-22}$$

式中，P_{total} 为馈线总负荷，满足 $P_{\text{total}} = NP_N$。若 m 处的光伏并网发电功率 P_V 满足式(5-22)，才能使得光伏并网发电后馈线线损小于光伏并网发电之前的馈线线损，否则会增大线路损耗。

下面考虑分布式光伏电源接入位置与线路损耗变化的相关情况。根据式(5-18)，由于 v、l、r 均为正数，通过解析方法，光伏并网位置与线损变化情况可以由下式体现：

$$f(m) = mP_v - \sum_{i=1}^{m} \left(2 \sum_{j=i}^{N} P_j\right) = mP_v - 2mNP_N + (m^2 - m) P_N \tag{5-23}$$

对 $f(m)$ 求导，得

$$f'(m) = P_v - 2NP_N + (2m-1) P_N \tag{5-24}$$

当 $f'(m)=0$ 时，则表示分布式光伏电源在该线路 m 节点处并网，并网后线损与并网前线损差达到极值。由于并网前线损相对于光伏并网位置而言相关性为 0，所以亦可以理解为当分布式光伏电源在 m 处并网，光伏发电后线损达到一个极值。由式(5-24)可以看出，$f'(m)$ 的值与并网点位置 m 呈正相关，即如果线路中存

在使得 $f'(m_0)=0$ 的 m_0 点，则当分布式光伏电源接入点位置在 m_0 之前，并网点 m 到线路首端距离越大，整条馈线损耗越低，而分布式光伏电源若在 m_0 点之后并网，随着并网点 m 到线路首端距离增大，馈线损耗逐渐增加。

总体来说，随着分布式光伏电源并网点位置逐渐远离整个馈线首端，整个馈线损耗将会呈现先降低后增加的趋势，而 m_0点的位置可由 $f'(m)=0$ 求解获得

$$m_0=\left(1-\frac{P_v}{2P_{\text{total}}}\right)N+\frac{1}{2} \tag{5-25}$$

从式(5-25)可知，m_0的位置与光伏并网容量 P_v相关。P_v 值越大，m_0 越小，表示越靠近线路首端；P_v值越大，m_0越大，表示越靠近线路末端。即光伏并网容量越大时，线损达到极小值的分布式光伏电源并网点位置越靠近线路首端；光伏并网容量越小时，线损达到极小值的分布式光伏电源并网点位置越靠近线路末端。

但是当分布式光伏电源接入容量超过一定范围使得 $m_0<1$ 或者 $m_0>N$ 即使得线损达到极值的并网点位置已经超出了线路所在的范围时，线路上不存在线损极值点，线损沿着线路逐渐降低或者逐渐升高。所以总的来说，单个分布式光伏电源接入后，随着光伏发电功率的增加，线损分布可能会出现以下三种情况：①线损逐渐降低；②线路电压先降低后升高；③线路电压逐渐升高。

5.4.2 仿真分析

同样以前述图 5.4 中典型线路和负荷为基础进行定量分析。分别取 1 号节点，5 号节点，9 号节点作为分布式光伏电源接入点对配电网进行仿真。其中分布式光伏电源容量变化范围如下表 5.6 所示。仿真结果如图 5.12 所示。

表 5.6 分布式光伏电源并网容量

光伏容量/MW	1	2	3	4	5	6	7	8
相对负荷的比值 （光伏容量/线路总负荷）	0.2	0.4	0.6	0.8	1.0	1.2	1.4	1.6

经过仿真分析，分布式光伏电源接入前，线损为 144.7kW。分布式光伏电源接入后，由图 5.12 可见，线损曲线形状为抛物状，线损呈先下降后上升的趋势。随着分布式光伏电源接入点与线路首端间距离的逐渐增大，其线损极值点所对应的并网光伏容量逐步减少。从整体情况上来看，在一定光伏并网容量范围内，分布式光伏电源并网点位置越靠近线路末端，相同并网容量下线损减小得越多。当接入容量满足公式(5-25)中确定的光伏接入点位置和接入极限容量的关系时，同未接入光伏时比较，线路损耗减少最多。若分布式光伏电源在 9 号节点接入时，m 为 $9/10L$，光伏接入极限容量应当为 6MW，而图 5.12 中，当光伏并网容量为 7MW 时，线损已经达到了 180kW，超过了光伏并网前的线损。

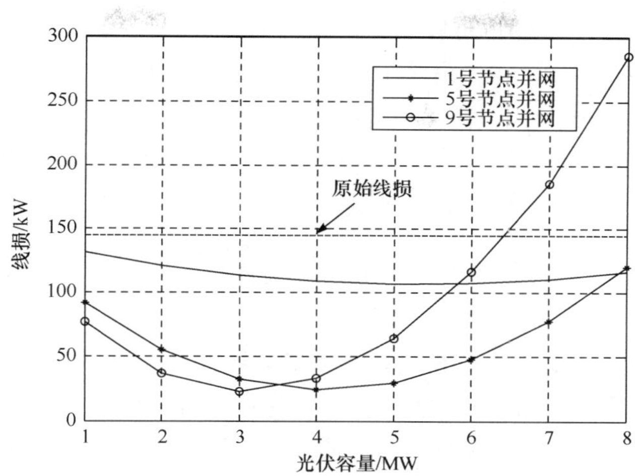

图 5.12　不同容量分布式光伏电源接入不同节点后的线损变化情况

图 5.13 中显示了在分布式光伏电源接入容量不变的情况下接入不同位置线损变化情况。从线损的角度来看，光伏发电系统容量越大，其最佳并网位置越靠前。当光伏容量为 2MW 时，最小线损为 36.8kW，光伏发电容量为 5MW 时，最小线损为 28.5kW，相较于光伏并网前的 144.7kW，线损大幅下降。可见在合适的并网点位置和并网容量下，分布式光伏电源能够有效减小运行线损，提高配电网运行经济性。

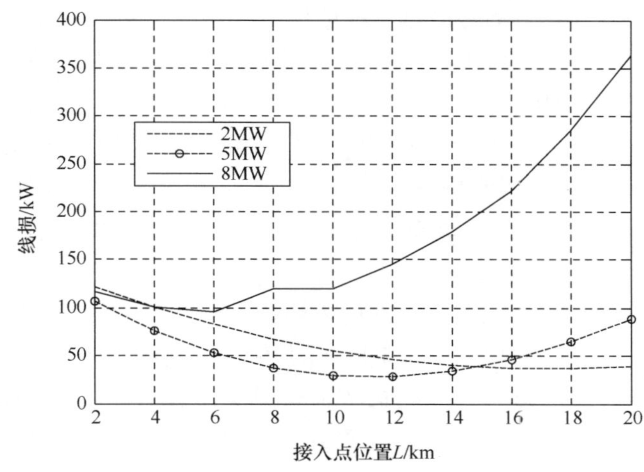

图 5.13　不同分布式光伏电源并网位置下的线损

总的来说，分布式光伏电源并网位置和并网容量这两个因素对线损的变化有着极大的影响。两者在满足关系式(5-22)的情况下能够有效地降低线路损耗，而且此时将分布式光伏电源尽可能配置在线路中后端，可以较大幅度的减小线路有功损耗。但随着分布式光伏电源并网容量的增加，线损减少程度趋向饱和。若进一步增加分布式光伏电源的并网容量，当其输出功率无法完全被馈线所有负荷消纳，将逆功率向上一级电网倒送，甚至出现地区性变电站流出电流方向将变为反向流向电源，反而会增加线路的有功损耗。

5.5 实际案例分析

5.4 节从理论上分析了分布式光伏电源并网对线路电压、潮流以及线损的影响，下面将以实际案例开展进一步分析。首先从馈线角度出发，建立馈线模型，分析不同的接入容量、接入地点及接入方式下分布式光伏电源并网对整条馈线的潮流影响。但是分布式光伏电源并网不仅仅只会对接入所在的馈线带来影响，随着分布式光伏电源接入容量的进一步增加，系统级的电网运行也将面临着众多的挑战，故在单条馈线分析的基础上进一步建立变电站级系统分析。需要说明的是，本章的研究中暂不考虑光伏逆变器的无功控制能力，设定光伏发电系统的功率因数均为 1.00，且光伏发电系统是由光伏阵列及其相应的光伏逆变器构成，这里功率因数为 1.00 是指光伏逆变器出口处的功率因数值。

5.5.1 分布式光伏电源并网接入方式

现有的分布式光伏电源分散接入配电网的并网方式主要包括两种形式：一是通过专用光伏升压变接入中高压配电网；二是通过用户变低压接入用户内部电网。接入形式不同，接入方案也不一样。一般来说，居民用户的分布式光伏电源通常接入电压等级为 0.4kV 的低压配电网，商业用户和工业用户则可能通过升压变接入中压配电网。当然，分布式光伏电源还可以与其他新能源一起以微电网的形式接入大电网，并与大电网互为支撑，这也是提高分布式光伏电源接入规模的一种重要技术手段。

根据中国国家电网公司《分布式电源接入系统典型设计接入系统分册》[10]中的分布式光伏发电(逆变器型)接入系统典型设计，下面以某用户的 1.6MWp 光伏电源并网方案为例说明典型的分布式光伏 0.4kV 低压接入方式的详细系统方案(国网典设编号：XGF380-Z-Z1)。该用户有 2 台专变，容量均为 2000kVA，将光伏总容量均分为 4 组，每组容量为 400kWp，相应的光伏逆变器容量选为典型的 500kVA，如图 5.14 所示。光伏电源通过光伏逆变器直接接入用户专变，光伏输出的有功功率先被接入点负荷消纳后多余部分再经过用户专变和公共连接点送入上一级配电网。

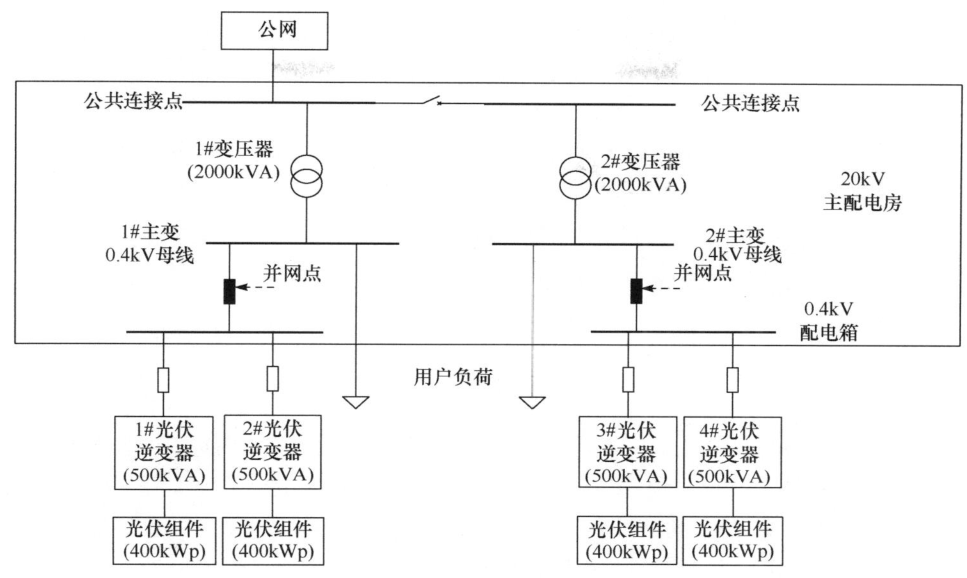

图 5.14　中国分布式光伏电源 0.4kV 典型接入方式的系统方案示意图

此外，以另一用户的 2.0MWp 光伏发电系统并网方案为例，说明 10kV 中高压分布式光伏接入方式的详细系统方案（国网典设编号：XGF10-Z-Z1）。该用户有 2 台专变，容量分别为 500kVA、800kVA，将光伏总安装容量均分为 5 组，每组容量为 400kWp，相应的光伏逆变器容量选为典型的 500kVA，光伏升压变 2 台，容量分别为 800kVA 和 1250kVA，具体如图 5.15 所示。光伏电源通

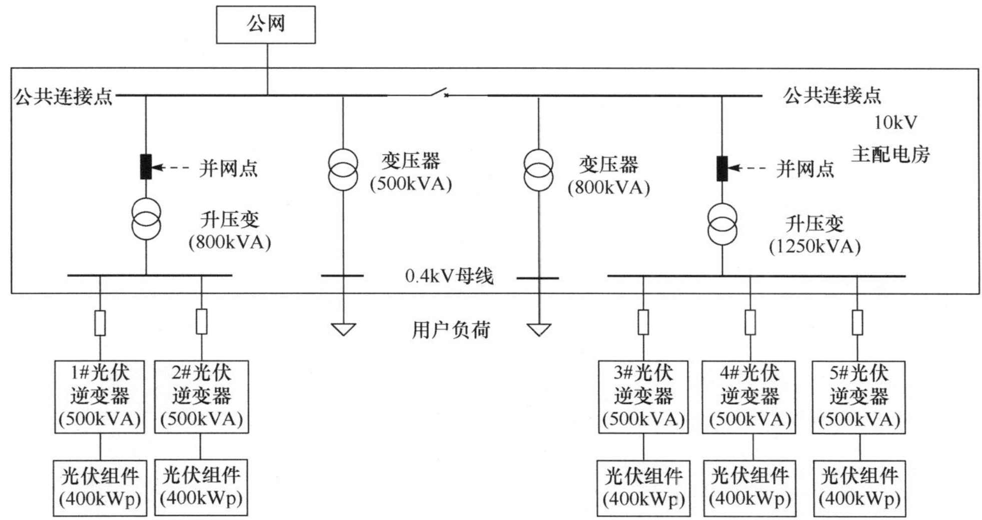

图 5.15　中国分布式光伏电源 10kV 或 20kV 典型接入方式的系统方案示意图

过光伏逆变器接入用户专用升压变，随后通过升压变并入配电网。光伏发电系统输出的有功功率先经升压变压器和出线电缆送到馈线处再经用户专变来平衡负荷。

需要说明的是：根据国家电网公司《分布式电源接入系统典型设计接入系统分册》，对于有升压变的光伏发电系统，并网点为光伏升压变高压侧母线或节点；对于无升压变的光伏发电系统，并网点为光伏阵列输出的汇总点。而光伏公共连接点是指光伏安装用户接入公用电网的连接处，即用户进户线首端（位于馈线干线或分支线）的节点。

5.5.2 馈线级分析

与前面章节案例相同，继续以我国J市电网110kV SA变电站为例，以其所辖区域电网中一条10kV馈线（简称SA_F1）为研究对象。SA_F1呈辐射状，分别在两处接入分布式光伏电源，一处是通过10kV专用升压变接入，另一处是通过用户公用变400V低压侧接入。线路在所辖区域电网中简化模型如下图5.16所示。馈线上有20多处负荷接入，图5.16中显示了仿真分析线路上的关键节点，其中10kV1和10kV2分别为两个分布式光伏电源安装用户的公共连接点，同时采用中高压接入方式的光伏发电系统光伏并网点通过一段接入线连接到其公共连接点10kV1，而400V2是用户公用变低压接入方式的分布式光伏电源的并网点，10kV3，10kV4均为主干线路分支点。

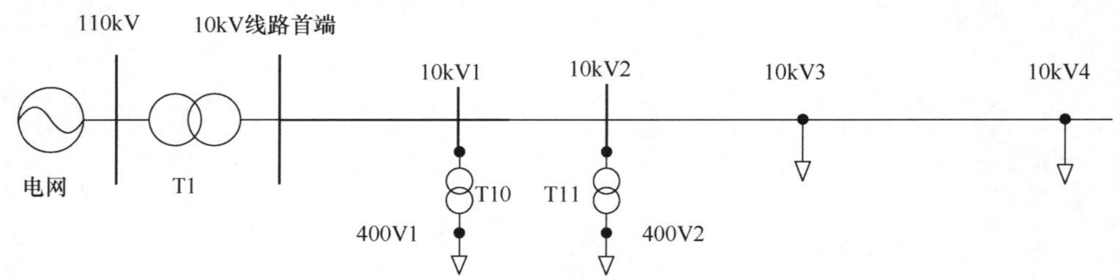

图5.16 SA_F1简化模型

根据现有的历史运行数据，SA_F1馈线运行负载较重，线路最大负载率为69.8%。SA_F1上光伏安装信息如表5.7所示，可知该馈线上并入的分布式光伏电源安装容量不同，容量比不同，并且接入方式也不同，具有较好的典型性。表中的容量比定义为用户光伏装机容量与用户现有专变容量之比，能够在一定程度上反映用户可以消纳的光伏发电容量程度。

表 5.7 SA_F1 分布式光伏电源安装情况

馈线名称	光伏安装用户名称	光伏安装容量/MWp	光伏接入方式	容量比/%
SA_F1	汽车企业 C1	2.0	10kV 接入	160
	电池企业 C2	1.0	0.4kV 接入	80

为了方便研究，选取该区域电网 2014 年负荷数据作为研究对象，并假定光伏接入前后负荷数据运行参数保持不变，以 2014 年辐照度最大时刻的时间断面为基础，研究全年最大光伏发电功率时刻对馈线运行的影响。相关的负荷特性和光伏电源出力特性已经在第 3 章中进行了分析，仿真后获得光伏发电功率和该光伏安装用户负荷对比如表 5.8 所示。

表 5.8 光伏发电功率和安装用户负荷情况

光伏安装用户名称	光伏输出/kW	负荷/kW
汽车企业 C1	1653.615	566.883
电池企业 C2	826.813	219.605

根据仿真结果统计，该时段 SA_F1 上分布式光伏电源发电功率达 2480.4kW，而 SA_F1 上总负荷为 1348.2kW，此时光伏发电功率与馈线负荷之比达 184%，即此时线路负荷无法完全消纳所有光伏功率。因此多余的光伏发电功率会通过公共连接点反送至线路，甚至进一步倒送回变电站 10kV 母线处，线路潮流相较于光伏接入前会重新分布。该线路光伏并网前和光伏并网后的馈线沿线节点电压如图 5.17 所示。

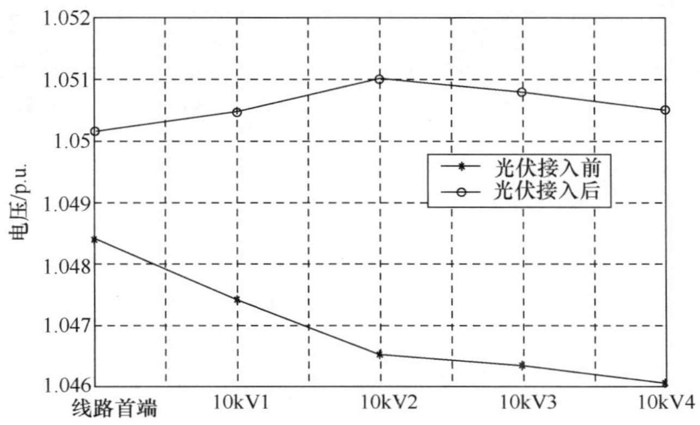

图 5.17 分布式光伏接入前后线路关键节点电压分布

由图 5.17 中可以看到，分布式光伏电源接入后馈线 SA_F1 整体电压上升明显。光伏接入前，随着与线路首端距离的增加，线路节点电压逐渐下降。而光伏接入后 10kV 线路上所有关键节点电压均高于线路首端电压，线路整体电压呈先上升后下降的趋势，光伏接入点的电压为线路节点电压的最高点。根据 5.3 节的电压分析，光伏发电功率若大于线路所有用户负荷之和，则线路电压分布会呈现先上升后下降的趋势，其中光伏接入点为电压最大值处，进一步论证了实际系统与理论分析结果一致。

分布式光伏电源接入前后用户处电压情况分别如图 5.18 所示。从图中可知，客户 C1 及客户 C2 接入馈线的公共连接点电压和光伏并网点电压在光伏并网后都相继上升。在光伏并网点处，10kV 高压侧电压上升幅度低于 0.4kV 侧的电压上升幅度。分布式光伏电源采用不同的接入方式，光伏发电系统对安装点用户的影响也不尽相同。光伏采用 10kV 接入方式，光伏发电功率会首先通过公共连接点倒送回馈线，然后再通过用户公用变送至用户低压侧为负荷消纳；而采用 0.4kV 接入方式，光伏发电功率通过用户低压侧母线直接被用户负荷消纳，无法消纳的多余光伏发电功率再倒送回线路，故与 10kV 光伏接入方式相比，0.4kV 接入方式对光伏安装用户电压影响更为突出。

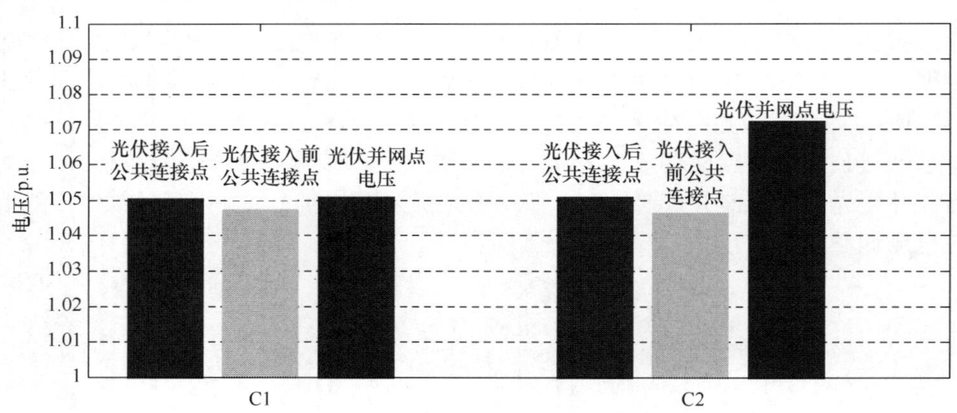

图 5.18　分布式光伏电源接入前后电压变化情况

同时，对于上述两企业，光伏并网点电压都高于光伏公共连接点电压，甚至客户 C2 的并网点电压超过 1.07p.u.，已经超出了我国标准 GB/T 12325—2008《电能质量供电电压允许偏差》[11]中“20kV 及以下三相供电电压偏差为标称电压的±7%”的规定。与光伏公共连接点电压情况相比，光伏并网点电压偏高问题显得更为突出。尤其是采用 0.4kV 接入方式，当光伏发电功率通过用户专变倒送至公网时，光伏并网点电压可能会较高。

进一步分析，以 2014 年为例，利用当地气象局或 NASA 获得该地区的全年光辐照数据[12]，以小时为单位，对该线路进行全年 8760 个时间段的时序潮流仿真，获得线路在光伏发电系统并网后整体的运行情况。具体数据统计如表 5.9 所示。

表 5.9　SA_F1 馈线分布式光伏电源并网后 2014 年全年整体运行情况

指标	结果
全年光伏发电小时数/h	2299
全年光伏发电量/MWh	2607.3
全年光伏功率倒送次数	978
全年光伏最大功率倒送值/kW	2192.4

该馈线分布式光伏电源全年发电总量达 2607.3MWh，由于线路全年整体负荷较轻，全年 8760 个时间段光伏功率倒送次数达 978 次。SA_F1 馈线首端全年 8760 小时有功功率分布如下图 5.19 所示，其中，若有功功率方向是从母线处流向馈线，则功率为正，反之功率为负，功率为 0 时，表示光伏发电功率刚好等于馈线负荷和损耗之和，馈线既没有从母线处接受功率也没有倒送功率回母线。

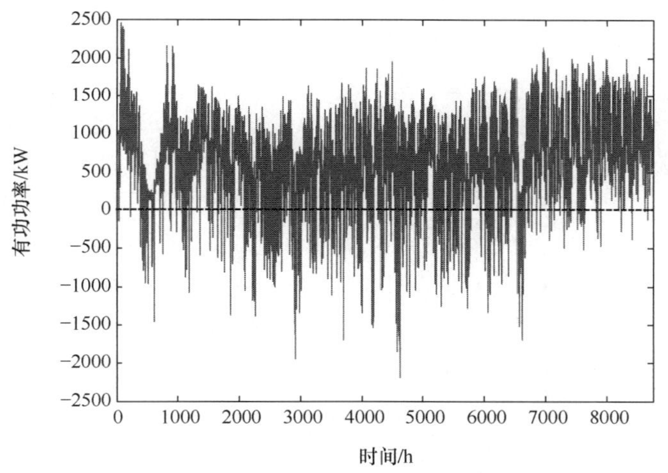

图 5.19　SA_F1 馈线首端全年 8760 小时有功功率

由图 5.19 可见，在一年当中，大部分时刻馈线功率都是从首端流向负荷，光伏发电功率倒送回馈线并通过馈线倒送至母线时刻主要出现春夏季节。秋冬季节由于太阳辐照度较低，绝大多数光伏发电功率都可以被消纳。而在夏季，馈线潮流反向最频繁，反向倒送功率最严重的时候出现在 7 月。

如图 5.20 所示，对全年功率倒送情况进行统计，可以看出倒送功率主要集中在 200～800kW，最高达 2192.4kW，此时系统负荷较轻，而光伏发电功率则较大。根据仿真结果，2014 年当中光伏发生功率倒送的情况主要集中在夏季，此时光照强度比较大，线路光伏功率渗透率较高。

根据上述分析，可以得到以下结论：

(1) 分布式光伏电源接入后，由于平衡了接入点处的负荷，减小了馈线传输的

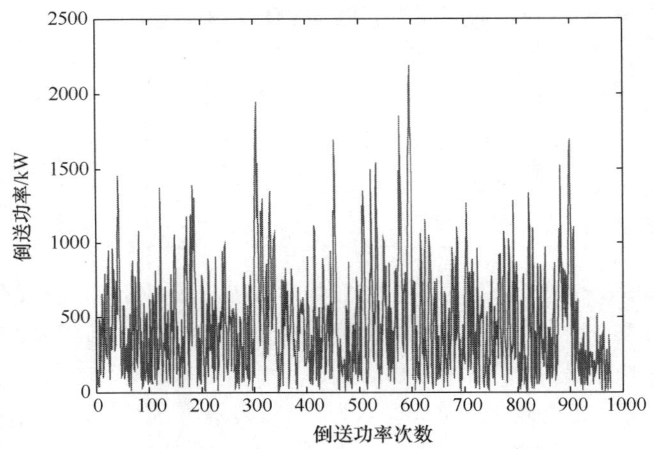

图 5.20 线路全年倒送功率分布图

潮流，电压损耗减小，引起馈线电压升高，电压升高幅度与分布式光伏电源接入容量、用户负荷、光伏接入方式、接入电压水平相关；

(2) 当分布式光伏电源的输出功率大于接入点负荷时将产生过剩功率，并向下游馈线输送，若过剩功率大于下游馈线的负荷，则会引起潮流反向倒送；

(3) 10kV 光伏接入方式对用户电压影响相对较小，而 0.4kV 光伏接入方式带来的电压问题较大，在确定光伏接入方式时应当综合考虑。

总的来说，分布式光伏电源接入可以有效支撑本地负荷，提高所在馈线电压，减少馈线传输功率，降低线路负载量，但对于负荷较轻的馈线应注意分布式光伏电源接入后可能引起的节点电压越限问题。

5.5.3 变电站级分析

在上面分析的基础上，若分布式光伏电源发电功率较大时，线路负荷较轻，整条线路负荷可能无法完全消纳光伏发电功率，发生线路潮流功率倒送，对所属区域电网其他馈线带来影响，故分布式光伏电源并网后变电站级潮流分析也有着重要的意义。尤其是高渗透率分布式光伏电源在整个变电站所辖区域并网时，光伏安装容量越大，光伏发电功率越大，整个变电站系统潮流变化将会越明显，馈线之间潮流交互影响增大，将会给配电网安全运行增加不稳定因素。SA 变电站所辖区域电网相关数据详见表 5.10。

表 5.10 SA 变电站电气数据

主变容量及构成(台、MVA)				出线间隔/10kV	无功补偿设备(电容器组)容量/Mvar	最大负荷/MW
台数	变比	构成	合计	总计		
2	110/10	2×40	80	26	2×1.8+2×3.0	56.2

根据该地区规划方案中分布式光伏电源基本信息汇总，提取出光伏装机用户隶属的馈线，并给出各用户的光伏装机容量与用户专变容量之比，SA 变电站所辖区域分布式光伏布点情况见表 5.11 所示。

表 5.11　分布式光伏电源信息汇总表

光伏安装用户编号	光伏安装容量/MWp	光伏接入电压等级	容量比
1	1.5	10kV 接入	1875
2	1.0	0.4kV 接入	76
3	1.5	10kV 接入	150
4	1.0	0.4kV 接入	100
5	2.0	10kV 接入	159
6	2.0	10kV 接入	154
7	1.0	0.4kV 接入	26
8	2.0	10kV 接入	160
9	1.0	0.4kV 接入	80
10	1.0	0.4kV 接入	63
11	2.5	0.4kV 接入	63
12	2.0	0.4kV 接入	63
13	3.0	10kV 接入	150

SA 变电站光伏接入分类统计信息详见表 5.12。

表 5.12　SA 变电站分布式光伏电源接入相关统计信息

指标	SA 变电站
光伏装机容量	21.5MWp
10kV 接入方式	12MWp
0.4kV 接入方式	9.5MWp
10kV 接入方式的光伏安装用户个数	6 个
0.4kV 接入方式的光伏安装用户个数	7 个

以 2014 年为例，分析分布式光伏电源接入后，一年当中光照强度最大时刻的整个 SA 变电站 10kV 区域配电网系统运行情况。2014 年光照强度最大时刻发生在 7 月 16 日第 12 时段（11：00～12：00），此时分布式光伏电源总发电功率为 17.58MW，光伏功率渗透率约为 42%。整个区域配电网潮流如图 5.21 所示。

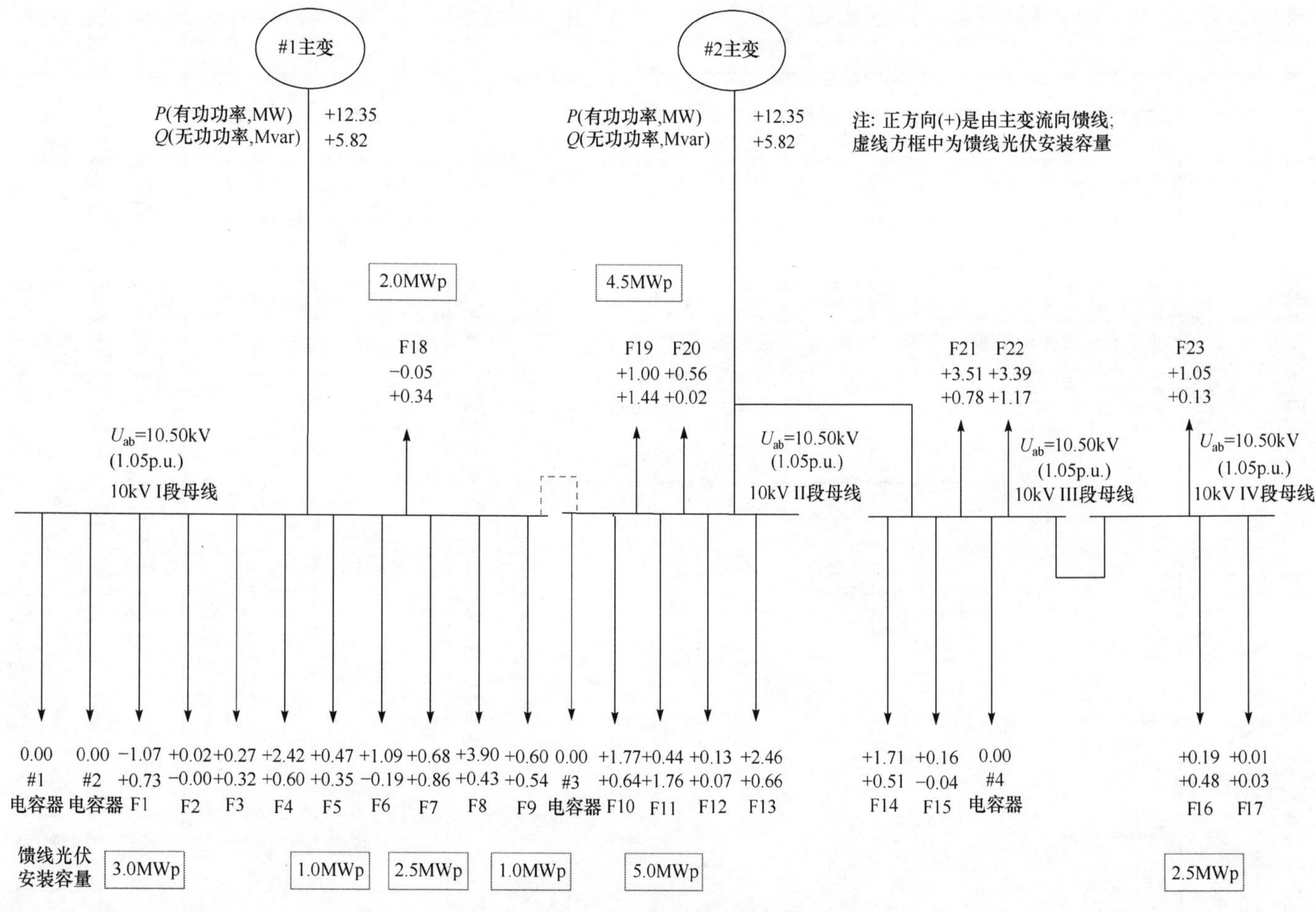

图 5.21 光伏功率最大时刻SA区域电网潮流图

在图 5.21 中，功率为负表示有功功率从馈线倒送至母线。可见在图 5.21 中，SA_F1、SA_F18 发生了功率倒送，倒送功率直接转供给其他馈线负荷并被充分消纳。整体上 SA 变电站 1 号、2 号主变未出现功率向上一级电网倒送。SA 变电站 10kV Ⅰ段母线、Ⅱ段母线、Ⅲ段母线、Ⅳ段母线电压均为 10.50kV（1.05p.u.），在规定的允许运行范围内。SA 变电站所辖区域含光伏安装用户的馈线共计有 8 条，在光伏发电功率最大时段，各馈线 10kV 电压在 1.037～1.051p.u.，满足国标电压规定的要求。

但经统计，0.4kV 接入方式的 7 个分布式光伏安装用户并网点中 5 个并网点电压均高于光伏公共连接点电压，分别是 2、4、7、9、10，这 5 个用户的分布式光伏发电功率均大于其负荷，即多余光伏发电功率通过用户专变倒送至公网，并且倒送功率越大，光伏并网点电压抬升幅度越大。

总的来说，0.4kV 接入方式的所有分布式光伏并网点电压与光伏公共连接点电压相比，光伏并网点电压问题更为突出，尤其是当光伏发电功率通过用户专变倒送至公网时，光伏并网点电压可能会偏高，甚至超过运行限制规范。

对 SA 变电站供区进行全年 8760 小时连续潮流分析，所得计算结果与无光伏接入情况下的计算结果对比如下表 5.13 所示。需要说明的是，下表中指标值变化情况是指有光伏下的指标值减去无光伏下的指标值，其结果若大于 0 表示指标值上升（符号"↑"），结果若小于 0 表示指标值下降（符号"↓"），结果若等于 0 表示指标值相等（符号"=="）。

表 5.13　SA 变电站区域分布式光伏电源并网前后指标对比分析

指标	指标变化情况	指标	结果/%
全年光伏发电量	↑	光伏容量渗透率	31.291
全年供电量	↓	光伏能量渗透率	6.216
全年网损量	↑	年网损率	2.225
全年线损量	↓	年线损率	0.368

由表 5.11 可见，分布式光伏电源接入后 SA 变电站区域电网全年消耗的总电量中有近 6.216%是由光伏所供给，有效地减少了 SA 变电站公网全年供电量。分布式光伏电源可以直接供给本地部分负荷，一定程度上降低了 SA 变电站向负荷传输的有功功率，相应年线损量有所下降。但是由于 10kV 接入方式中的分布式光伏电源带来的有功损耗（包括光伏升压变和接入线路）大于线路损耗减小量，SA 变电站区域电网全年网损量却有所增加。图 5.22 给出了某一典型日光伏接入前后 SA 变电站全天各项损耗的变化情况。由于目前该区域光伏接入容量并不高，根据 5.4 节中分布式光伏电源并网对线损的影响分析，变电站所辖馈线中绝大多数分布式光伏电源并网容量小于该馈线线损极限值对应的容量，故整体上系统馈

线的线损是减少的，但是区域中部分分布式光伏电源采用 10kV 接入方式，光伏系统至用户公共连接点间增加了一段接入距离，增加了光伏接入的线损和光伏升压变带来的损耗，总的来说接入后系统的损耗有所增加。

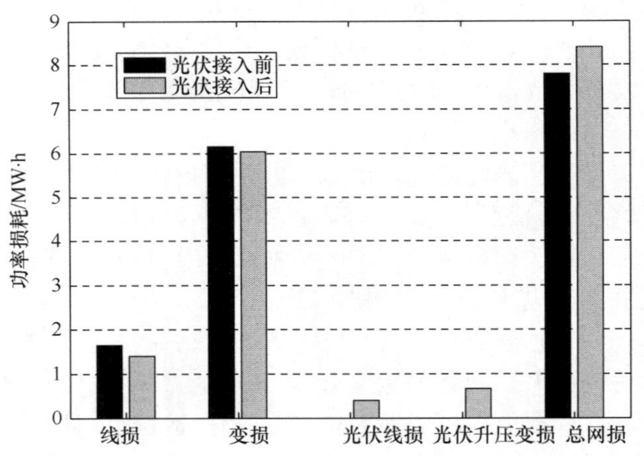

图 5.22　SA 变电站分布式光伏电源接入前后全天各项损耗对比图

图 5.23 给出了分布式光伏电源接入前后 SA 变电站输出的有功功率全年逐月最大值的比较情况。分布式光伏电源接入后，SA 变电站多数月份输出的最大有功功率均有一定程度的降低，其中降幅最大的在 6 月，削峰作用显著。但由于 SA 变电站的光伏功率渗透率相对较小，所发出的光伏功率能够全部被辖区内的负荷消纳，全年未发生功率倒送回上级电网的现象。

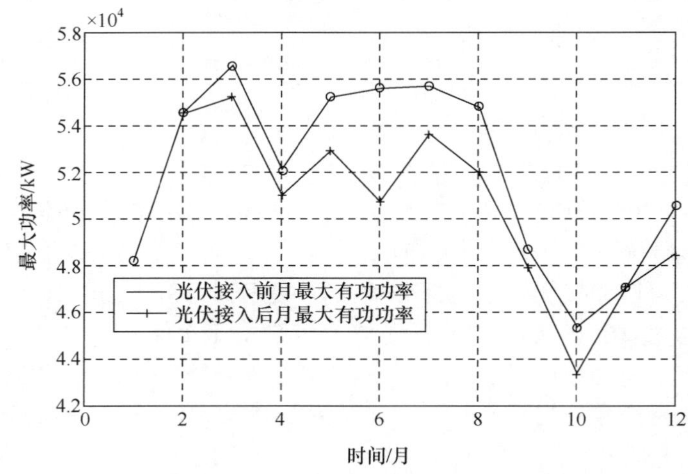

图 5.23　分布式光伏电源接入前后 SA 变电站输出的有功功率全年逐月最大值比较图

从整体电压水平上看，考虑所有0.4kV接入方式下分布式光伏电源并网点电压情况，SA变电站分布式光伏电源并网点全年电压最小值和最大值分别为0.995p.u.、1.076p.u.，有少数分布式光伏电源并网点电压超出了允许的运行上限(1.07p.u.)。而SA变电站下分布式光伏电源公共连接点全年电压最小值和最大值分别约为1.033p.u.、1.054p.u.，在合理的工作范围内。图5.24给出了分布式光伏电源接入前后SA变电站10kV节点和0.4kV节点电压全年逐月最大值的变化情况。

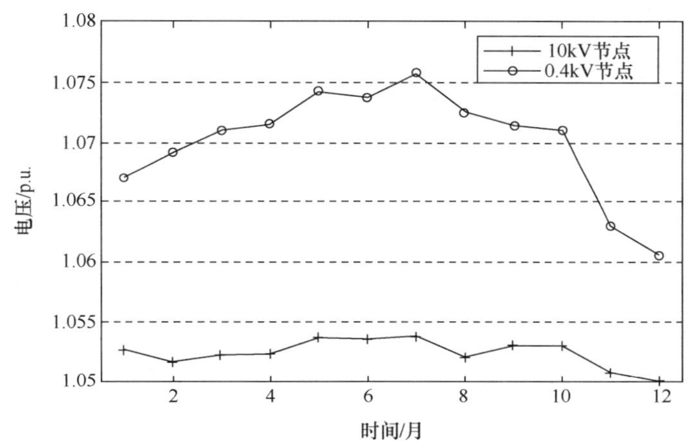

图5.24　分布式光伏电源接入前后SA变电站10kV节点和0.4kV节点电压全年逐月最大值

分布式光伏电源接入前，由于此时整个变电站区域为辐射状单电源结构，电压沿着馈线逐渐降低，故10kV节点电压最大处就在变电站10kV出线母线处，变电站出线电压稳定在1.05p.u.左右，而0.4kV节点电压最大值略小于1.05p.u.。分布式光伏电源接入后，各月10kV电压最大值节点均为光伏公共连接点，0.4kV电压全年逐月最大值均为光伏并网点，全年中多个月份都出现了0.4kV电压最大值超出允许运行上限。当光伏发电功率较大时，用户专变低压侧(0.4kV)电压上升较为显著，甚至会发生违限；相对而言，用户专变高压侧(10kV)电压虽略有上升，但仍满足国标要求。

根据上述分析，可以形成如下结论：

(1) 分布式光伏电源发电功率较大时，若接入点所在的馈线负荷无法完全消纳，多余的光伏发电功率会倒送至母线处，转而被其他负荷较重的馈线所消纳。在一定的接入容量范围内，变电站所辖区域内的分布式光伏功率能够在区域内进行转移消纳，有效支撑区域内负荷。

(2) 分布式光伏电源的接入会抬高区域配电网的整体电压，使得部分馈线电压稳定裕度偏小。分布式光伏发电功率波动较大，而系统负荷也会发生变动，极易发生电压越限情况。随着分布式光伏并网容量的不断增加,区域配电网的电压稳定性受到的挑战会进一步增大。

(3) 当分布式光伏电源并网容量进一步增加,即光伏渗透率进一步增加,若光伏发电功率过大,超过区域内负荷需求时,光伏发电功率会通过变电站主变倒送至上级电网,从而对整个电网的运行调度带来重大影响。

(4) 分布式光伏并网系统的接入虽然能够有效减少线损,但是由于部分分布式光伏有升压变等电力设施,会增加部分损耗,有可能带来配电网整体网损的增加。从这个角度来说,采用 0.4kV 光伏接入方式,光伏发电功率直接在低压侧被用户消纳,亦没有产生多余的升压变损耗等,更有利于系统损耗的减少,但这又可能带来用户低压侧电压越限的问题,所以分布式光伏电源接入方案和接入容量的设定都需要经过慎重分析。

5.6 小　结

本章介绍了分布式光伏电源并网对配电网潮流的影响,阐述了含分布式光伏电源的配电网潮流计算方法,并重点探讨了分布式光伏电源并网后对配电网电压和损耗方面的变化。在新的配电网潮流算法的基础上,建立了分布式光伏电源并网后配电线路的电压线损模型,分析不同接入位置、不同容量下分布式光伏电源带来的影响。最后以中国 J 市 110kV SA 变电站区域配电网为实际案例开展讨论,对比分布式光伏电源并网前后该配电网全年运行的变化情况,分析分布式光伏电源并网后该区域电压分布、潮流分布、线损、网损等各项指标的改变,进一步验证了理论研究中所得的结论。

根据分析,电压问题是高渗透率分布式光伏电源并网面临的最直接的挑战。在分析的实际案例当中,光伏渗透率并不算太高,光伏发电系统倒送的潮流可以较好的被变电站区域内负荷所消纳,但是此时在用户接入的 0.4kV 侧全年大多数月份就已经出现了电压局部越限的现象。随着将来更多的分布式光伏电源的接入,用户侧电压越限情况会越来越严重,需要引起足够的重视。

在本章的分析中,分布式光伏电源率因素设定为 1.00,光伏发电系统不发出无功,仿真结果显示系统无功分布情况与光伏接入前基本上保持一致。随着光伏并网技术的发展,通过一定的控制手段,分布式光伏电源发电功率因素可以根据需要设定。现今我国许多大型光伏电站都要求光伏发电功率因数在－0.95～0.95(超前～滞后)。如果能对分布式光伏电源的有功无功功率进行合理的调节利用,分布式光伏电源并网带来的电压越限问题可能会有一个较好的解决方案,从而有效增加配电网的光伏消纳能力,降低电网损耗和投资要求。下一章将重点开展分布式光伏电源并网电压控制的研究,以更好地促进分布式光伏电源在配电网中的接入与安全运行。

参考文献

[1] 赵波. 大量分布式光伏电源接入对配电网的影响研究. 浙江电力,2010,29(6):5-8.

[2] 丁明,徐志成,赵波,等. 考虑云层影响的大型光伏发电系统辐照强度计算模型. 中国电机工程学报,2015,35(17):4291-4299.

[3] 张学松,于尔铿. 配电网潮流算法比较研究. 电网技术,1998,22(4):45-49.

[4] 林梅军. 计及光伏预测的配电网潮流计算. 济南:山东大学硕士学位论文,2012.

[5] 刘振亚. 智能电网技术. 北京:中国电力出版社,2010.

[6] Naka S, Genji T, Fukuyama Y. Practical equipment models for fast distribution power flow considering interconnection of distributed generators. Power Engineering Society Summer Meeting. IEEE Xplore, 2001, 2:1007-1012.

[7] 许晓艳,黄越辉,刘纯,等. 分布式光伏发电对配电网电压的影响及电压越限的解决方案. 电网技术,2010(10):140-146.

[8] 谢丽美. 光伏并网发电系统建模及对配电网电压、网损的影响. 保定:华北电力大学硕士学位论文,2009.

[9] Hoff T, Shugar D S. The value of grid-support photovoltaics in reducing distribution system losses. Energy Conversion IEEE Transactions on Energy Conversion, 1995, 10(3):569-576.

[10] 中国国家电网公司. 分布式电源接入系统典型设计接入系统分册. 北京:中国电力出版社,2014.

[11] GB/T 12325—2008. 电能质量供电电压偏差. 北京:中国标准出版社,2008.

[12] Atmospheric Science Data Center. CERES Data and Information. https://eosweb.larc.nasa.gov/project/ceres/ceres_table, 2011-10-28.

第6章　含高渗透率分布式光伏电源的配电网电压控制

6.1　引　　言

通过第5章的分析可知,高渗透率分布式光伏电源并网后将给配电网的安全运行带来较大的挑战,其中一个主要问题是当光伏渗透率较高时,在低负荷时段且天气晴好时将会严重抬升区域配电网的电压水平,甚至超出电网电压的安全运行约束,直接影响配电网与用户的正常运行以及设备的寿命。表6.1和表6.2分别给出了中国和美国的配电网供电电压允许偏差范围[1-2]。

表6.1　中国供电电压允许偏差(GB/T 12325—2008)

电压等级/电压限值	最低值(标幺值)/p.u.	最高值(标幺值)/p.u.
220V	0.900	1.07
10(20)kV	0.930	1.07
35kV	0.950	1.05

表6.2　美国供电电压(120V)**允许偏差**(ANSI C84.1)

电压等级/电压限值/V	最低值(标幺值)/p.u.	最高值(标幺值)/p.u.
120	0.950	1.05
120～600	0.950	1.05
>600	0.975	1.05

目前,实际并网的光伏逆变器通常以单位功率因数运行,即 $\cos\varphi=1.0$,以实现光伏发电功率和发电电量的最大化;但在光伏发电功率较大时段,由于接入过多的光伏电源,且在轻负荷情况下,可能造成电网电压抬升。为此,已开展较多的电压调节研究,并考虑光伏逆变器自身无功功率控制对电网电压的调节,从而提供积极的调节作用[3-4]。然而,现有的研究多数局限在光伏逆变器本体控制策略以及配电网馈线级的研究,较少考虑变电站级区域配电网自动电压控制(automatic voltage control,AVC)系统的影响,这在光伏渗透率较低情况下可能是合适的。但是随着大量分布式光伏电源的并网,它对目前电网现有调压措施的影响就不可忽略[5],两者之间的交互影响也值得进一步深入研究,尤其是在评估、分析与优化研究中须计及现有AVC控制措施,如有载调压变压器(on-load tap changing,OLTC)和投切

电容器组(static capacitor,SC),以保证大量分布式光伏电源并网后整个配电网的安全稳定运行。基于上述背景,本章将重点研究考虑变电站现有 AVC 的含高渗透率分布式光伏的区域配电网电压控制策略。

6.2　分布式光伏电源对配电网电压影响的机理分析

上一章从潮流计算的角度分析了分布式光伏电源接入对配电网电压的影响,分析指出,分布式光伏电源的发电容量以及安装位置对配电网电压有较大的影响。为了进一步分析分布式光伏电源对配电网电压的影响机理,本节重点分析配电网线路参数、光伏电源发电量、无光伏接入时的配电网初始电压、负荷阻抗以及负荷功率因数等对分布式光伏电源接入点电压的影响,为后续的分析提供参考。

一般情况下,当中低压配电网馈线较短时,可将分布式光伏电源接入点与配电网之间馈线简化成一个串联阻抗,如图 6.1 所示[6-7]。

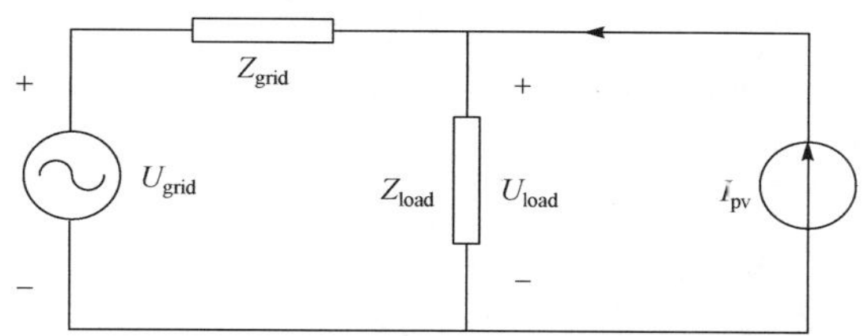

图 6.1　分布式光伏电源接入简化电路图

图 6.1 中,U_{grid}为配电网电压;Z_{grid}为配电网馈线阻抗;Z_{load}为光伏电源接入点处负荷阻抗;U_{load}为光伏电源接入点处电压;I_{pv}为光伏电源输出电流。

在光伏电源接入前,接入点处电压 U_{load}为

$$U_{load}=\frac{Z_{load}}{Z_{load}+Z_{grid}}U_{grid} \tag{6-1}$$

当光伏电源接入后,由图 6.1 可得光伏电源接入点处的电压 U_{load}为

$$U_{load}=\frac{Z_{load}}{Z_{load}+Z_{grid}}(U_{grid}+Z_{grid}I_{pv}) \tag{6-2}$$

由式(6-1)和式(6-2)可得,光伏电源接入前与接入后的接入点电压增加量 ΔU_{load}为

$$\Delta U_{load}=\frac{Z_{load}Z_{grid}I_{pv}}{Z_{load}+Z_{grid}} \tag{6-3}$$

当光伏电源运行在单位功率因数时,光伏电源输出电流与接入点处电压同相位,从而有

$$I_{pv}=kU_{load} \tag{6-4}$$

式中,k 为正常数。

将式(6-4)代入式(6-2)，考虑到配电网馈线阻抗一般远小于负荷阻抗，故将式(6-2)简化为

$$U_{\text{load}}=\frac{U_{\text{grid}}}{1-kZ_{\text{grid}}} \tag{6-5}$$

定义配电网馈线阻抗和阻抗比分别为

$$Z_{\text{grid}}=r_{\text{grid}}+\mathrm{j}x_{\text{grid}} \tag{6-6}$$

$$m=\frac{r_{\text{grid}}}{x_{\text{grid}}} \tag{6-7}$$

将式(6-6)和式(6-7)代入式(6-5)中，并对式(6-5)取幅值，可得

$$|U_{\text{load}}|=\frac{m|U_{\text{grid}}|}{\sqrt{m^2\ (1-kr_{\text{grid}})^2+k^2r_{\text{grid}}^2}} \tag{6-8}$$

联立式(6-4)和式(6-8)，可得分布式光伏电源输出功率 P 为

$$P=\frac{km^2\ |U_{\text{grid}}|^2}{m^2\ (1-kr_{\text{grid}})^2+k^2r_{\text{grid}}^2} \tag{6-9}$$

配电网馈线传输功率存在极限值，当 k 取值如式(6-10)所示时，配电网馈线传输功率到达上限：

$$k_{P_{\max}}=\frac{m}{r_{\text{grid}}\sqrt{m^2+1}} \tag{6-10}$$

在配电网馈线传输功率到达上限之前，随着 k 值增加，分布式光伏电源输出功率也相应增加。

当 k 取值如式(6-11)所示时，接入点处电压达到最大值，其值如式(6-12)所示。

$$k_{|U_{\text{load}}|\max}=\frac{m^2}{r_{\text{grid}}(m^2+1)} \tag{6-11}$$

$$|U_{\text{load}}|_{\max}=|U_{\text{grid}}|\sqrt{m^2+1} \tag{6-12}$$

在式(6-12)中可知，接入点处电压最大值仅与配电网电压和馈线阻抗比相关。在接入点处电压达到最大值之前，随着 k 值增加，接入点处电压相应增加；在接入点处电压达到最大值后，随着 k 值增加，接入点处电压相应减小。比较式(6-10)和式(6-11)可知，在配电网馈线传输功率到达上限之前，随着 k 值增加，光伏电源输出功率相应增加，而接入点处电压总体呈现先升后降的趋势。

从以上分析可知，分布式光伏电源接入点处电压与 m、U_{grid}、r_{grid} 和 P 之间呈非线性关系，为了考察接入点处电压与 m、U_{grid}、r_{grid} 和 P 之间关系，分别取如图 6.2 所示参数值。

仅考虑图 6.2 中曲线上升段时，比较图中四条曲线可得：

当 U_{grid}、r_{grid} 和 P 值不变时，m 值较大的情况下，接入点处电压相应较高；

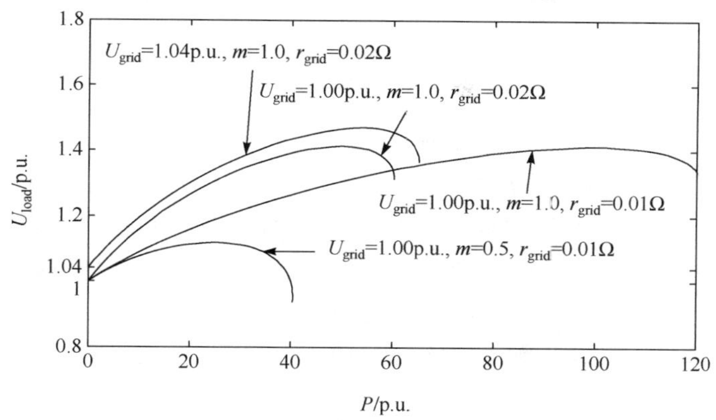

图 6.2　分布式光伏电源接入点处电压变化趋势比较曲线

当 U_{grid}、m 和 P 值不变时，r_{grid}值较大的情况下，接入点处电压相应较高；

当 m、r_{grid}和 P 值不变时，U_{grid}值较大的情况下，接入点处电压相应较高；

当 U_{grid}、m 和 r_{grid}值不变时，P 值较大的情况下，接入点处电压相应较高。

配电网负荷一般具有高功率因数，仅考虑有功和无功电流分量分别流过配电网馈线阻值和抗值引起的电压降时，由于接入点处和配电网之间电压相位差较小，假设在分布式光伏电源接入前，负荷有功电流和压降分别为 I_r 和 aU_{grid}，在光伏电源接入后，分布式光伏电源输出电流和接入点处电压分别为 nI_r和 bU_{grid}，简化可得

$$aU_{grid}=\frac{r_{grid}(\eta m+\sqrt{1-\eta^2})}{\eta m}I_r \tag{6-13}$$

$$(1-a)U_{grid}+nr_{grid}I_r=bU_{grid} \tag{6-14}$$

式中，a、b、n、U_{grid}和 η 分别为正常数和负荷功率因数。

当分布式光伏电源输出功率恒定时，有

$$bU_{grid}nI_r=c \tag{6-15}$$

式中，c 为正常数。

联立式(6-13)、式(6-14)和式(6-15)，可得

$$b(b+a-1)-\frac{\eta mac}{U_{grid}I_r(\eta m+\sqrt{1-\eta^2})}=0 \tag{6-16}$$

分别取 η 和 I_r为自变量，对式(6-16)求导可得

$$\frac{db}{d\eta}=\frac{ac\eta^{-2}}{(2b+a-1)U_{grid}I_r\sqrt{1-\eta^2}}\left(\frac{1}{m}+\frac{1}{m^2}\sqrt{\frac{1}{\eta^2}-1}\right)^{-2} \tag{6-17}$$

$$\frac{db}{dI_r}=\frac{ac}{(1-a-2b)U_{grid}I_r^2}\left(1+\frac{\sqrt{1-\eta^2}}{\eta m}\right)^{-1} \tag{6-18}$$

由式(6-14)可知

$$b+a-1>0 \tag{6-19}$$

所以

$$2b+a-1>0 \tag{6-20}$$

由于 a、n、c、U_{grid}、m 和 I_r 分别大于 0，并且 η 小于 1，由此可知式(6-17)和式(6-18)右侧分别大于和小于 0。因此当 η 和 I_r 分别增大和减小时，b 相应增大，也就是说当功率因数越高和负荷阻抗愈大时，接入点处电压相应越高。

综上所述，当分布式光伏电源接入配电网时，不仅光伏电源的发电容量、安装位置对配电网电压有影响，配电网线路参数、无光伏接入时的配电网初始电压、负荷阻抗以及负荷功率因数等都会对分布式光伏电源接入点电压大小产生影响。因此，在高渗透率分布式光伏电源并网后对可能产生的过电压需要及时采取措施给予限制[8-9]，下面将讨论配电网电压控制的基本措施。

6.3 电压控制措施

通常，配电网电压调节措施包括馈线级和变电站级两类：①馈线级，柱上电容器组与电压调节器(VR)，负责馈线或用户的无功功率就地平衡以及电压调节；②变电站 AVC 系统，包含主变有载调压变压器与静止电容器组，负责整个变电站区域电网的电压水平保持在安全运行约束内，同时保证区域电网的无功功率平衡。通过馈线级与变电站级两层电压协调控制，可保证电网电压的合理水平，并使无功损耗最小化。在此基础上，当大量的分布式光伏电源并网后，可借助光伏逆变器的可用无功容量，限制系统电压的升高，从而使得分布式光伏电源能够有效参与电网互动，对电网电压的调节做出积极的贡献[10-13]。下面分别介绍变电站 AVC 系统、馈线级调压措施以及光伏电源逆变器。

6.3.1 AVC 系统

配电网中压或高压变电站 AVC 系统即电压自动调节控制系统，通常基于事先制定的控制策略保证配电网的电压在允许运行范围之内，并且尽量减少无功功率在上下级电网之间的流动，实现无功功率的本地平衡，最小化区域网损。控制措施一般有调节主变有载调压变压器、电容器组，其中前者控制主变分接头的档位，从整体上调节馈线的电压水平；或者可直接投切电容器组亦可分组投切，通常作为基荷无功的无功电源；二者属于离散控制措施，不能实现目标电压的连续调节。控制判别条件主要包括变电站低压母线的电压约束与主变传输的无功功率等。

OLTC 分接头挡位通常有 16 挡或 32 挡，每挡位可调节电压的变化量是额定电压的 1.25%或 0.625%，最大可调节范围一般为额定电压的±10%。需要说明的是，从理论上讲 AVC 系统亦可指定其远程控制的目标电压，但是目前常规 AVC 系统多数还是根据变电站低压母线电压水平进行调节，没有特别考虑分布式光伏电源接入后对电网电压的影响，本质上该系统仍是基于传统辐射状配电网且单向潮流的运行方式，这在分布式光伏渗透率相对较低的情况下仍然有效，但当分布式光伏电源渗透率较高情况下，为了保证配电网的最优运行，该系统的控制策略可能要做出必要的调整。

6.3.2　馈线级调压

除了变电站 AVC 系统，配电网馈线上通常会装设有调压器和电容器组等调压设备。以电容器组为例，可分为固定式不可调节与分组可调节，通常装设在馈线上，也称为柱上电容器组，针对特定馈线或特定负荷进行调压，作为 AVC 系统的补充控制手段。电容器组的控制逻辑一般有三类：①基于时序型，根据负荷的日变化规律进行时间设定调节；②基于电压型，根据馈线电压水平进行自动调节；③无功潮流，根据馈线或负荷的无功功率变化情况进行有效匹配。

6.3.3　光伏电源逆变器

传统上分布式光伏电源并网后，光伏逆变器通常以单位功率因数运行，不强制要求参与电压调节，以实现光伏发电有功功率的最大化。但从技术角度来说，光伏逆变器可具备一定的无功调节容量，除了输出有功功率，还可为配电网电压调节给予无功功率支持。事实上，我国在 2012 年颁布了国标《光伏发电系统接入配电网技术规定》(GB/T 29319—2012)，该标准适用于通过 380V 电压等级接入电网，以及通过 10(6)kV 电压等级接入用户侧的新建、改建和扩建光伏发电系统。该标准已明确规定：①光伏发电系统功率因数应在超前 0.95 到滞后 0.95 范围内连续可调；②光伏发电系统在其无功输出范围内，应具备根据并网点或公共连接点电压水平调节无功输出，参与电网电压调节的能力，其调节方式和参考电压、电压调差率等参数可由电网调度机构设定。

光伏逆变器的可用无功容量主要取决于逆变器的视在功率与光伏输出的有功功率，主要优势有调节速度快，能够实现无功功率的连续调节，对于辅助支撑电网电压水平可起到积极的作用。光伏可用无功容量示意图如图 6.3 所示，纵轴表示逆变器输出的有功功率，横轴表示逆变器输出的无功功率，双向箭头分别表示既可输出感性无功功率，亦可吸收感性无功功率，即光伏逆变器的功率因数可以运行在超前或滞后两种状态。其中，光伏逆变器的容量配置可与光伏安装容量完全匹配或适当超配，即使二者在容量完全匹配的情况下，由于光伏发电功率在全天只有少部分时段会额定容量满发，实际上大多数时段逆变器还是具有一定的无功调节容量。因此，光伏电源逆变器主动参与配电网电压调节将是最为重要的手段，可根据光伏发电有功功率设置合理逆变器的控制策略，以实现其最优的无功功率输出，综合协调电网电压控制。下面将重点讨论光伏电源逆变器的控制策略。

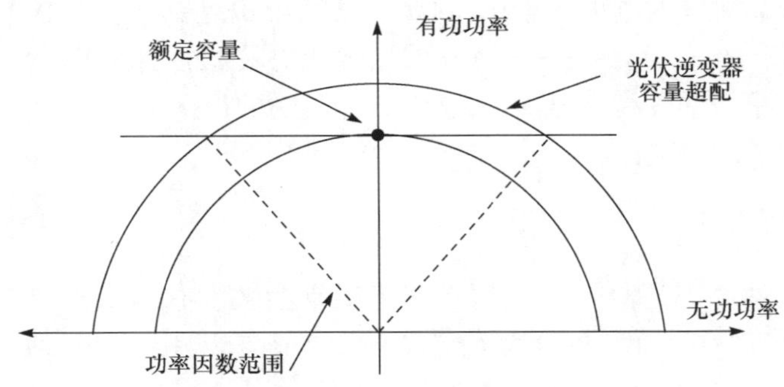

图 6.3 光伏逆变器可用无功容量

6.4 光伏电源逆变器控制策略

光伏逆变器的控制策略通常有单位功率因数、恒功率因数($\cos\varphi \neq 1.0$)、变功率因数、电压自适应控制等[14]。除了单位功率因数控制策略，其他控制策略均是通过调节光伏逆变器的无功功率，以保证光伏并网点(POC)或公共连接点(PCC)电压在允许运行范围内。

6.4.1 一般控制原理

光伏组件经逆变器并入电网，通过内部的有功功率与无功功率控制器(即 PQ 控制器)能够实现光伏逆变器的有功功率与无功功率输出。典型的 PQ 控制器原理图如图 6.4 所示。

其中，向量控制技术可用于光伏逆变器有功与无功功率独立解耦输出，在 dq 坐标系下光伏的有功功率(P)与无功功率(Q)如下式所示：

$$P=V_{gd}I_d \tag{6-21}$$

$$Q=-V_{gd}I_q \tag{6-22}$$

通过控制 I_d、I_q，以满足预先设定的电压 I_{d_ref} 和电流参考值 I_{q_ref}，参考值通过设定光伏的有功功率 P_{ref} 与无功功率 Q_{ref} 实现，上述控制策略称为静态无功功率调节方法。在此基础上，无功功率的设定值可以基于预设电压参考值与实际量测值的偏差量进行动态调节，此偏差量通过 PI 控制器以计算得到无功功率参考值 Q_{ref}。预设电压参考值一般可设为光伏并网点或 PCC 点电压允许运行上限，其控制原理图如图 6.5 所示。

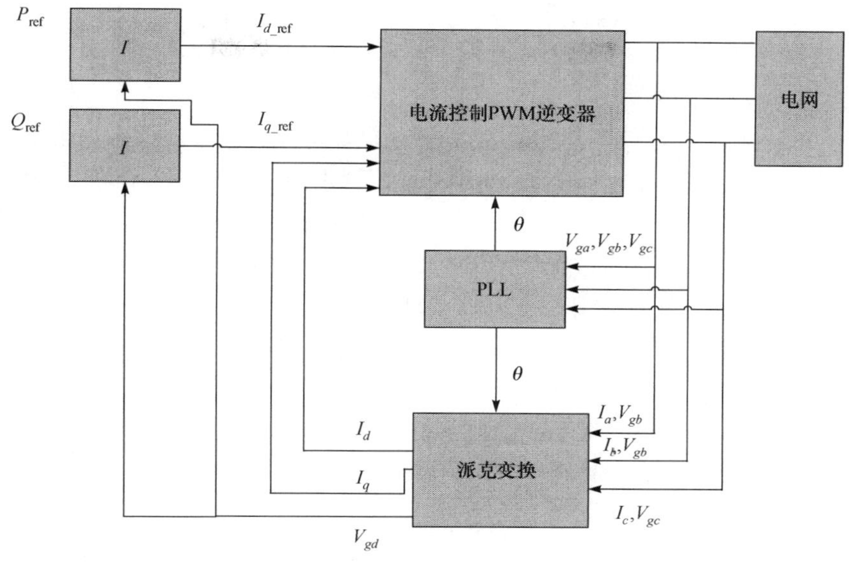

图 6.4　光伏逆变器的 PQ 控制原理

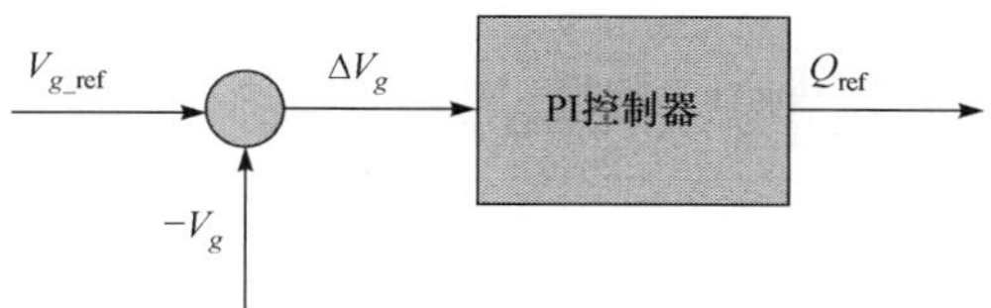

图 6.5　电压自适应控制原理图

6.4.2　恒功率因数控制策略

光伏逆变器的恒功率因数控制策略分为两种：①单位功率因数（设为常规的 1.0），即光伏以最大功率点跟踪模式（MPPT）运行，不进行无功调节，逆变器输出的无功功率为 0；②恒功率因数（≠1.0），在该控制策略下，根据光伏有功功率输出以设定的功率因数自动计算无功功率的参考值，以使光伏逆变器吸收或发出一定的无功功率，功率因数既可超前亦可滞后。

6.4.3　变功率因数控制策略

光伏逆变器变功率因数控制是指根据光伏逆变器的有功功率来调节逆变器的功率因数。图 6.6 给出了一组光伏逆变器变功率因数曲线，横坐标代表光伏逆变器的有功功率，纵坐标表示光伏逆变器有功功率对应所需调节逆变器的功率因素。以控制策略曲线 3 为例，逆变器功率因素变化在－0.95～0.95。当光伏逆变器有功出力在(0～0.2p.u.)时,逆变器发出无功功率,功率因素维持在0.95;随着光伏有功出力的增大,功率因素也逐渐提高,光伏无功输出逐渐降低。当光伏有功出力超过0.5时,逆变器吸收无功功率,以抑制并网点电压的提升,随着光伏有功出力的继续增加,功率因素也依次下降,最后当光伏出力超过0.8p.u.时,逆变器功率因素稳定在−0.95。由图可见,变功率因素控制策略主要由曲线的斜率和功率因数上下限来决定。总的来说,当光伏发电出力相对较小时,逆变器发出一定无功功率,以提升光伏并网点电压;当光伏发电出力相对较大时,逆变器吸收一定无功功率,以抑制并网点电压的抬升。实际中,还需考虑到配电网的网架结构,如架空线路相比电缆线路可能使电网电压呈现不同的电压水平。因此,变功率因数曲线要综合考虑各种因素才能达到预期的控制目标。与恒功率因数控制策略相比,变功率因数控制是根据不同的光伏发电功率设置不同的功率因数,进而确定不同的光伏逆变器的无功功率参考值。

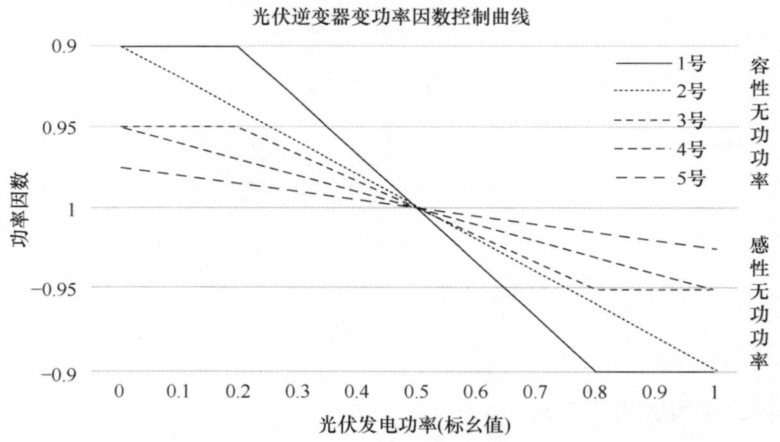

图6.6　光伏逆变器变功率因数控制曲线

6.4.4　电压自适应控制策略

电压自适应控制策略是指光伏逆变器根据光伏并网点或PCC点的电压参考值在逆变器容量允许的范围内自动调节其无功功率输出,又称动态无功电压自适应控制。与逆变器恒功率因数和变功率因数控制策略相比,该控制策略是直接根据光伏并网点或PCC点电压水平进行无功功率自动调节,以满足电网电压的安全约束。动态无功电压自适应控制策略包括光伏逆变器Q/V下垂控制与P/V下垂控制等。

1) Q/V 下垂控制

目前公认电压调整效果较好的为 Q/V 下垂控制，也称为无功电压控制，其控制曲线见图 6.7 所示，横纵坐标分别表示电压及无功功率标幺值，无功正值表示逆变器发出无功，负值表示逆变器吸收无功。

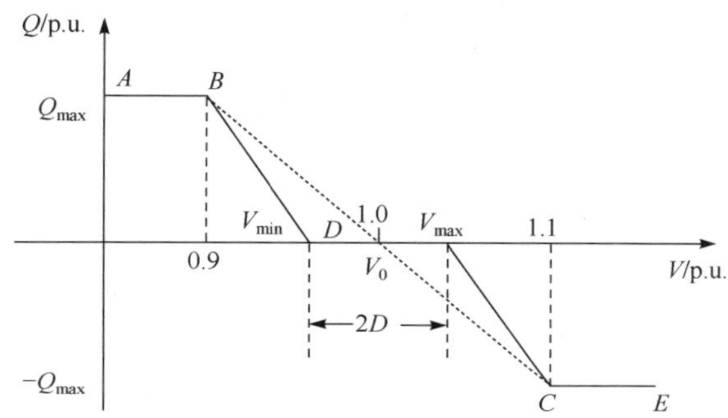

图 6.7　光伏逆变器无功电压控制曲线

图 6.7 由六点(A,B,V_{min},V_{max},C,E)构成，黑实折线为逆变器 Q/V 六点控制模式曲线，区间$[V_{min},V_{max}]$构成电压无功调节死区，在此范围内光伏逆变器无须进行无功调节，只有在超出此范围的条件下，才按照相应的下垂曲线进行无功调节。为了确定该曲线，需要对参数 V_{min},V_{max}及 B,C 点对应电压值进行整定。逆变器具备的低电压、过电压保护功能决定了 B、C 点电压标幺值，这里分别选为 0.9p.u. 和 1.1p.u.。一般认为 V_{min}和 V_{max}关于系统电压基准值 $V_0=1.0$p.u. 对称，此时死区宽度 $2D=2\times|V_{max}-V_0|$。故在对称参数模式下，六点控制模式参数整定只需确定参数 D，而非对称参数模式下则需整定参数 V_{min}及 V_{max}。当 $V_{min}=V_{max}=V_0$ 时，六点控制曲线蜕变为仅由(A,B,C,E)构成的 4 点控制模式，如图 6.7 中虚线所示，此时因无死区导致逆变器频繁调节，故实际中较少采用。

控制电压死区 D 的确定需要综合考虑电压的安全运行约束与光伏逆变器的调节频率。在实际情况中，逆变器在进行无功调节时会受到功率因数的约束，目前较多光伏逆变器功率因数在±0.9 范围内可调，此时逆变器 P-Q 容量调节范围如图 6.8 中阴影部分所示，阴影部分为逆变器所有可能的运行状态空间。当逆变器有功出力为 P 时，逆变器可输出最大无功功率分别由边界处线段$\overline{S_0S_{max}}$、弧线段$\overset{\frown}{S_{max}P_{max}}$及对称的第四象限部分构成。

结合图 6.7 与图 6.8 的分析，由此可推导出逆变器的无功功率 Q 的计算公式如式(6-23)与式(6-24)所示

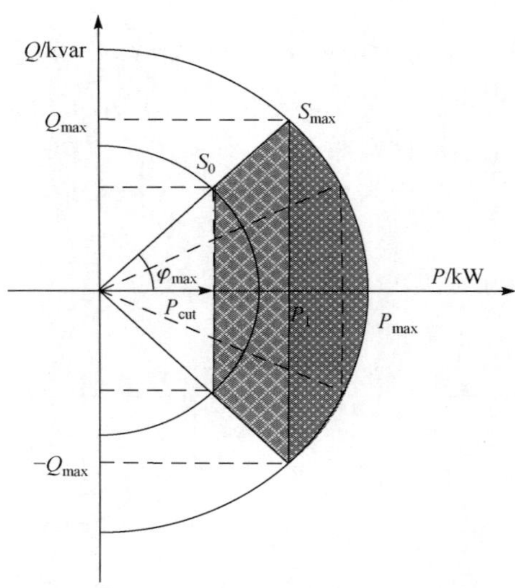

图 6.8　逆变器 P-Q 容量曲线图

$$Q=\begin{cases}\dfrac{V}{|V|}\cdot Q_{\max}, & V<0.9\ \text{或}\ V>1.1\\ 0, & 1-D\leqslant V\leqslant 1+D\\ \dfrac{-Q_{\max}}{0.1-D}(-V+1+D), & 1+D<V\leqslant 1.1\\ \dfrac{Q_{\max}}{0.1-D}(-V+1-D), & 0.9\leqslant V<1-D\end{cases}\tag{6-23}$$

$$\begin{cases}Q_{\max}=P\times\tan(\varphi_{\max}), & P\in[P_{\text{cut}},P_1)\\ Q_{\max}=\sqrt{(S_{\max})^2-(P)^2}, & P\in[P_1,P_{\max}]\\ P_1=S_{\max}\times\cos(\varphi_{\max})\end{cases}\tag{6-24}$$

式中，$\varphi_{\max}$为光伏逆变器的最大功率因数角；P、Q 分别为光伏逆变器输出的有功功率、无功功率；$S_{\max}$为光伏逆变器容量极限；$Q_{\max}$为逆变器输出的无功容量调节上限；P_{cut}为逆变器切入切除功率。

2) P/V 下垂控制

P/V 下垂控制策略在电阻性低压配电网络中较为有效，但需要削减一定的光伏发电功率，将会影响光伏发电的效益；它亦可与 Q/V 下垂控制策略联合使用。在该控制策略下，光伏输出的有功功率通常依据设定点电压允许的上限设置其参考功率输出，具体的计算公式如下：

$$P_i=\begin{cases}P_{\max,i}-k_i(V_i-V_{\text{crit},i}), & V\geqslant V_{\text{crit},i}\\ P_{\max,i}, & V<V_{\text{crit},i}\end{cases}\tag{6-25}$$

式中，i 表示光伏逆变器的序号；k_i 表示下垂系数；V_i、$V_{\text{crit},i}$ 分别表示光伏设定点的电压及其设定上限；$P_{\max,i}$ 表示第 i 个光伏逆变器的最大有功功率。

3）逆变器参数优化[15]

考虑到光伏电源接入后通常导致并网点电压升高，而低电压的情景较少出现，故采取非对称参数 $V_{\min}$、$V_{\max}$ 优化相比对称参数 D 优化调压效果更明显。为了对各逆变器 Q/V 控制参数 $V_{\min}$、$V_{\max}$ 及对称参数 D 分别整定，可采用标准粒子群优化算法（PSO）、遗传算法（GA）等寻优算法进行各逆变器参数优化整定，且这些参数可在逆变器安装前进行一次设置。目标函数及约束条件如式（6-26）所示，其中等式约束的潮流平衡方程未列出，目标函数为实现全年电压偏差及无功调节最小化。

$$
f=\min\sum_{T=1}^{8760}\left(\alpha\sum_{i=1}^{N}\left|V_i-V_0\right|^2+\beta\sum_{j=1}^{N_{PV}}\left|\Delta Q_j\right|\right)
$$

$$
\text{s. t.}\begin{cases}0.9<V_{j,\min}<V_{j,\max}<1.1, & j=1,2,\cdots,N_{\text{PV}}\\ V_{\text{low}}<V_i<V_{\text{high}}, & i=1,2,\cdots,N\\ 0<\Delta Q_j<Q_j^{\max}, & j=1,2,\cdots,N_{\text{PV}}\\ 0<D_j<0.1, & j=1,2,\cdots,N_{\text{PV}}\\ 0<\alpha,\beta<1, & \alpha+\beta=1\end{cases} \tag{6-26}
$$

式中，N 为线路节点数；N_{PV} 为有光伏并网的节点总数。当 $\alpha=0$，$\beta=1$ 时优化目标为全年无功的调节量，通过分析各时段无功调节量则可确定全年无功最大调节量。

6.5 仿真建模

6.5.1 研究方法

大量分布式光伏电源并网后对电压调节的分析需要考虑如下因素：①太阳辐照度在短时间内会发生剧烈波动，时间尺度为分钟级甚至更短；②电网电压调控措施（如 OLTC 分接头调整或 SC 的投切）动作时间通常为分钟级，动作可能较为频繁；③分布式光伏电源并网后对配电网产生较大的影响主要有两种场景：一种是光伏发电功率最大时段的场景，另外一种则是光伏发电功率无法被所在供区负荷完全消纳，产生倒送功率最大时段的场景，因此有效的电压控制措施应能经受此两种极端运行场景的考验，满足电网运行的安全约束。

同时，根据我国现有电网规程和标准已明确了光伏电源的功率因数要求，主要目的就是充分发挥光伏逆变器的无功调节容量，通过调节光伏逆变器的功率因数，实现光伏电源并网点或 PCC 点电压运行在合理区间。通常，当分布式光伏电源发电功率较大时，若分布式光伏电源并网点或 PCC 点电压偏高，在光伏逆变器容量允许的前提下，应控制光伏逆变器快速吸收一定的无功功率，以抑制光伏并网点或公共连接点电压的抬升，提高电网电压稳态安全运行裕度。

本章针对分布式光伏电源并网后可能存在的极端运行场景，考虑现有变电站 AVC 系统的影响与配电网的安全约束要求，进行配电网极端运行场景日分钟级电压控制措施的优化分析，评估确定最优的光伏逆变器控制措施。本章应用 OpenDSS(open distributed system simulator)仿真平台，对含高渗透率分布式光伏电源的配电网进行详细建模，重点开展典型的光伏逆变器控制策略建模，进行极端运行场景日每 5min 的连续控制仿真。通过仿真分析，一方面验证各控制策略的有效性，确定合适的光伏逆变器控制策略；另一方面，分析含高渗透率分布式光伏电源对现有 AVC 控制系统运行的影响，包括 OLTC 与 SC 的运行情况。

6.5.2 OpenDSS 简介

OpenDSS 软件[16]是一个开源的电力系统配电网仿真计算软件，支持所有的相频域分析，包括谐波潮流分析，同时可以处理各类复杂网状系统或者辐射状系统，不对称或者多相的配电网。它适用于大多数的配电网规划分析，以相频域为基础进行求解，主要以相量的形式给出结果，可用于：潮流分析、谐波潮流分析、动态分析等。

传统配电网分析软件主要用来研究峰荷条件下的结果，没有考虑不同分布式电源出力的时序性、间歇性和波动性，OpenDSS 结合了时间和空间优势，可考虑分布式电源的不同定位与分布式电源出力的变化情况，尤其适合大量分布式可再生能源接入系统的规划评估分析，因此，本章研究采用 OpenDSS 软件作为仿真分析工具。目前该软件的应用范围主要有：

配电网的规划与分析；

多相交流电路分析；

分布式电源接入配电网影响分析；

负荷与发电机年潮流变化分析；

风机模拟仿真分析；

变压器结构配置分析；

高次谐波与间谐波的干扰影响分析；

随机潮流研究。

该软件内部嵌入的主要求解模式包括：断面潮流求解、日/年潮流计算、谐波潮流计算、动态潮流计算、随机潮流计算。

6.5.3　仿真模型

基于 OpenDSS 仿真平台，搭建 AVC 系统模型和光伏发电系统模型等。

1. AVC 系统

目前，变电站中应用的 AVC 控制措施主要有：主变有载调压分接头调整(OLTC)、无功电容器组投切控制(SC)。

1) OLTC 控制方式

OLTC 调压原理可用图 6.9(a)来说明。图中参数都用标幺值表示；K 为变比标幺值，其值为

$$K=\frac{K_a}{K_n}=\frac{U_h/U_{\ln}}{U_{hn}/U_{\ln}}=\frac{U_h}{U_{hn}} \tag{6-27}$$

式中，K_a 为变压器分接头改变之后的实际变比；K_n 为额定变比；U_{hn} 为高压侧主分接头对应的额定电压(改变分接头后对应的电压为 U_h)；$U_{\ln}$ 为低压侧额定电压。变压器两侧的导纳 Y_1、Y_2 及变压器导纳 Y_T 为

$$Y_1=\frac{1-K}{K^2}Y_T,\quad Y_2=\frac{K-1}{K}Y_T,\quad Y_T=\frac{1}{Z_T} \tag{6-28}$$

式中，Z_T 为 OLTC 的短路阻抗。

当 $K<1$ 时，Y_1 为感性，Y_2 为容性；

当 $K=1$ 时，$Y_1=Y_2=0$；

当 $K>1$ 时，Y_1 为容性，Y_2 为感性。

图 6.9(b)为 OLTC 的等效单线电路模型，其中理想变压器变比为 K:1。

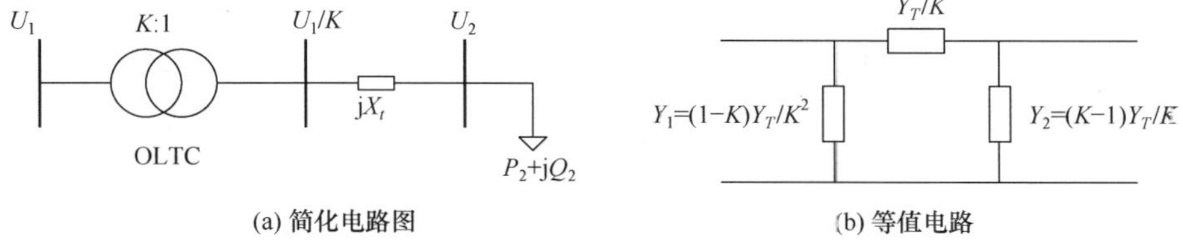

图 6.9　OLTC 简化等值电路图

当调节分接头以提高二次侧电压时，$K<1$，相当于一次侧并联元件，从系统吸收感性无功。二次侧并联元件向系统提供感性无功，通过调节 OLTC 分接头变比 K，改变两侧导纳 Y_1 及 Y_2 的性质与大小，从而改变 OLTC 两侧系统的无功潮流，从而影响变压器两侧电压。为了支撑分接头的调节，一次侧的电源系统必须有足够的容量。

OLTC 离散型控制模型框图如图 6.10 所示。

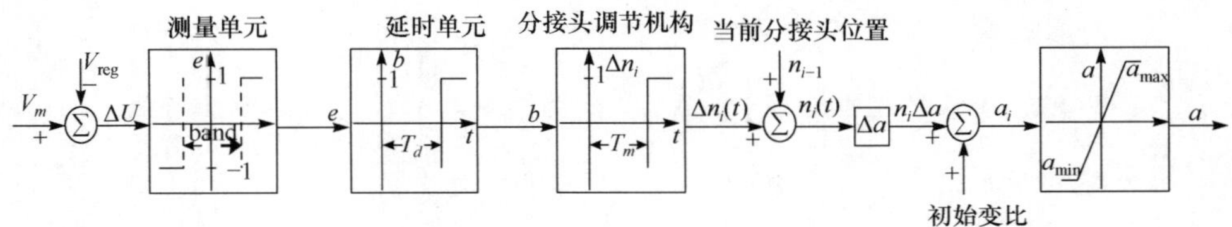

图 6.10 OLTC 离散控制框图

将分接头每挡位的大小记作 Δn，Δa 为分接头变比的调整值，band 为分接头调节的带宽值，T_d 为时延，用以防止电压波动可能带来不必要的分接头调节。

因此在时间 t_k 分接头变换的逻辑如下：

$$n_{k+1}=\begin{cases}n_k+\Delta n, & V_m>V_{\text{base}}+\text{band}/2, \quad n_k<n^{\max}\\ n_k-\Delta n, & V_m<V_{\text{base}}-\text{band}/2, \quad n_k>n^{\min}\\ n_k, & \text{其他}\end{cases} \tag{6-29}$$

式中，$n^{\max}$、$n^{\min}$分别是分接头的上限和下限。

OpenDSS 中变压器模型图如下 6.11 所示。该软件利用 Regcontrol 模块对变压器控制进行模拟，并且考虑了线路压降补偿因数、变压器变比特性，而且具有测量监视远端节点电压的功能。

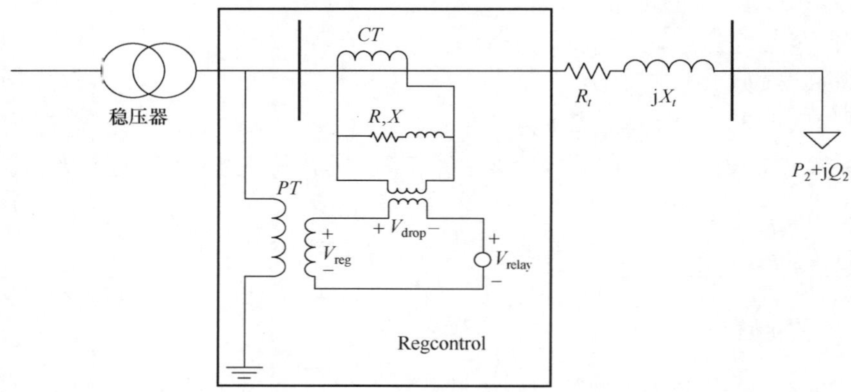

图 6.11 OLTC 在 OpenDSS 中控制结构原理图

2) SC 控制方式

电容器组可向系统提供感性无功功率，所提供的无功功率与其端电压的平方成正比；电容器组具有负调节效应，即当节点电压下降时，供给的无功功率也减少，将会导致系统的电压水平进一步下降。图 6.12 为含电容器组的线路补偿简化示意图。

假设补偿前后，U_1 不变。

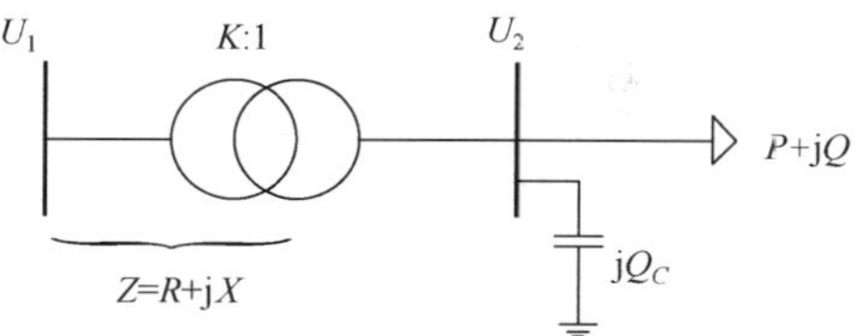

图 6.12　并联电容器补偿示意图

补偿前：

$$U_1 = U_2' + \frac{PR+QX}{U_2'} \tag{6-30}$$

补偿后：

$$U_1 = U_{2C}' + \frac{PR+(Q-Q_C)X}{U_{2C}'} \tag{6-31}$$

由上面两式可得到指定电压 U_{2C} 需要提供的无功功率大小 Q_C。

$$\begin{aligned} Q_C &= \frac{U_{2C}'}{X}\left[(U_{2C}'-U_2')+\left(\frac{PR+QX}{U_{2C}'}-\frac{PR+QX}{U_2'}\right)\right] \\ &\approx \frac{U_{2C}'}{X}(U_{2C}'-U_2') = \frac{U_{2C}}{X}\left(U_{2C}-\frac{U_2'}{K}\right)K^2 \end{aligned} \tag{6-32}$$

式中，U_{2C}'、U_2' 为归算到高压侧电压。

SC 离散型控制模型框图如图 6.13 所示。

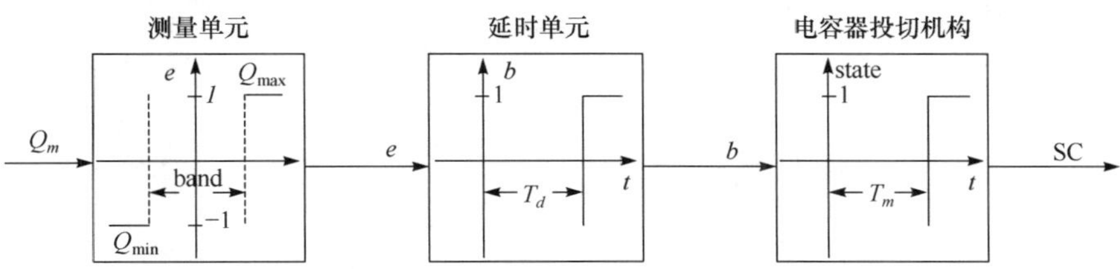

图 6.13　SC 离散控制框图

通过观察主变高压侧输送的无功功率 Q_m，如果输送的无功功率大于最大允许值 Q_{max}，则投入并联电容器；反之，如果小于最小允许值 Q_{min}，则切除并联电容器。OpenDSS 中电容器组模型如下图 6.14 所示。图中纵坐标可以是多种控制指标，包括电流、电压、无功、功率因素和时间值，当电容器组检测到相关指标参数超过设定值 Onsetting 时，电容器组投入运行，当指标参数值下降到 OFFsetting 时，电容器组退出运行。该软件利用 Capcontrol 模块对电容器投切控制进行模拟，并且拥有多种控制方式，能够充分满足仿真分析的需求。

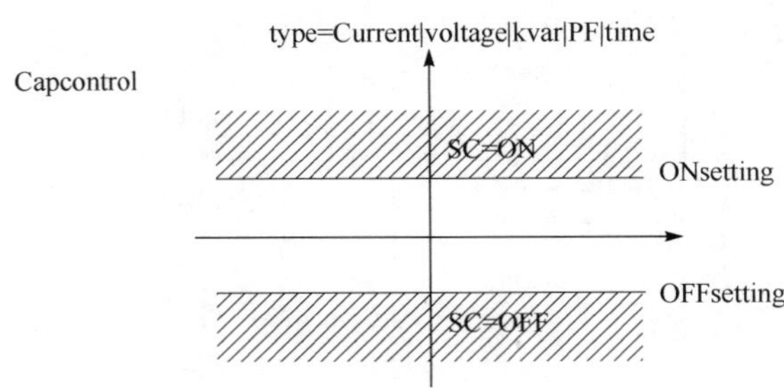

图 6.14　SC 在 OpenDSS 中控制模型图

配电网一般根据无功功率就地平衡的原则，在变电站内合理布置一定的无功补偿设备，并综合运用各种调压手段，才能取得良好的效果。对于地方电网无功电压优化控制，多数情况是联合电容器组和有载变压器分接头来控制，使流经主变压器的无功功率潮流最小化，同时变电站二次侧电压保持在合理的运行区间，以保证各馈线的电压水平。

2. 光伏电源模型

光伏电源模型主要由光伏阵列模型、光伏逆变器模型及其控制策略等构成。下面说明在 OpenDSS 软件中光伏电源的建模。

1) 光伏电源模型

如图 6.15 所示的光伏电源结构模型图，光伏电源结构模型包括光伏阵列和光伏逆变器两个模块。假设逆变器可以快速跟踪 MPPT 功率，简化独立元件的建

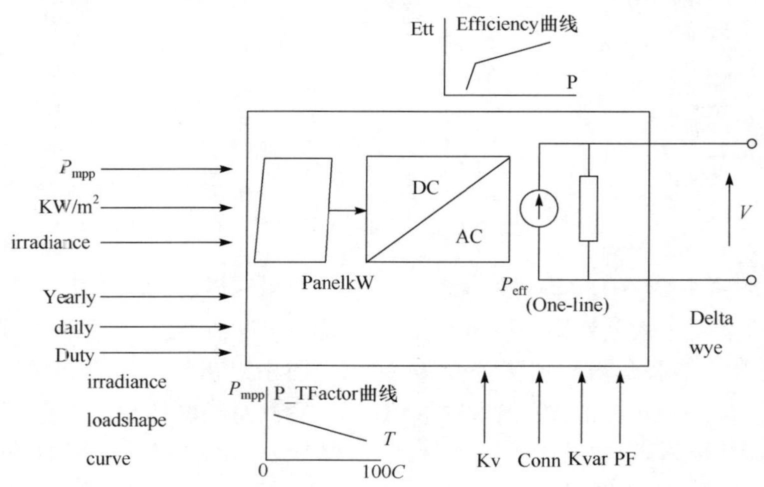

图 6.15　光伏电源结构模型图

模，便于分析对配电网的影响。其中，状态变量包括 irradiance，表示太阳光谱辐射强度，通过应用 loadshape 系数进行设置；PanelkW 表示考虑辐射强度和温度后光伏电板的输出功率；P_TFactor 表示 $P\text{-}T$（功率-温度）曲线；Efficiency 表示逆变器的效率曲线；输出功率受到 irradiance、温度（T）以及光伏最大发电功率 P_{mpp} 的影响。计算模式有：年模式（Yearly）、日模式（Daily）和 Duty 模式。

无功功率主要是通过固定无功输出或者功率因数值（PF）来确定，也可以调整输出的无功功率来调节电压值。

2）光伏逆变器的控制策略模型

首先，由于恒功率因数控制策略建模较为简单，只需在软件中直接指定或更新其功率因数，仿真中恒功率因数取为 0.98，滞后。

其次，针对变功率因数控制策略，根据我国国标《光伏发电系统接入配电网技术规定》（GB/T 29319—2012）对于逆变器功率因数的要求，同时考虑到本章后面研究案例中区域配电网的实际情况，这里采用图 6.6 的 4 号曲线。本章中同样以 110kV SA 变电站所辖区域配电网为研究案例，由于该配电网中有若干电缆线路，其充电功率可使配电网馈线保持合适的电压水平，因此在光伏发电功率相对较低时，不需要通过调节光伏逆变器输出无功功率以支撑电网电压，故这里在 4 号曲线的基础上进行一定修正。修正后的变功率因数曲线为：光伏发电功率位于（0，0.5p.u.）区间，逆变器功率因数为 1.00，即始终为单位功率因数运行，不进行无功调节；当光伏发电功率位于（0.5p.u.，1.0p.u.］范围内，逆变器功率因数对应图中曲线 4 中（0.5p.u.，1.0p.u.］部分的曲线。

最后，针对无功电压控制策略，在 OpenDSS 软件中含有逆变器控制模块，通过采集光伏电源并网点的电压值信息，从而控制光伏逆变器的无功功率输出，详细控制框图如图 6.16 所示，其中光伏电源输出的无功功率受到光伏逆变器容量的限制。通过 OpenDSS 可以自定义逆变器 $V\text{-}Q$ 控制曲线，每一条控制曲线包含一定的无功输出变化率限制，典型 $V\text{-}Q$ 控制模式如下图 6.17 所示。根据我国国标《电能质量供电电压允许偏差》规定的供电电压要求（0.93～1.07p.u.），仿真中控制裕度取为 0.01p.u.，即实际的电压控制范围为 0.94～1.06p.u.，即 $V_1=0.92$p.u.，$V_2=0.94$p.u.，$V_3=1.06$p.u.，$V_4=1.08$p.u.。

需要进一步说明的是，图 6.17 中横坐标轴下方曲线表示光伏电源并网点或 PCC 点电压实际值超出了控制电压允许上限，逆变器需要吸收一定的无功功率；反之，横坐标轴上方曲线表示光伏并网点电压实际值超出了控制电压允许下限，逆变器需要发出一定的无功功率。特别指出，根据曲线计算得到的无功功率数值，并不是光伏逆变器无功功率输出的最终控制量，而仅是在控制迭代优化计算过程中

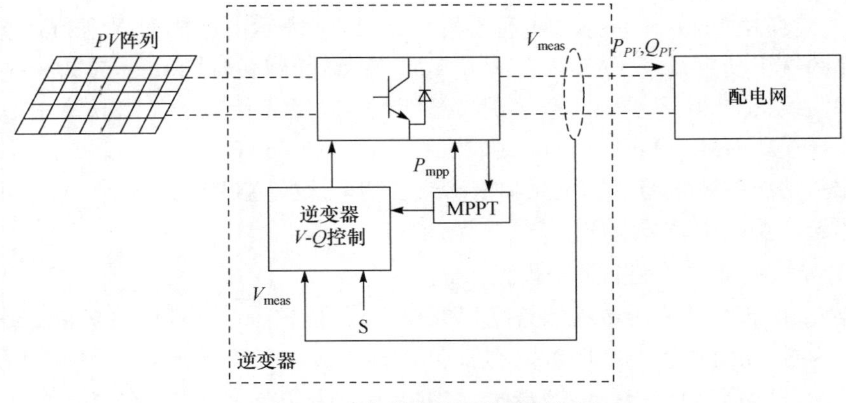

图 6.16　光伏发电系统控制框图

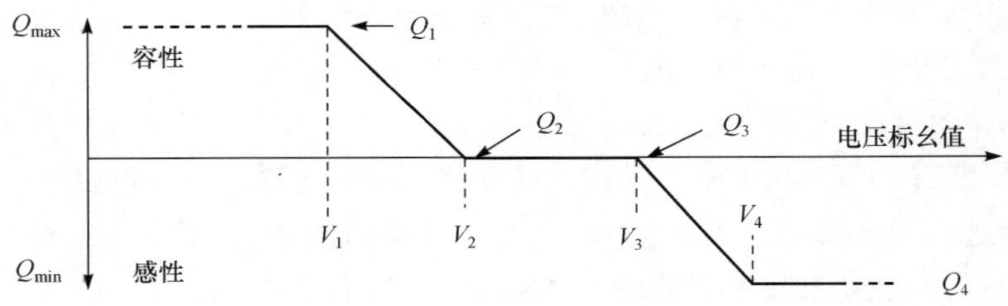

图 6.17　光伏逆变器 V-Q 控制曲线

无功控制的最大值。由于该控制策略是个完整的迭代计算过程，控制目标是在满足指定的电压控制约束条件下，实现光伏电源无功调节的最小化。

6.6　仿真分析

6.6.1　仿真基础数据准备

继续以 J 市 110kV SA 变电站区域配电网为例开展分析，下面对 SA 变电站 AVC 系统作个简单的介绍。SA 变电站有主变 2 台，额定容量均为 40000kVA，额定电压 110±8×1.2%/10.5kV，型号为 SZ9－40000/110 的有载调压变压器，共计 17 挡，高压侧电压范围为 99～121kV，变压器分接头挡位与高压侧电压的对应关系见表 6.3。

表 6.3 SA 变电站主变(1 号或 2 号)分接头挡位与高压侧电压对照表

档位	电压/kV	标幺值	档位	电压/kV	标幺值
1	121.000	1.1000	10	108.625	0.9875
2	119.625	1.0875	11	107.250	0.9750
3	118.250	1.0750	12	105.875	0.9625
4	116.875	1.0625	13	104.500	0.9500
5	115.500	1.0500	14	103.125	0.9375
6	114.125	1.0375	15	101.750	0.9250
7	112.750	1.0250	16	100.375	0.9125
8	111.375	1.0125	17	99.000	0.9000
9	110.000	1.0000			

通过分析 SA 变电站主变 2014 年全年历史运行数据可知，AVC 中主变低压侧母线电压(10kV)的优化控制范围为 1.015～1.060p. u.，即当低压侧母线电压标幺值小于等于 1.015p. u. 时，主变分接头挡位将上调；当低压侧母线电压标幺值大于(等于)1.060p. u. 时，主变分接头挡位将下调。

SA 变电站有电容器组 4 台(＃1、＃2、＃3、＃4)，1、4 号电容器的额定容量均为 1800kvar，2、3 号电容器的额定容量均为 3000kvar，且单组容量不可调；1、2 号电容器连接于 10kV I 段母线，3、4 号电容器连接于 10kV II、III 段母线。

在该 AVC 系统中，结合这 4 组电容器 2014 年的历史运行数据可知，当主变反向(从低压侧向高压侧)传输无功功率(即无功倒送)大于 1000kvar 时，电容器将退出。SA 变电站主变正向(从高压侧向低压侧)传输无功功率的上限根据无功就地平衡原则确定，即最小化供给的无功功率。

根据第 5 章中分析可知，SA 变电站出现光伏功率较大且倒送至母线时刻主要在春夏季节。尤其在夏季，负荷轻载且光伏发电较大时馈线潮流反向最为频繁。根据前面的叙述，本章主要分析分布式光伏电源并网后对配电网产生较大影响的两种极端场景。极端场景日选取主要考虑太阳辐照度和日负荷水平特性因素，并结合该地区负荷情况与太阳辐照度变化模式。以 2014 年为典型研究年，根据当地气象局提供的气象数据以及 2014 年该供区的负荷数据，分布式光伏电源发电功率最大时段的场景发生在工作日的 7 月 16 日，而光伏发电功率无法被所在供区负荷完全消纳，产生倒送功率最大时段的场景发生在节假日 5 月 1 日，以下将以该两个典型日场景开展分析。考虑到太阳辐照度的波动时间尺度与实际控制的时间周期，每 5min 取 1 个数据点，全天共计 288 点，用于控制仿真，具体如图 6.18 和图 6.19 所示。

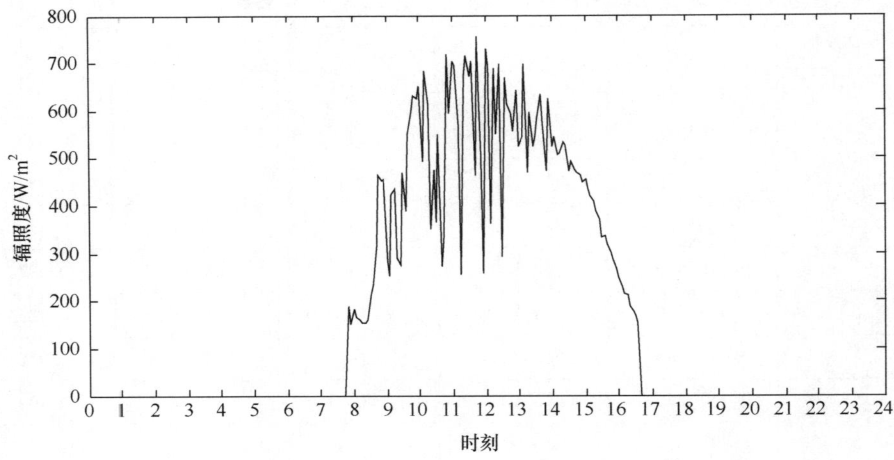

图 6.18 2014 年 5 月 1 日节假日太阳辐照度极端日变化模式

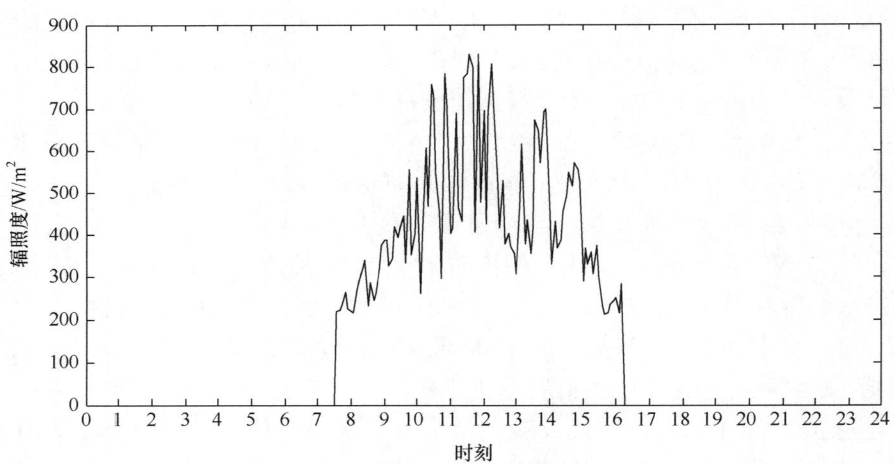

图 6.19 2014 年 7 月 16 日工作日太阳辐照度极端日变化模式

110kV SA 变电站的电气数据与供区接入的分布式光伏电源数据详见第 5 章，从中选取馈线 SA_F1 进行工作日 7 月 16 日（星期一，工作日）和节假日 5 月 1 日（国际劳动节，节假日）的潮流分析，以此评估现有 AVC 系统的适应性。仿真中负荷数据从当地电力公司的数据信息采集系统 SCADA 中提取，包括有功功率与无功功率，全天每 5min 一个数据点，共计 288 点。针对从用户侧并网的分布式光伏电源还需对该用户内部电气网络进行详细建模。光伏逆变器的功率因数设为 1.00，即按最大功率点（MPPT）运行，不吸收（或发出）无功功率。该馈线上分布式光伏电源总的安装容量为 3MWp，表 6.4 给出了馈线 SA_F1 光伏安装用户信息，其中接入方式在 5.5.1 节已有详细说明。

表 6.4 馈线 SA_F1 光伏安装用户信息

馈线名称	光伏安装用户名称	光伏安装容量/MWp	光伏接入方式
SA_F1	汽车企业 C1	2.0	10kV 接入
	电池企业 C2	1.0	0.4kV 接入

馈线 SA_F1 工作日 7 月 16 日与节假日 5 月 1 日全天负荷情况如图 6.20 所示。由此可见，在工作日馈线负荷白天较高，晚上较低；在节假日馈线负荷整体较低，相对平稳；这主要是由用户的用电特性所决定。其中，全天各时段工作日负荷均大于节假日负荷，而且二者相差较大，节假日峰荷要低于工作日峰荷近 1.8MW，在这两种场景下配电网的运行状况与分布式光伏电源的消纳情况都将会产生不同的影响。

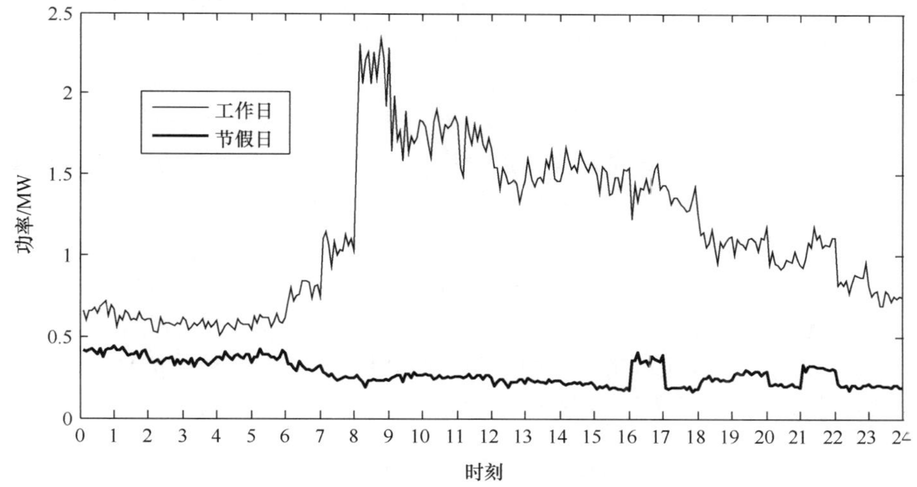

图 6.20 馈线 SA-F1 工作日与节假日全天负荷情况

馈线 SA_F1 工作日和节假日潮流计算结果见表 6.5。由此可见，与工作日相比，节假日全天峰荷、负荷用电量都较低；分布式光伏电源最大发电功率、发电量二者均较为接近。对于工作日，由于负荷分布的差异，分布式光伏电源发电功率虽然相对较大，但其负荷也重，大部分光伏出力都能被消纳，工作日功率渗透率为 185.3%，工作日能量渗透率达到了 51.7%。对于节假日，光伏出力虽较大，但全天负荷整体较轻，导致线路长时间出现功率倒送情况，当日光伏功率渗透率高达 1054.5%，表明倒送严重；由于大量分布式光伏电源无法被负荷消纳，即使光伏出力远大于负荷，当日的光伏能量渗透率也仅为 38.8%。

表 6.5　馈线 SA-F1 工作日和节假日仿真计算结果

指标	工作日	节假日
全天负荷用电量	26.1MWh	6.7MWh
全天光伏发电量	16.4MWh	16.0MWh
全天馈线供电量	13.2MWh	4.2MWh
全天峰荷	2.2MW	0.437MW
光伏最大发电功率	2.5MW	2.3MW
全天光伏功率渗透率	185.3%	1054.5%
全天馈线损耗	0.6MWh	0.1MWh
全天光伏能量渗透率	51.7%	38.8%

通过上述分析可知，在选取的工作日与节假日场景下，区域配电网的负荷特性、分布式光伏电源的消纳都具有较大的差异，由此区域配电网的运行特性将会造成不同的影响，故本章以此作为极端场景进行光伏逆变器不同控制策略的调压仿真分析。

在 OpenDSS 仿真平台上，首先搭建变电站 AVC 系统自动控制策略仿真模型，包括自动调整主变有载调压变压器分接头与无功电容器组自动投切；其次搭建光伏逆变器典型控制策略仿真模型，包括恒功率因数控制、变功率因数控制和无功电压控制三类控制策略；最后在此基础上开展综合电压调节的仿真分析。

OpenDSS 主要仿真条件如下：①潮流计算方式：定点迭代方式；②计算模式：Duty-cycle 模式；③仿真时间步长为 5min，每 5min 定义为 1 个时段，全天 288 个时段；④变电所主变高压侧每个时段采用理想电压源模型；⑤负荷仿真模型为恒功率（PQ）；⑥光伏发电系统的综合效率取为 80%。

6.6.2　仅考虑 AVC 控制的极端场景潮流及电压分析

1）工作日（7 月 16 日）场景

仿真表明，在工作日光伏接入前后变电站 1、2 号主变分接头挡位全天的动作情况无变化，1、2、3、4 号电容器组的全天动作次数也无变化。由于工作日负荷相对较高，2、3 号电容器全天均处于投运状态，承担电网无功负荷的基荷部分；1、4 号电容器未投入，1、2 号主变高压侧传输的无功功率在光伏接入前后变化也较小，这是由于分布式光伏电源没有参与无功调节，故对电网传输的无功功率影响较小。

图 6.21 给出了馈线 SA_F1 工作日全天分布式光伏电源发电功率和负荷功率变化情况。由图 6.21 可见，工作日由于负荷相对较高，光伏发电功率多数时段均可被馈线负荷直接消纳，仅在中午的个别时段，分布式光伏电源发电功率会略高于馈线负荷功率，剩余的光伏发电功率会倒送至其他馈线。

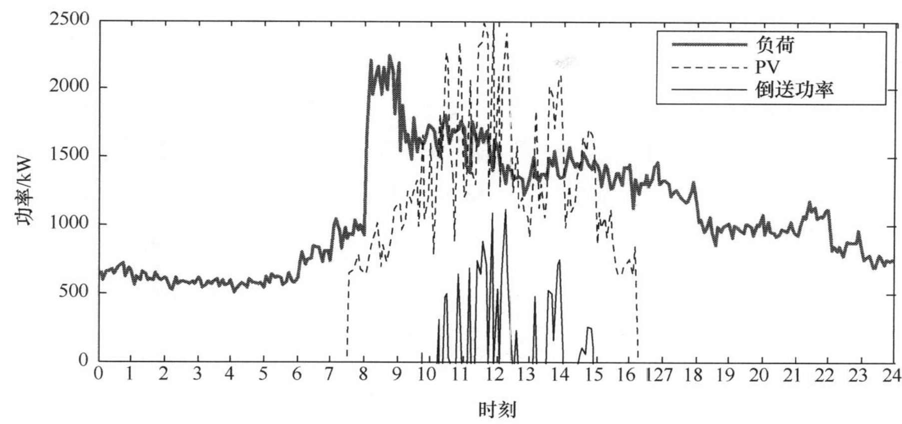

图 6.21 馈线 SA-F1 工作日负荷和分布式光伏电源功率情况

以光伏安装用户 C2 为例，其全天光伏并网点电压仿真结果如图 6.22 所示。由此可见，该用户光伏并网点电压的影响相对较大，尤其是中午时段，用户并网点电压最大值已超过 1.070p.u.，超过我国国标规定的要求。通过分析可知，工作日由于负荷较高，尤其是峰荷时段，主变低压侧母线电压较低，此时 AVC 控制系统为了满足母线电压约束，通常会上调分接头挡位，以提升整个区域电网的电压水平。在这种情况下，若光伏发电功率较大，通过低压侧接入方式的用户分布式光伏电源其并网点电压会更高，并超出电压的安全约束上限，进而影响区域配电网的安全运行。

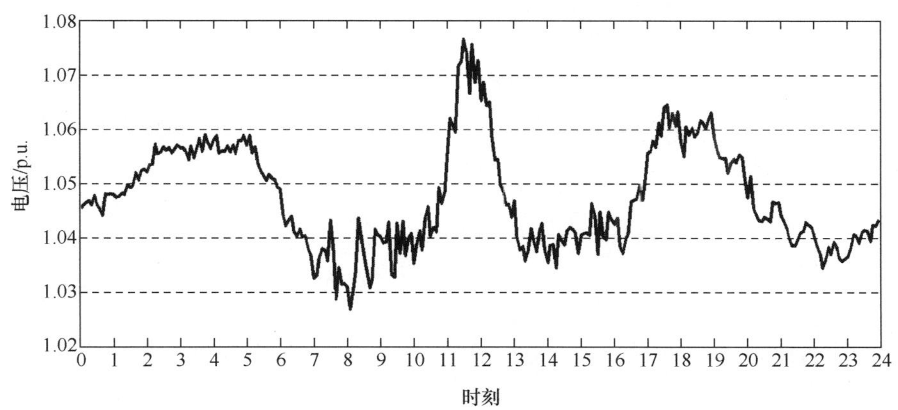

图 6.22 用户 C2 工作日光伏并网点电压情况

2) 节假日(5 月 1 日)场景

通过仿真表明，在节假日 1、2 号主变分接头与 1、2、3、4 号电容器组的运行情况与光伏接入前一致；3 号电容器全天投入，承担无功负荷基荷，4 号电容器全天仅部分时段投入，承担部分无功负荷，1、2 号电容器组全天未投入；1、2 号主变高压侧传输的无功功率在光伏接入前后变化较小。

图 6.23 给出了馈线 SA_F1 节假日全天光伏发电功率和负荷功率变化情况。由此可见，在节假日由于馈线 SA_F1 用户负荷相对较低，而光伏发电功率较高，除满足本地负荷供电需求外，剩余光伏发电功率将会倒送至区域电网的其他馈线，其中日最大倒送功率约为 2MW。

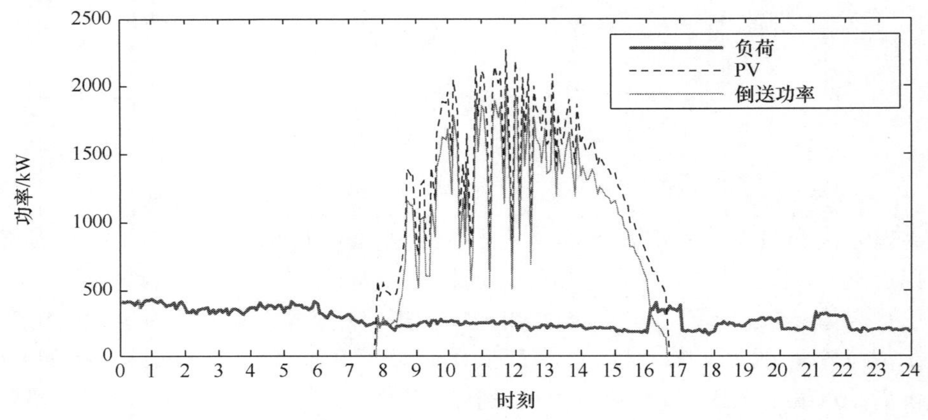

图 6.23　馈线 SA-F1 节假日负荷、光伏电源和倒送功率情况

仍以光伏安装用户 C2 为例，其全天光伏并网点电压仿真结果如图 6.24 所示。该用户光伏并网点电压的影响相对较大，尤其是中午时段，该用户并网点电压已超过 1.065p. u.，接近国标规定的电压允许运行上限。节假日虽然负荷较低，与工作日相比，主变分接头可能相对处于较低的档位，但是光伏发电功率较大时段，由于用户负荷相对较小，光伏发电功率会发生较大的倒送，导致光伏并网点电压会偏高。

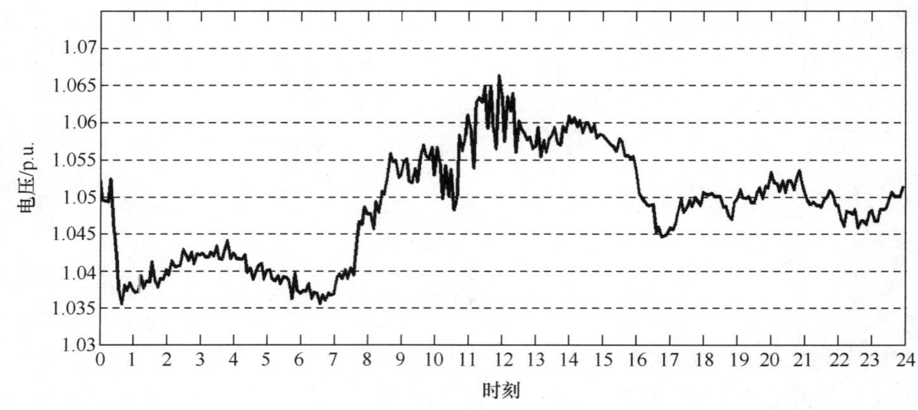

图 6.24　用户 C2 节假日光伏并网点电压

通过上述分析可知，在选取的极端场景下，现有 AVC 系统的控制策略是建立在传统配电网基础上，不能完全适应高渗透率分布式光伏电源接入后区域配电网的安全运行要求，具体表现为：无论是节假日还是工作日，光伏发电功率较大时段，用户并网点电压水平均会较高，部分时段用户的电压将会超出我国国标规定要求的上限。针对节假日，主因是光伏发电功率倒送所致；针对工作日，主要原因是通过 AVC 上调主变分接头挡位提升了区域配电网的电压水平所致。

6.6.3　光伏逆变器参与调压

上节讨论说明现有 AVC 系统不能完全适应高渗透率分布式光伏电源接入后区域配电网的安全运行要求，需要结合光伏逆变器的控制策略对配电网电压进行综合调节。本节在工作日(7 月 16 日)和节假日(5 月 1 日)的两个极端场景下，基于现有 AVC 控制系统，针对光伏逆变器恒功率因数、变功率因数和无功电压控制的三种控制策略，进行分析比较。

1) 工作日(7 月 16 日)场景

光伏逆变器在三种不同控制策略下，电容器组的全天动作次数见表 6.6。由此可见，各电容器的全天动作次数均相同，由于工作日负荷水平较高，2 号和 3 号电容器始终投入为负荷提供无功功率，1 号和 4 号电容器均动作 1 次，也是因负荷功率变化通过 AVC 控制策略加以调整。

表 6.6　不同控制策略下各电容器组的全天动作次数

主变编号	电容器编号(额定容量)	不同控制策略下电容器组的全天动作次数		
		恒功率控制	变功率控制	无功电压控制
1 号	1 号(1.8Mvar)	1	1	1
	2 号(3.0Mvar)	0	0	0
2 号	3 号(3.0Mvar)	0	0	0
	4 号(1.8Mvar)	1	1	1

由图 6.25 和图 6.26 可见，与恒功率和变功率因数情况相比，整体上无功电压控制策略下 1、2 号主变高压侧传输的无功功率相对减少，而且需要上级传输的无功功率极值也有所降低，这是由于分布式光伏电源采用了自适应的电压控制策略，能够在电压控制目标内自动调节最优的无功量，从而吸收的无功功率相对较少。此外，在白天分布式光伏电源发电时段，主变高压侧未发生功率倒送，主要是由于工作日负荷较重，光伏发电功率会被本地用户或转移至变电站其他馈线进行消纳。需要说明的是，图 6.25 中 1 号主变夜间存在约 0.5Mvar 的功率倒送，这是因为电容器组是离散控制，存在一定程度的过补偿所致。

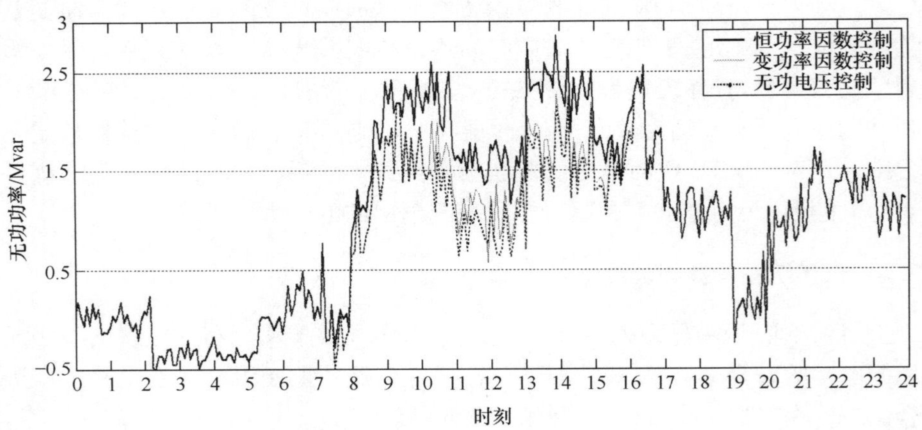

图 6.25　三种不同策略下工作日 1 号主变高压侧无功功率

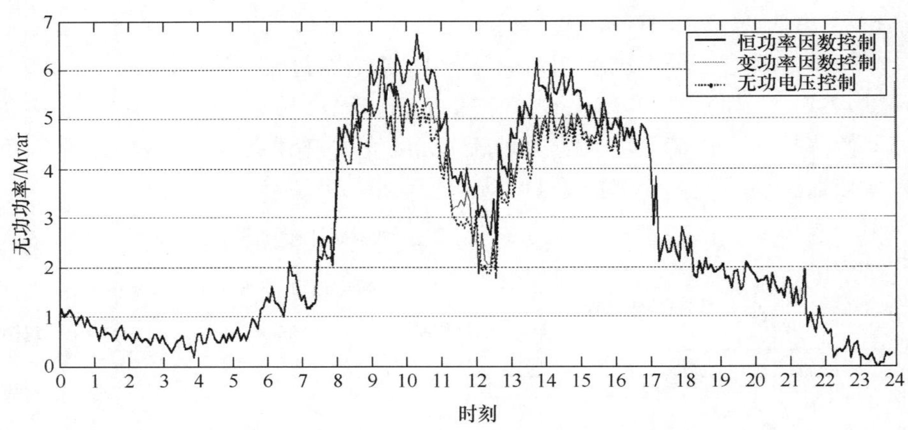

图 6.26　三种不同策略下工作日 2 号主变高压侧无功功率

图 6.27～图 6.29 分别给出了无功电压控制策略、变功率因数控制策略和恒功率因数控制策略下主变高压侧无功功率的构成分析(以 2 号主变为例)。可以看到,主变高压侧无功功率主要由光伏电源吸收的无功(在图中显示为正值)、等效无功负荷(无功负荷与电容器组输出无功之差)和网络的无功损耗构成。从图中可以看出,无功电压控制策略和变功率因数控制策略对主变高压侧无功功率影响相对较小,二者也比较接近;但恒功率因数控制策略下光伏逆变器吸收的无功功率相对较大,而且几乎贯穿整个光伏发电时段,尤其是电网负荷峰荷时段,分布式光伏电源接入后主变高压侧无功功率的增量可能使其超出 AVC 允许的控制范围。与无功电压控制策略相比,变功率因数控制策略对主变高压侧无功功率的影响时段相对偏大,而且在电网负荷的第一个高峰时段,光伏电源吸收的无功功率贡献了约

1Mvar。整体而言,无功电压控制策略对主变高压侧无功的影响最小,主要体现在中午负荷低谷时段,由于此时分布式光伏电源发电功率较大,可能会出现个别用户光伏发电功率倒送,从而导致分布式光伏电源并网点电压较高或超出电压控制参考值,此时分布式光伏电源进行无功调节,且主变高压侧无功功率相对较小。需要指出,节假日情况的结果与此类似,将不再进行分析。

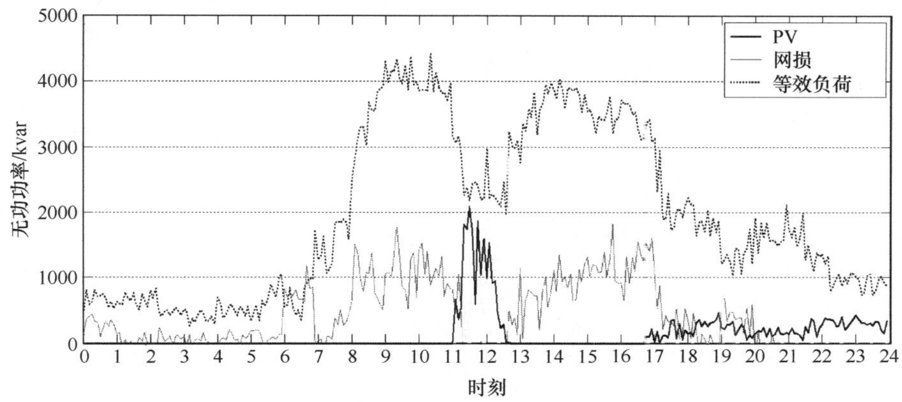

图 6.27 无功电压控制策略下工作日 2 号主变高压侧无功功率构成

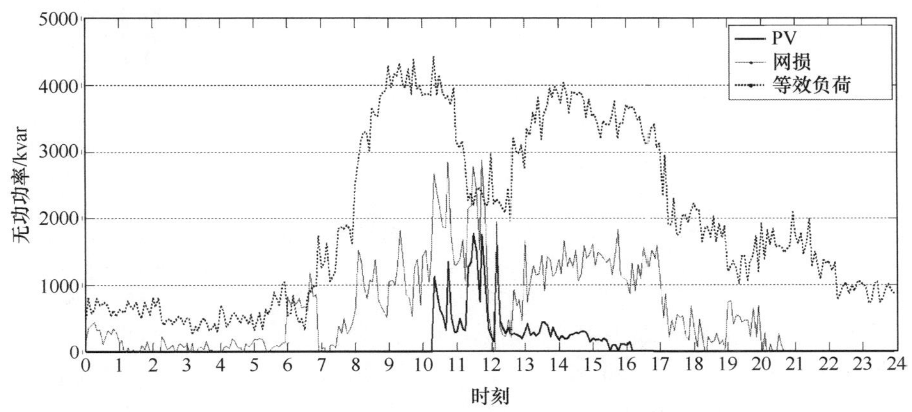

图 6.28 变功率因数控制策略下工作日 2 号主变高压侧无功功率构成

以光伏安装用户 C2 为例进行分析,主要是考虑到该用户的分布式光伏电源采用 0.4kV 接入方式,即通过用户内部电气网接入方式,光伏并网点电压抬升问题更加突出。通过图 6.30 可见,与变功率因数控制策略和恒功率因数控制策略相比,在无功电压控制策略下,用户 C2 的分布式光伏电源吸收的无功功率以及无功调节的时段范围整体上显著减少,显示出更佳的调节性能。

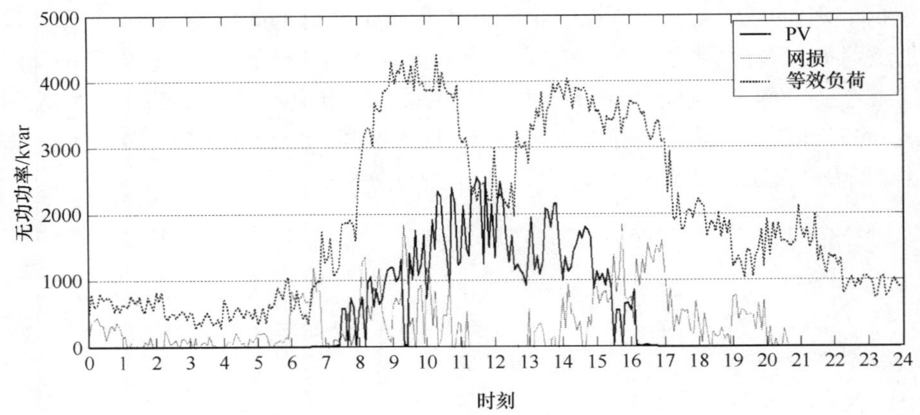

图 6.29 恒功率因数控制策略下工作日 2 号主变高压侧无功功率构成

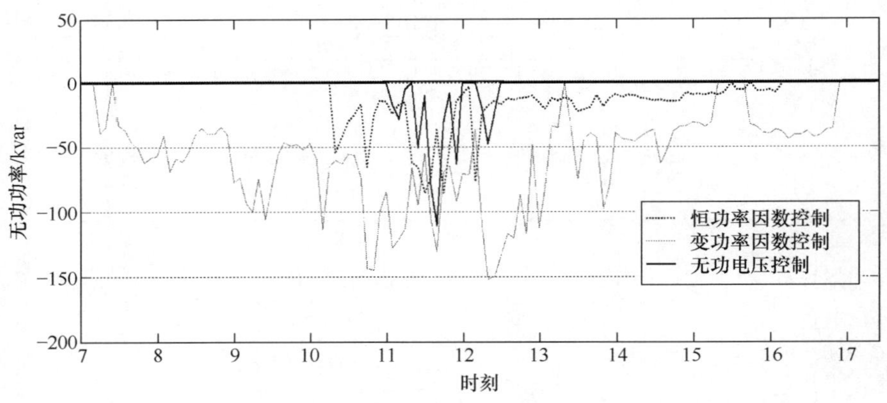

图 6.30 三种不同策略下工作日用户 C2 光伏电源吸收的无功功率比较

由图 6.31 可见，在恒功率因数与无功电压控制策略下，用户 C2 的分布式光伏电源并网点电压在设定的控制目标范围内，满足国标规定的要求；但恒功率因数控制策略下用户 C2 的光伏并网点电压更低，电压的稳态安全裕度更大，这是由于分布式光伏电源吸收了更多的无功功率所致。在变功率因数控制策略下，用户 C2 在分布式光伏电源发电功率较大时段光伏并网点电压偏高，最大值约为 1.065p.u.，原因是在该策略下光伏逆变器吸收的无功功率相对较小，虽能满足安全运行要求，但光伏并网点电压的稳态安全裕度偏小。

图 6.32 给出了不同控制策略下 SA 变电站区域配电网全部分布式光伏电源吸收的无功功率比较情况。由此可见，无功电压控制策略下分布式光伏电源吸收的无功功率最小。与变功率因数控制策略相比，仅个别时段光伏电源吸收的无功功率要略大。

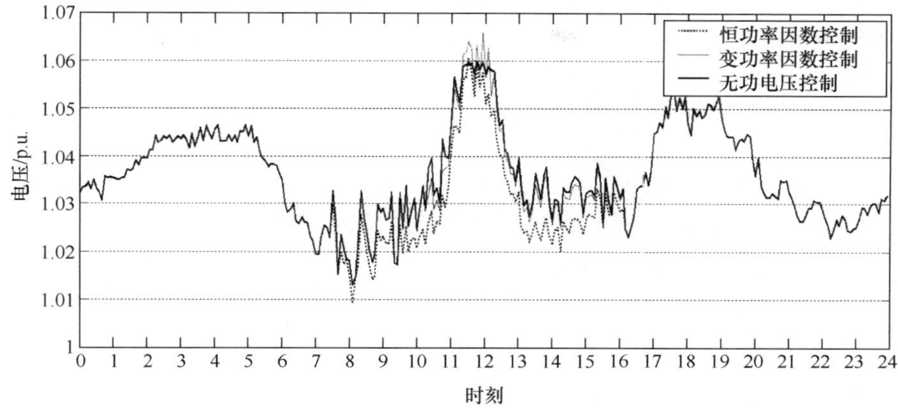

图 6.31　三种不同策略下工作日用户 C2 全天光伏并网点电压

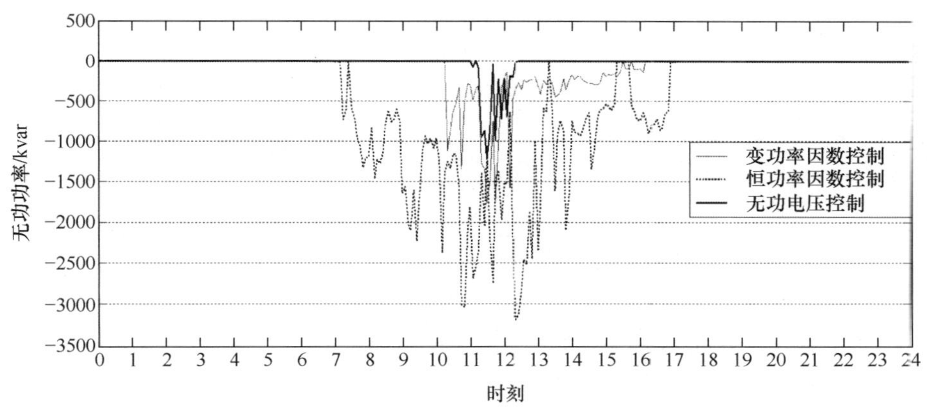

图 6.32　三种不同策略下工作日 SA 变电站区域所有分布式光伏电源吸收的无功功率

表 6.7 给出了三种不同控制策略下工作日 7 月 16 日全天分布式光伏电源无功调节的时段数和调节无功的用户数。由于仿真的时间尺度为 5min，由此全天可划分为 288 个时段。在此前提下，控制策略的无功调节时段数即全天中分布式光伏电源进行了无功调节的时段数目之和；调节无功用户数即全天中分布式光伏电源进行了无功调节的光伏用户数目之和，上述两个指标可通过仿真结果的统计分析得到。从表 6.7 可见，与变功率因数控制策略和恒功率因数控制策略相比，在无功电压控制策略下，无论是无功调节的时段数还是调节无功的用户数，都明显减少。

表 6.7　不同控制策略下工作日光伏电源无功调节的时段数和用户数

控制策略类型	恒功率因数	变功率因数	无功电压控制
无功调节时段数	129	78	20
调节无功用户数	11	11	6

图 6.33 给出了不同控制策略下 SA 变电站区域配电网线损比较图。由此可见，在无功电压控制策略下，SA 变电站供电区域内线损相对较小，仅部分时段的线损相对偏高，主要原因是无功电压控制策略为了满足预设的电压控制目标，相对于变功率因数控制策略和恒功率因数控制策略，在一些时段需要吸收相对更多的无功功率。

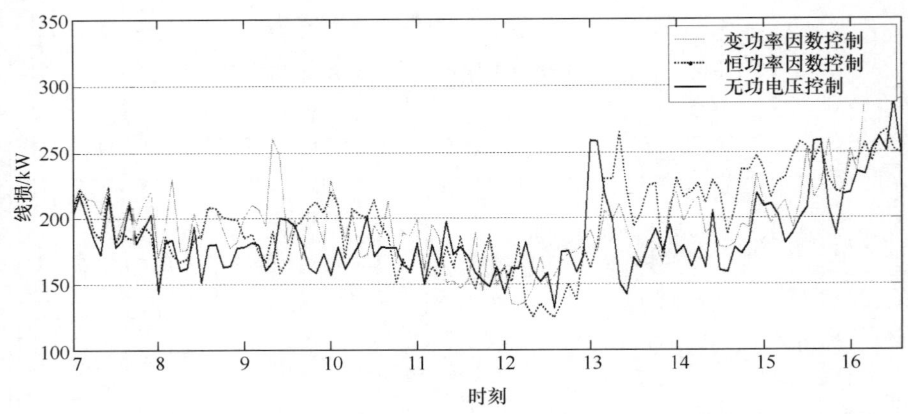

图 6.33　三种不同策略下工作日 SA 变电站区域配电网线损

2) 节假日(5 月 1 日)场景

针对于节假日情况，在不同光伏逆变器控制策略下，电容器组的全天动作次数见表 6.8。由此可见，与恒功率因数与变功率因数控制仿真结果相比，在无功电压控制策略下，1 号电容器动作次数显著减少，而在恒功率和变功率因数控制策略下，电容器动作次数分别达到 4 次、8 次，将会直接影响电容器长时间的正常运行。

表 6.8　三种不同控制策略下电容器组的全天动作次数

主变编号	组编号(额定容量)	不同控制策略下电容器组的全天动作次数		
		恒功率因数	变功率因数	无功电压控制
1 号	1 号(1.8Mvar)	4	8	0
	2 号(3.0Mvar)	0	0	0
2 号	3 号(3.0Mvar)	3	3	3
	4 号(1.8Mvar)	3	3	3

为了进一步说明恒功率因数与变功率因数控制策略导致电容器组更多动作次数的原因，在这里引入分布式光伏电源出力波动模式的概念，即根据分布式光伏电源在全天每个时段（每 5min 为一个时段）的出力（以标幺值形式）为参考值，比较连续两个时段间分布式光伏电源出力的波动，可以归纳为 3 种模式，详见图 6.34，这里为便于观察与分析，光伏发电出力以 0.5p.u. 为分界点进行模式划分。其中，第 1 种模式表示连续两个时段光伏电源出力均小于 0.5p.u.，第 2 种模式表示连续两个时段光伏电源出力均大于 0.5p.u.，第 3 种模式表示连续两个时段中的一个时段光伏电源出力小于 0.5p.u.，另一个时段光伏发电出力大于 0.5p.u.，这三种模式中光伏发电出力波动既可是增加亦可是减少。

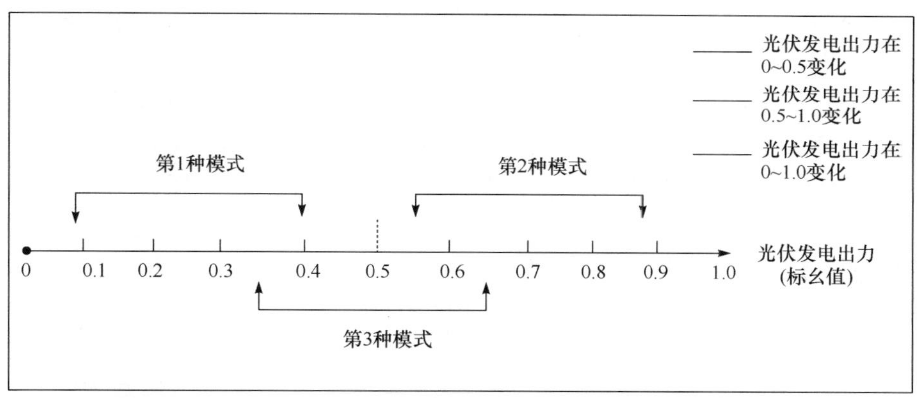

图 6.34　光伏电源出力波动的三种模式

以光伏安装用户 C2 为例进行分析，图 6.35 为该用户处光伏电源的发电功率。从图中可以发现，用户 C2 上的光伏发电功率（标幺值）在 0.50p.u. 上下波动。在 12:25 光伏发电功率约为 0.70p.u.，而在 12:30 突降到约为 0.30p.u.，光伏发电功率变化量为 0.4MW，为光伏电源出力波动的第 3 种模式。

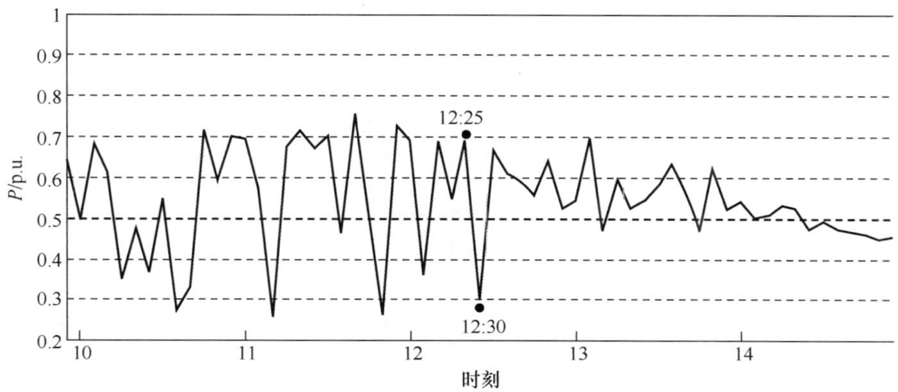

图 6.35　用户 C2 光伏发电功率波动

根据变功率因数控制策略，用户 C2 的光伏电源吸收的无功功率变化量约为 140kvar；然而，在恒功率因数控制策略下，用户光伏发电系统吸收的无功功率的变化量约为 80kvar。由此可见，当光伏电源功率的变化模式为第 3 种模式时，在变功率因数控制策略下，光伏电源无功功率的变化量要更大，导致主变高压侧无功功率更大的波动，从而使电容器组更频繁的波动。进一步分析可知，1 号电容器在 12:25 投入，而在 12:30 由于光伏逆变器吸收无功的突减，降低了主变高压侧传输的无功功率，基于 AVC 系统控制策略中无功尽量就地平衡的原则，1 号电容器组退出运行。针对光伏电源的功率由低于 0.5p.u. 增加到大于 0.5p.u. 的情况，结果是电容器组由退出转为投入，与恒功率因数控制策略相比，同样会增加电容器组的动作次数。由图 6.34 和图 6.35 可见，实际中光伏电源出力波动的变化模式还有 2 种。第 1 种模式在低于 0.5p.u. 区间内波动，第 2 种模式在高于 0.5p.u. 区间内波动。对于这两种情况，与恒功率因数控制策略相比，针对第 1 种变化模式，显然变功率因数控制策略下光伏电源无功功率的变化量较小(实际为 0)，对于主变高压侧无功功率的波动没有太大影响；针对第 2 种变化模式，变功率因数控制策略下光伏电源无功功率的变化量要更大。针对无功电压控制策略，用户 C2 的光伏电源吸收的无功功率变化量约为 30kvar，因而对电网的无功功率影响相对较小，由此并未引起电容器的投切，故比较恒功率因数和变功率因数控制策略，无功电压控制策略下电容器组的动作次数最少。

由图 6.36 和图 6.37 可见，基于无功电压控制策略，与恒功率因数和变功率因数控制策略相比较，主变高压侧无功功率波动的幅值和频繁程度都显著减少，尤其是 1 号主变未出现主变功率倒送，2 号主变虽然在一些时段出现倒送，但倒送功率相对较小，在允许的运行范围内。然而，在恒功率因数和变功率因数控制策略下将会出现相对较大功率倒送，而且伴随着一定的波动，加剧了无功功率在上下级电网

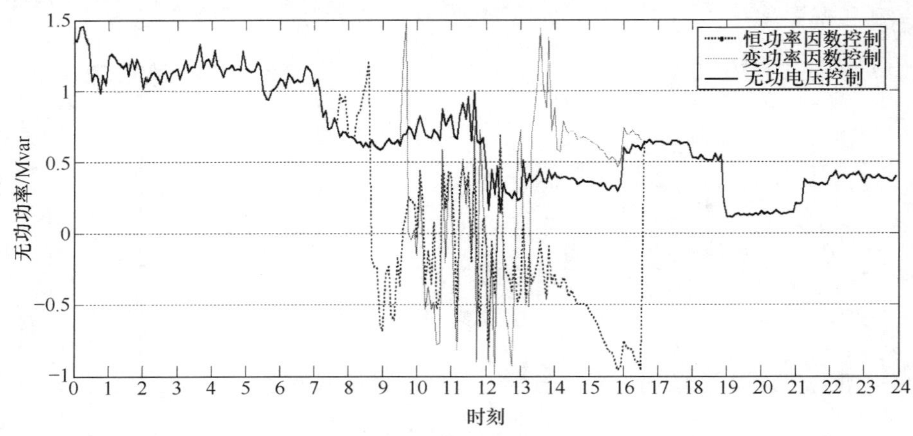

图 6.36　三种不同策略下节假日 1 号主变高压侧无功功率

的不断流动。同时,主变在一些时段出现了相对较大的功率倒送,主要原因是光伏逆变器调节所需的无功功率首先由电容器组提供,而电容器组是离散控制,会出现一定程度的无功过补偿。

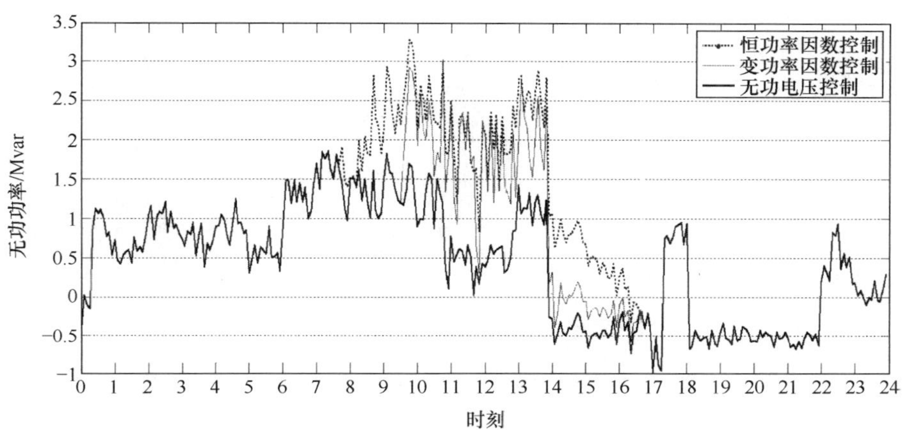

图 6.37　三种不同策略下节假日 2 号主变高压侧无功功率

结合图 6.38 可见,与恒功率因数和变功率因数控制策略下的结果相比,在无功电压控制策略下,用户 C2 的光伏电源吸收的无功功率显著减少,无功调节的时段范围也明显缩小,主变高压侧传输的无功功率显著降低,光伏电源接入后对电网无功功率、电容器组的运行情况(或动作次数)产生的影响均相对较小。

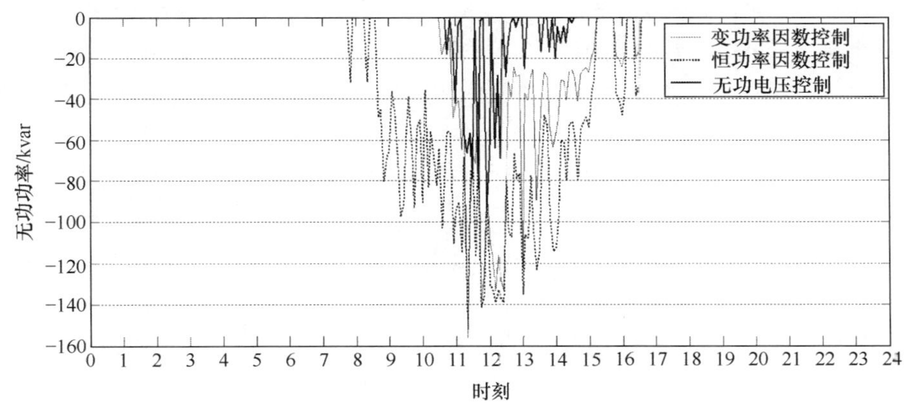

图 6.38　三种不同策略下节假日用户 C2 光伏电源吸收的无功功率

由图 6.39 可见,基于变功率因数控制策略,用户 C2 在光伏电源发电功率较大的个别时段光伏并网点电压会偏高,超过 1.060p.u.,原因是光伏逆变器吸收的无功功率相对较小,虽能满足安全运行要求,但光伏电源并网点电压的稳态安全裕度相对较小;在恒功率因数与无功电压控制策略下,用户 C2 光伏并网点电压在设定的控制目标范围内,但一些时段恒功率因数控制策略下用户 C2 的光伏电源并网点电压更低,这是由于光伏电源吸收了更多的无功功率所致。

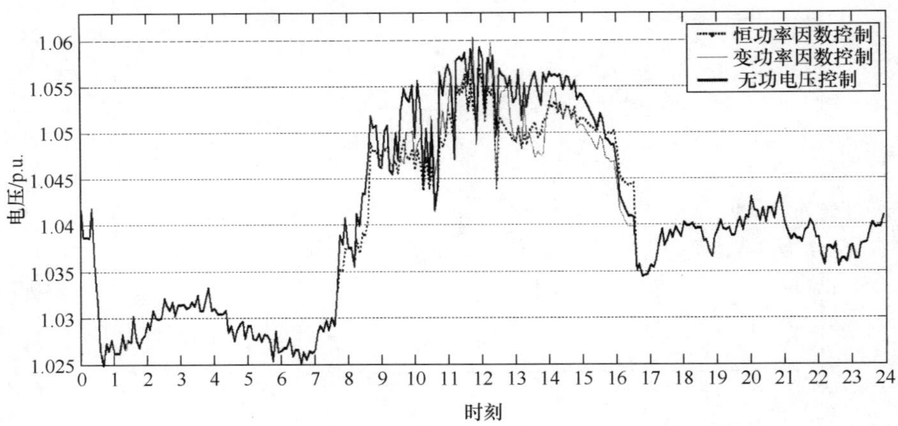

图 6.39　三种不同策略下节假日用户 C2 全天光伏并网点电压

图 6.40 给出了不同控制策略下 SA 变电站区域配电网全部分布式光伏电源吸收的无功功率比较情况。由此可见,整体上,无功电压控制策略下光伏电源吸收的无功功率最小。与变功率因数控制策略相比,仅个别时段光伏电源吸收的无功功率略大,这是因为无功电压控制策略是根据设定的光伏电源并网点电压参考值(即 1.060p.u.)进行无功调节,而变功率因数控制策略下只是根据设定的功率因数(或曲线)进行无功调节。因此,在主变分接头挡位以及电容器组运行情况都一致的情况下,无功电压控制策略下光伏电源并网点电压值相对略高,但在合理的控制范围内。

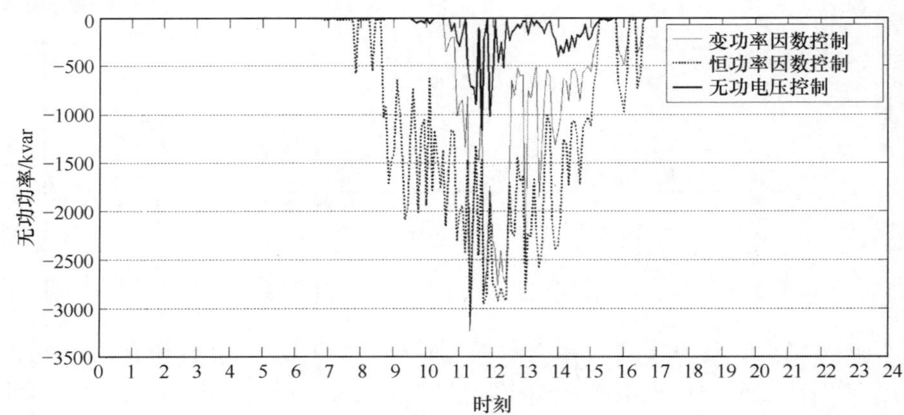

图 6.40　三种不同策略下节假日 SA 变电站区域所有分布式光伏电源吸收的无功功率

表 6.9 给出了三种不同控制策略下节假日全天光伏发电系统无功调节的时段数和调节无功的用户数。由此可见，与变功率因数控制策略和恒功率因数控制策略相比，在无功电压控制策略下，无论是无功调节的时段数还是调节无功的用户数，都明显减少，显示出更好的调节性能。

表 6.9　不同控制策略下节假日光伏电源无功调节的时段数和用户数

控制策略类型	恒功率因数	变功率因数	无功电压控制
调节无功用户数	12	12	3
无功调节时段数	128	92	44

图 6.41 给出了不同控制策略下 SA 变电站区域配电网线损比较图。由此可见，在无功电压控制策略下，SA 变电站区域内线损相对较小，仅部分时段较变功率因数控制策略下的线损偏高，主要原因是在无功电压控制策略下当光伏发电功率标幺值小于 0.50p.u.，光伏逆变器不进行无功调节，降低了由主变到用户光伏侧传输的无功功率，相应地减少了线损。

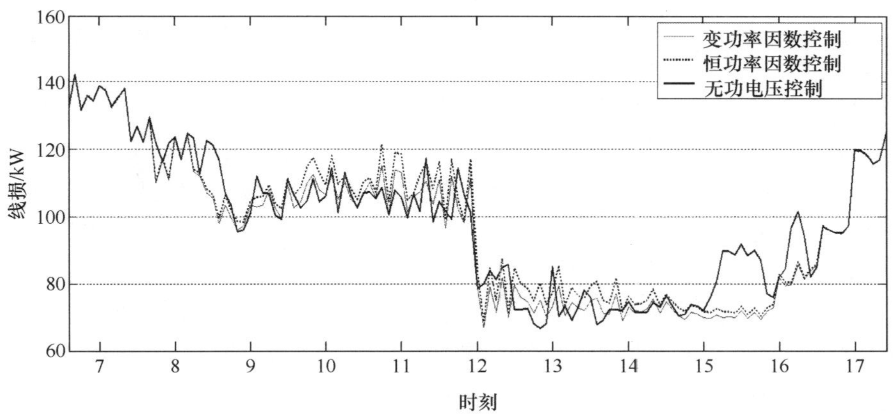

图 6.41　三种不同策略下节假日 SA 变电站区域配电网线损比较

由于分布式光伏电源效率越高，同样条件下分布式光伏电源输出的有功功率越大，相应的分布式光伏电源并网点的电压一般会越高，对电网的影响可能会越大。图 6.42 进一步分析不同光伏电源系统效率情况下用户 C2 在节假日 2014 年 5 月 1 日全天光伏电源并网点的电压，以更充分地验证光伏控制策略的有效性。通过图 6.42 可见，光伏电源效率由 80%提高至 90%，基于无功电压控制策略，该用户 C2 光伏并网点电压均在预设控制目标范围内，满足我国国标规定的要求。

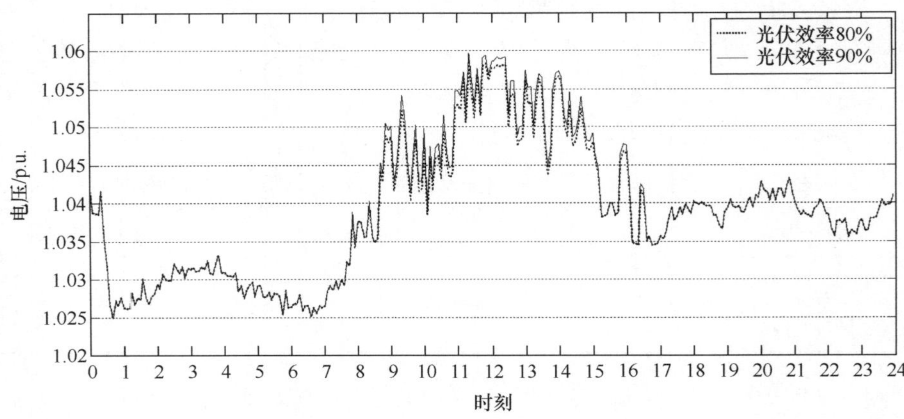

图 6.42　不同光伏电源系统效率在无功电压控制策略下用户 C2 全天光伏并网点电压

6.7　小　　结

本章针对含高渗透率分布式光伏电源接入的变电站级区域配电网电压控制开展研究，首先开展分布式光伏电源对配电网电压影响的机理分析，介绍了光伏逆变器参与电压调节的三种控制以及相关的建模方法，并以 SA 变电站供电区域 2014 年运行数据为基础进行讨论，在详细介绍了极端场景选取的标准后，基于现有 AVC 控制系统，考虑光伏逆变器的恒功率因数、变功率因数和无功电压控制策略，进行了工作日(7 月 16 日)与节假日(5 月 1 日)全天每 5min 的系统级连续控制仿真，获得如下结论：

(1) 分布式光伏电源逆变器在恒功率因数和变功率因数控制策略下，变电站电容器组全天的动作次数明显增多；而在无功电压控制策略下，电容器组的全天动作次数显著减少。

(2) 分布式光伏电源接入后变电站高压侧无功功率的波动更加频繁；特别是在恒功率因数和变功率因数控制策略下，在一些时段主变高压侧传输的无功功率超出实际允许的上限，可能会影响上级电网的安全运行。

(3) 与恒功率因数和变功率因数控制策略相比，基于无功电压控制策略，光伏逆变器无功调节的时段数和用户数均显著减少；每个光伏逆变器均根据各自的光伏并网点电压及其设定值进行无功调节，可实现分布式光伏电源本地的电压直接控制，以满足电压安全运行要求。

(4) 与恒功率因数和变功率因数控制策略相比，无功电压控制策略下的电网线损相对较小，这是因为该策略下分布式光伏电源吸收的无功功率较小，即从主变到用户光伏侧网络上传输的无功功率较小，电网的线损也就较小。

综合上述分析可知，在含高渗透率分布式光伏电源的配电网中，光伏逆变器恒功率因数控制策略的不足在于：①主变高压侧无功功率可能会超出实际允许运行上限；②区域电网的线损会较高；③合适的恒功率因数数值难以确定，若数值偏低，可能会造成主变无功越限；若数值偏高，光伏并网点电压又可能越限。

变功率因数控制策略的不足在于：合适的变功率因数曲线较难确定，在一些情况下光伏并网点电压和主变无功会发生越限；若采用自动调整（或自适应）的运行方式，可能会导致逆变器控制策略实现复杂。

无功电压控制策略的优势在于：①对现有 AVC 控制系统的运行影响较小；②通过分布式光伏电源本地的电压直接控制，可保证光伏并网点电压控制在预先设定的目标范围；③区域电网线损相对较小，具有经济性优势。

考虑到本地配电网无功通常就地平衡的原则，避免上级电网进行无功调节，有利于其安全运行，建议在变电站安装一定容量的连续动态无功补偿设备，以动态跟踪分布式光伏电源吸收的无功功率以及负荷波动的无功功率，可使主变高压侧传输的无功功率最小化、平稳化，具体容量应结合 AVC 控制约束、上级电网运行约束以及区域电网内的分布式光伏电源装机容量等因素合理确定。

参考文献

[1] GB/T 12325—2008. 电能质量供电电压偏差. 北京：中国标准出版社，2008.

[2] National Electrical Manufacturers Association (NEMA). Electric Power Systems and Equipment-Voltage Ratings(60Hertz). https://global.ihs.com/doc_detail.cfm? item_s_key=00008289，2016-1-1.

[3] Stetz T，Wei Y，Braun M. Voltage Control in Distribution Systems with high level PV-Penetration. European Photovoltaic Solar Energy Conference and Exhibition. 2010.

[4] 潘琪，徐洋，高卓. 含分布式光伏电站接入的配电网三级电压控制系统设计. 电力系统保护与控制，2014(20)：64-68.

[5] Agalgaonkar Y P，Pal B C，Jabr R /. Distribution Voltage Control Considering the Impact of PV Generation on Tap Changers and Autonomous Regulators. IEEE Transactions on Power Systems，2014，29(1)：182-192.

[6] 李清然，张建成. 含分布式光伏电源的配电网电压越限解决方案. 电力系统自动化，2015(22)：117-123.

[7] 范元亮，赵波，江全元，等. 过电压限制下分布式光伏电源最大允许接入峰值容量的计算. 电力系统自动化，2012，36(17)：40-44.

[8] 王颖，文福拴，赵波，等. 高密度分布式光伏接入下电压越限问题的分析与对策. 中国电机工程学报，2016，36(5)：1200-1206.

[9] Tonkoski R，Lopes L A C，El-Fouly T H M. Coordinated active power curtailment of grid connected PV inverters for overvoltage prevention. IEEE Transactions on Sustainable Energy，2011，2(2)：139-147.

[10] Demirok E, Casado Gonzalez P, Frederiksen K H B, et al. Local reactive power control methods for overvoltage prevention of distributed solar inverters in low-voltage grids. IEEE Journal of Photovoltaics, 2011, 1(2): 174-182.

[11] 孟庭如,邹贵彬,许春华,等. 一种分区协调控制的有源配电网调压方法. 中国电机工程学报,2017,37(10):1-10.

[12] Degner T, Arnold G, Reimann T, et al. Increasing the photovoltaic-system hosting capacity of low voltage distribution networks. Proceedings of 21st International Conference on Electricity Distribution. 2011: 1243-1246.

[13] Dall'Anese E, Dhople S V, Giannakis G B. Optimal dispatch of photovoltaic inverters in residential distribution systems. IEEE Transactions on Sustainable Energy, 2014, 5(2): 487-497.

[14] Demirok E, Sera D, Teodorescu R, et al. Clustered PV inverters in LV networks: An overview of impacts and comparison of voltage control strategies. Electrical Power & Energy Conference. IEEE, 2009: 1-6.

[15] 徐志成,赵波,丁明,等. 基于电压灵敏度的配电网光伏消纳能力随机场景模拟及逆变器控制参数优化整定. 中国电机工程学报,2016,36(6):1578-1587.

[16] Electric Power Research Institute. Smart Grid Resource Center. http://smartgrid.epri.com/SimulationTool.aspx.

第 7 章　分布式光伏电源短路电流分析与计算

7.1 引　　言

随着分布式光伏电源接入配电网的规模不断增大，并呈现高渗透率的趋势，其对电网安全稳定运行造成的影响也日趋显著，尤其是配电网故障时，可能会引起分布式光伏电源的大规模脱网事故，这将对配电网的稳定运行带来严重的不良影响。因此，开展光伏电源的故障特征分析，探索适用于含高渗透率分布式光伏电源接入配电网的短路计算分析方法显得尤为重要。分布式光伏电源的故障电气特性与旋转电源[1]有较大区别，特别是具备低电压穿越能力的中大型分布式光伏电源接入配电网后，进一步增加了配电网短路电流计算分析的复杂性和难度。

7.2 分布式光伏电源的短路特性分析

当电网发生故障时，根据故障类型的不同，可以分为对称故障和不对称故障，其中不对称故障又包括单相接地故障、两相短路故障、两相接地短路故障，对称故障包括三相短路故障等。

根据中国能源行业标准 NB/T 33010—2014[2]，分布式电源并网运行时，当电网电压过高或过低时，要求并网的分布式电源做出响应。当并网点处电压超过表 7.1 规定的电压范围时，应在规定的时间内停止向电网送电。

表 7.1　分布式电源的电压响应要求

$U<50\%U_N$	最大分闸时间不超过 0.2s
$50\%U_N\leqslant U<85\%U_N$	最大分闸时间不超过 2s
$85\%U_N\leqslant U<110\%U_N$	连续运行
$110\%U_N\leqslant U<135\%U_N$	最大分闸时间不超过 2s
$135\%U_N\leqslant U$	最大分闸时间不超过 0.2s

根据中国国家电网公司企业标准 Q/GDW480—2010[3]，分布式光伏电源并网逆变器的过流能力规定如表 7.2 所示。

表 7.2 分布式电源的过电流保护标准

逆变器实际输出电流	要求
$110\% I_N \leqslant I < 120\% I_N$	连续可靠工作时间不小于 1min
$120\% I_N \leqslant I < 150\% I_N$	连续可靠工作时间应不小于 10s
$150\% I_N \leqslant I$	退出运行

根据表 7.1 和表 7.2 的过(低)电压和过电流保护标准,对于不具备低电压穿越能力的分布式光伏电源,当电网发生故障时,光伏并网逆变器过流保护和低压保护应在相应的时间内动作,光伏变流器停止运行。

7.2.1 电网电压对称跌落时的短路特性分析

当电网电压跌落时[4],假定短时故障期间光伏并网逆变器直流侧输入功率在故障期间近似不变,光伏并网逆变器实际输出功率将减小。光伏并网逆变器的控制策略如图 7.1 所示,并网逆变器在电压外环 PI 调节器的作用下,d 轴参考电流增大,在电流内环 PI 调节器作用下,输出电流增加。因此在电网故障时,光伏并网逆变器根据实际并网电压和输出电流大小,在相应时间内保护动作,退出运行。

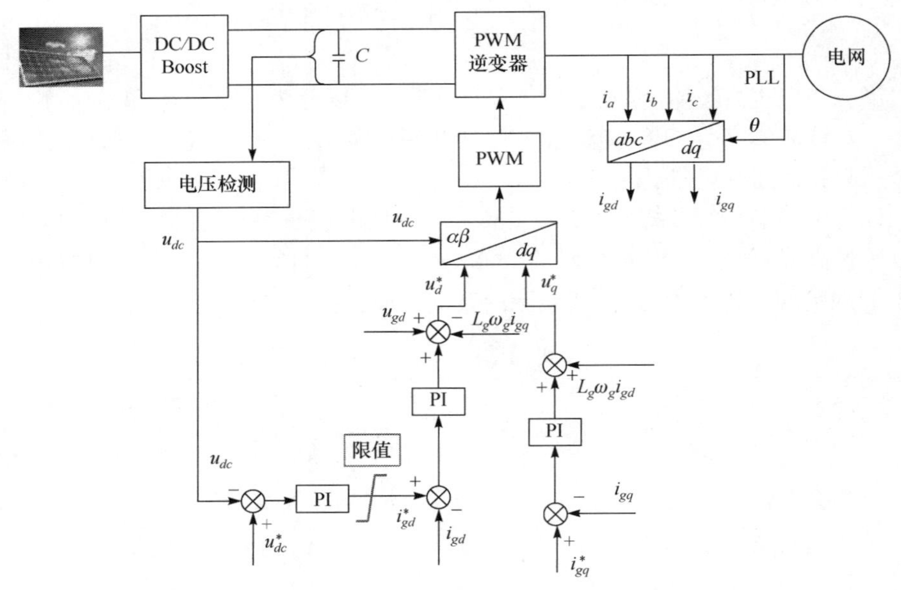

图 7.1 光伏逆变器的控制策略

故障发生的初始瞬间,逆变器输出的冲击电流可根据发电机暂态短路电流方法求解得到,其原理为:首先定义光伏并网逆变器的虚拟内电势 $\boldsymbol{E}$,$\boldsymbol{E}$ 具有典型的时变特性,但在故障瞬间具有无法突变的特性。

因此，$\boldsymbol{E}$ 具有与发电机次暂态电势相同的性质，可用下式计算短路电流的初始值：

$$I''=\frac{\dot{E}_0-\dot{U}_f}{\mathrm{j}X} \tag{7-1}$$

式中，$\dot{E}_0$ 表示短路前的逆变器内电势正序分量；$\dot{U}_f$ 为逆变器并网短路正序电压；X 为逆变器滤波电抗。短路电流的初始值可用于校验设备的故障耐受能力，为规划设计提供基础。

需要注意的是，逆变器的输出冲击电流不仅与电网电压跌落程度有关，还与逆变器的控制参数有关。在电流内环调节下，经过一个基波周期的时间内，逆变器输出电流跟踪上指令电流，输出电流达到限幅值。由于逆变器暂态时间较短，且继电保护动作时间在几个周波以上，因此可以忽略逆变器的暂态过程，主要关注其稳态故障电流。

7.2.2　电网电压不对称跌落时的短路特性分析

当电网发生不对称故障时，光伏电源的短路特性主要分为以下三个方面。

(1) 光伏逆变器的输出短路电流中既含有正序分量，又含有负序分量。正序电流和负序电流叠加得到光伏逆变器的输出短路电流，光伏并网逆变器根据实际并网电压和输出电流大小，在相应时间内保护动作，退出运行。

负序电流产生的原理为：电网发生不对称故障时，光伏并网逆变器的交流侧电压只含正序分量，网侧电压同时含有正序、负序分量。光伏并网逆变器的交流侧正负序等效电路如图 7.2 所示，电网电压的正序分量 e_a^+、e_b^+、e_c^+ 与并网逆变器交流侧电压的正序分量 u_a^+、u_b^+、u_c^+ 作用产生正序电流 i_a^+、i_b^+、i_c^+；负序等效电路中，当 R 较小时，负序电压 e_a^-、e_b^-、e_c^- 相当于被短路，从而使负序电流 i_a^-、i_b^-、i_c^- 很大。

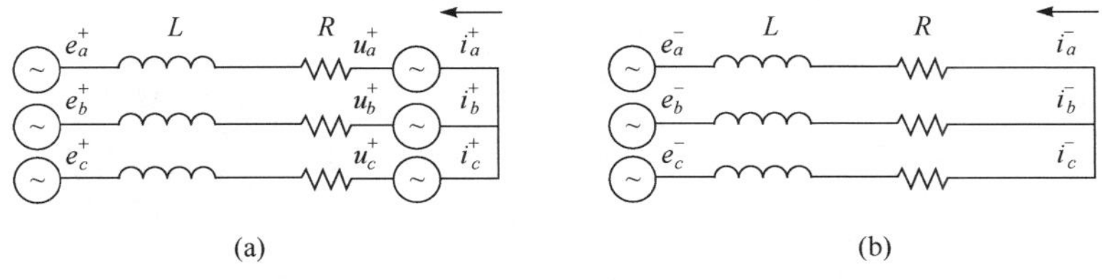

图 7.2　光伏逆变器交流侧正负、负序等效电路

(2) 当电网发生不对称故障时，根据图 7.1，电网电压和逆变器的输出电流从三相静止 abc 坐标系下变换到两相旋转坐标系下，得到 dq 坐标系下的电网电压 d 轴分量 e_d，q 轴分量 e_q 和逆变器的输出电流的 d 轴分量 i_d、q 轴分量 i_q，这四个分量都含有直流分量和两倍频的交流分量，由于 PI 控制器无法实现对交流量的无静差跟踪，因此 PI 控制计算出的逆变器输出电压参考值 u_d 和 u_q 也含有两倍频交流

分量，变换到三相静止坐标系下含有三次谐波，从而使逆变器输出电流含有三次谐波。

(3) 逆变器的输出有功功率和无功功率存在二倍频波动。

在电网电压不对称故障下，电网电压、电流在静止 $\alpha\beta$ 坐标系中，不仅存在以同步速 ω 正向旋转的正序分量，还存在以 $-\omega$ 反向旋转的负序分量。

$$F_{g\alpha\beta}=F_{g\alpha\beta}^{+}+F_{g\alpha\beta}^{-}=F_{gdq+}^{+}e^{j\omega_1 t}+F_{gdq-}^{-}e^{-j\omega_1 t} \tag{7-2}$$

故在正转同步速旋转坐标系中有

$$F_{gdq+}=F_{gdq+}^{+}+F_{gdq+}^{-}=F_{gdq+}^{+}+F_{gdq-}^{-}e^{-j2\omega_1 t} \tag{7-3}$$

式中，矢量 $\boldsymbol{F}$ 可表示为电压、电流；上标+、−分别表示正、负序分量；下标+、−分别表示正、反向同步旋转坐标系。

在正转同步速旋转坐标系中，电压与电流均存在正序直流分量和 2 倍频波动的负序交流分量。在电网电压不对称故障下，在正、反转同步速旋转坐标系中，三相光伏并网逆变器的数学模型可表示为各自坐标系下，即

$$\begin{cases}V_{gdq+}^{+}=U_{gdq+}^{+}+L\dfrac{\mathrm{d}I_{gdq+}^{+}}{\mathrm{d}t}+\mathrm{j}\omega_1 LI_{gdq+}^{+}\\ V_{gdq-}^{-}=U_{gdq-}^{-}+L\dfrac{\mathrm{d}I_{gdq-}^{-}}{\mathrm{d}t}-\mathrm{j}\omega_1 LI_{gdq-}^{-}\end{cases} \tag{7-4}$$

电网电压不对称故障下，光伏并网逆变器的输出有功功率和无功功率分别为

$$\begin{cases}p_g=1.5\mathrm{Re}(S)=1.5\mathrm{Re}(U_{gdq+}\hat{I}_{gdq+})\\ q_g=1.5\mathrm{Im}(S)=1.5\mathrm{Im}(U_{gdq+}\hat{I}_{gdq+})\end{cases} \tag{7-5}$$

将式(7-3)分别代入式(7-5)，可得在电网电压不对称故障下的功率模型

$$\begin{cases}p_g=p_{g0}+p_{g\cos2}\cos2\omega_1 t+p_{g\sin2}\sin2\omega_1 t\\ q_g=q_{g0}+q_{g\cos2}\cos2\omega_1 t+q_{g\sin2}\sin2\omega_1 t\end{cases} \tag{7-6}$$

式中

$$\begin{cases}p_{g0}=1.5(u_{gd+}^{+}i_{gd+}^{+}+u_{gq+}^{+}i_{gq+}^{+}+u_{gd-}^{-}i_{gd-}^{-}+u_{gq-}^{-}i_{gq-}^{-})\\ p_{g\cos2}=1.5(u_{gd+}^{+}i_{gd-}^{-}+u_{gq+}^{+}i_{gq-}^{-}+u_{gd-}^{-}i_{gd+}^{+}+u_{gq-}^{-}i_{gq+}^{+})\\ p_{g\sin2}=1.5(u_{gd+}^{+}i_{gq-}^{-}-u_{gq+}^{+}i_{gd-}^{-}-u_{gd-}^{-}i_{gq+}^{+}+u_{gq-}^{-}i_{gd+}^{+})\end{cases} \tag{7-7}$$

$$\begin{cases}q_{g0}=1.5(u_{gq+}^{+}i_{gd+}^{+}-u_{gd+}^{+}i_{gq+}^{+}+u_{gq-}^{-}i_{gd-}^{-}-u_{gd-}^{-}i_{gq-}^{-})\\ q_{g\cos2}=1.5(u_{gq-}^{-}i_{gd+}^{+}-u_{gd-}^{-}i_{gq+}^{+}+u_{gq+}^{+}i_{gd-}^{-}-u_{gd+}^{+}i_{gq-}^{-})\\ q_{g\sin2}=1.5(u_{gd+}^{+}i_{gd-}^{-}+u_{gq+}^{+}i_{gq-}^{-}-u_{gd-}^{-}i_{gd+}^{+}-u_{gq-}^{-}i_{gq+}^{+})\end{cases} \tag{7-8}$$

7.3 光伏电源的低电压穿越技术

随着高渗透率的分布式光伏电源接入配电网，当电网故障发生时，如果保护动

作将大规模的光伏电源切除，则会引起系统潮流大幅变化甚至引起大面积停电，带来系统稳定问题[5-6]。目前，大中型光伏电站要求具备一定的低电压穿越功能。光伏并网逆变器作为整个光伏电源的核心部件，光伏电源的低电压穿越功能由光伏并网逆变器来实现。

虽然目前低电压穿越标准主要针对的是大中型光伏电站，电站装机容量在兆瓦级以上，但是随着未来配电网中分布式光伏电源装机容量的不断增加，分布式光伏电源对于系统稳定运行的影响越来越大。因此，在未来的标准体系中，将进一步增加对分布式光伏电源的低电压穿越要求，为此本章着重将探讨光伏电源的低电压穿越技术。

7.3.1　低电压穿越标准

各国制定的光伏并网标准规定了在电网电压波动超出一定范围内时，光伏并网逆变器的动作要求。图 7.3 为部分国家的光伏电源低电压穿越标准[7-8]。

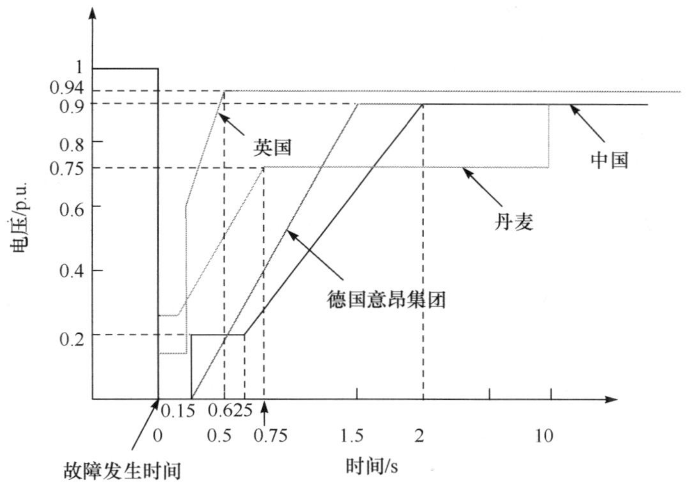

图 7.3　部分国家的光伏电源低电压穿越标准

此外，标准还对电网故障时逆变器的无功支撑能力提出了要求[7]。这里重点介绍一下中国对光伏无功支撑的要求，如图 7.4 所示，横轴为电压跌落幅度，其值为电压跌落变化量和额定电压的比值；纵轴为比例系数，其值为不同电压跌落幅度下无功电流占总电流的比值。根据图 7.4 所示的曲线，无功补偿电流大小由电压跌落程度确定：当电网电压跌落低于 10％时，光伏逆变器不需要提供无功电流；当电网电压跌落低于 80％、高于 10％时，光伏逆变器需要按比例增加无功电流；当电网电压跌落高于 80％时，光伏逆变器需提供 105％无功电流。

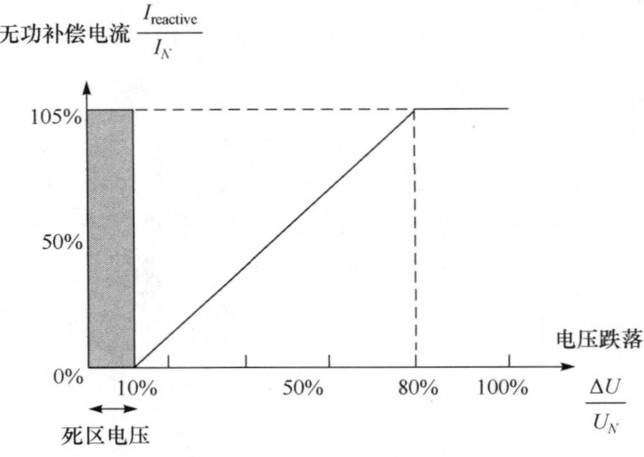

图 7.4 中国无功电流支撑注入标准

7.3.2 光伏电源低电压穿越控制策略

光伏并网逆变器的低电压穿越控制策略是实现低电压穿越功能的关键[9]，首先对光伏电源的低电压穿越控制策略进行简单介绍，然后重点分析本章采用的低电压穿越控制策略。常见的光伏电源的低电压穿越控制策略可分为以下四种。

(1) 限制光伏并网逆变器的参考电流。根据光伏逆变器的控制原理图 7.1，对 d 轴参考电流设置限值为 1.5 倍额定电流，能够保证光伏并网逆变器输出电流不超过保护值。

(2) 光伏并网逆变器的直流侧增加卸荷电阻。当电网电压跌落时，光伏并网逆变器输入功率大于输出功率，引起直流侧电容电压升高。采用直流侧卸荷电阻以消耗多余的能量，保证电容电压在允许范围内。其卸荷电路结构如图 7.5 所示。

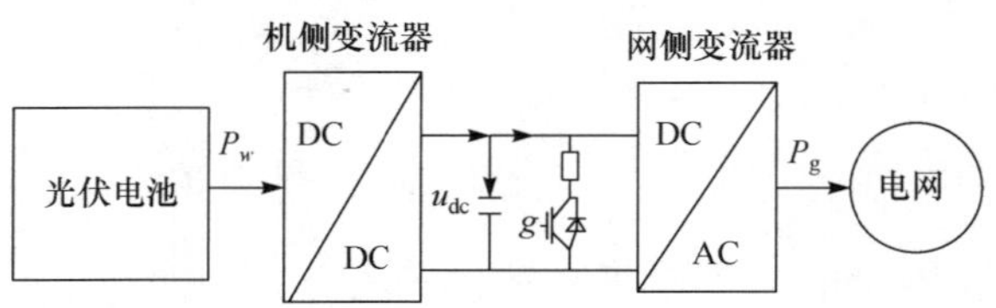

图 7.5 直流侧卸荷电路结构图

(3) 减小光伏电池板的输入功率。根据电网电压跌落的情况，调节光伏电池工作点，减小光伏电池的输入功率。

(4) 改变光伏并网逆变器的控制策略。根据电网电压跌落的情况，改变逆变器有功、无功电流参考值，对电网电压进行有功、无功支撑。

本章采用改变光伏逆变器控制策略和直流侧增加卸荷电阻的低电压穿越方法

进行分析。当电网电压三相不平衡时，电压中存在正序分量和负序分量，采用如图7.6所示的正负序分解控制，以消除负序电流的影响[10]。正常运行时，正序d轴和q轴电流指令分别由电压外环和功率外环得到，经PI调节得到正序电压指令；负序d轴和q轴电流指令为零，经PI调节得到负序电压指令，该指令与正序电压指令相叠加后与载波信号比较得到相应的开关信号。正负序控制方法实现了逆变器输出的负序分量的控制，保证逆变器输出电流为只含正序电流的三相对称电流。

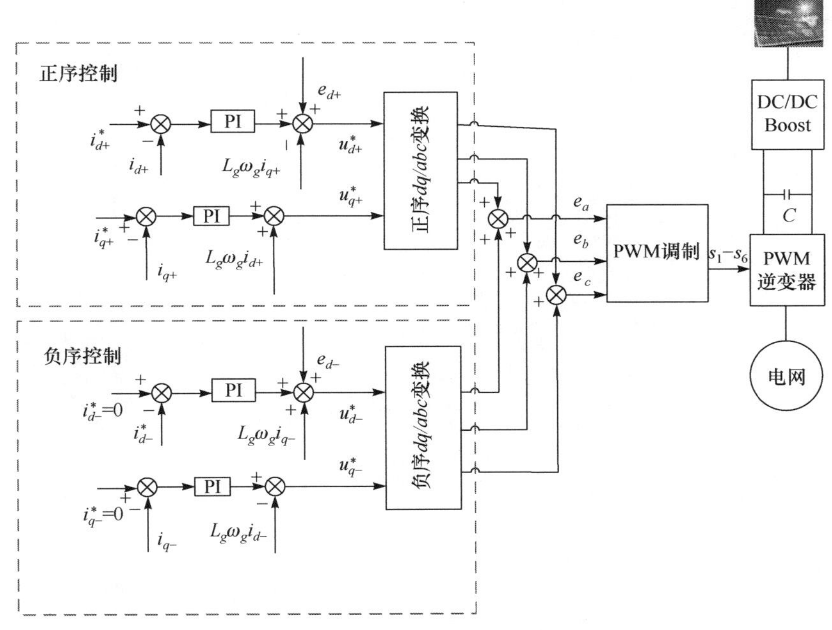

图7.6 正负序叠加控制方法

基于提出的正负序叠加控制方法，光伏并网逆变器的低电压穿越控制策略流程如图7.7所示[7]。

(1) 当检测到并网点正序电压跌落到90%以下时，并在电流内环直接给定正序有功、无功电流指令i^*_{d+}和i^*_{q+}。

(2) 为满足中国针对接入中压配电网分布式电源的并网标准的要求，在电网故障期间，根据电压跌落幅度，对正序无功电流指令i^*_{q+}进行自适应调整，即

$$i^*_{q+}=\begin{cases}0, & \alpha>0.9\\ 2(1-\alpha), & 0.4\leqslant\alpha\leqslant0.9\\ 1.2, & \alpha<0.4\end{cases} \tag{7-9}$$

式中，所有量均为标幺值，α为跌落后的电网正序电压幅值。

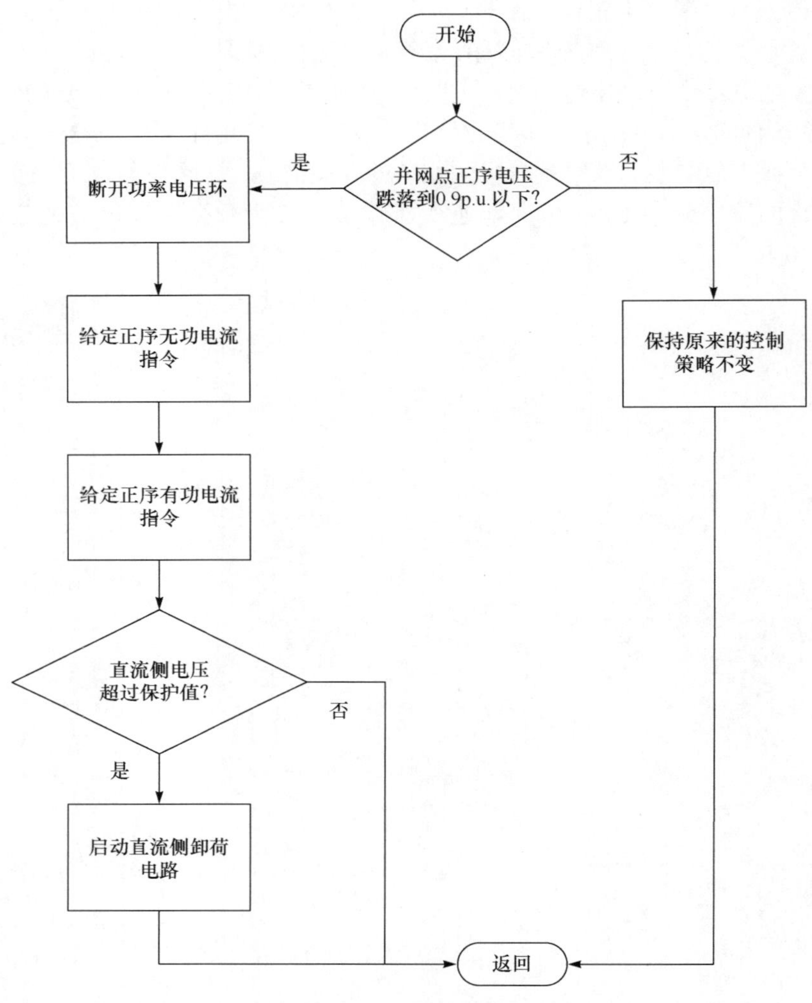

图 7.7 低电压穿越控制策略流程图

(3) 为了在逆变器不过流的情况下发出最大允许的有功功率，有功电流指令为 i_{d+}^{*} 。i_{d+}^{*} 为取 i_{d0+}^{*} 和 $\sqrt{1.5^2-i_{q+}^{*2}}$ 之间的较小值，其中 i_{d0+}^{*} 为故障前光伏并网逆变器电流内环的有功电流指令。

(4) 当故障后逆变器的输出功率小于故障前功率时，不平衡功率使光伏逆变器直流侧电压升高，在直流侧电压超过一定值后，导通直流侧卸荷电路。

根据以上所提出的低电压穿越控制策略，当电网发生故障时，光伏并网逆变器的稳态三相故障电流峰值计算公式为

$$I_{abc}=\sqrt{(i_{d+}^{*})^2+(i_{q+}^{*})^2} \tag{7-10}$$

正序 q 轴电流参考计算公式根据式(7-9)得到，正序 d 轴电流参考计算公式由下式得到：

$$i_{d+}^{*}=\min\{i_{d0+}^{*},\sqrt{(i_{d\max})^{2}-(2(1-\alpha)i_{d0+}^{*})^{2}}\} \tag{7-11}$$

式中，$i_{d\max}$ 为最大允许正序 d 轴电流。

7.4 光伏电源的故障电流特性仿真

在电网故障时，不具备低电压穿越功能的光伏并网逆变器退出运行，而具备低电压穿越功能的光伏并网逆变器可以根据并网电压情况继续保持并网运行，并提供一定的无功支撑。本章以不同类型电网故障为例，分别对不具备和具备低电压穿越功能的单个光伏电源并网逆变器进行故障条件下的电磁暂态仿真。

7.4.1 不具备低电压穿越功能的光伏电源故障仿真

该仿真拓扑结构如图 7.8 所示，仿真模型参数如下：光伏电源额定功率 15kWp，逆变器直流侧电压 800V，光伏并网逆变器每相额定输出电流最大值为 33A，故障时刻为 0.5s，持续时间为 0.5s。发生故障时，光伏并网点的三相电压对称跌落 20%，仿真结果分别如图 7.9(a)～(e)所示。

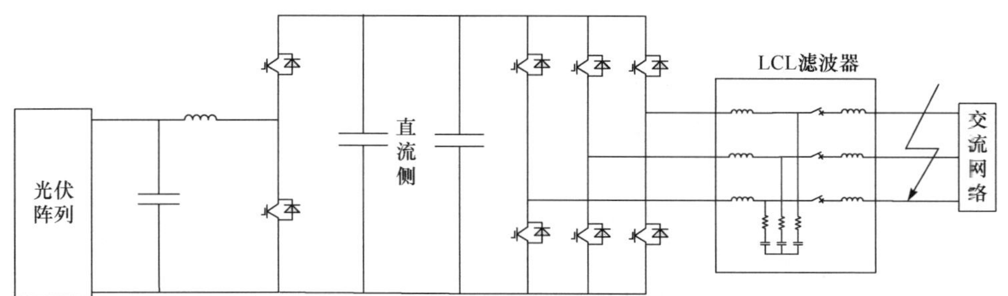

图 7.8 仿真系统拓扑结构示意图

当电网发生故障时，由于光伏逆变器不具备低电压穿越功能，光伏逆变器检测到故障电流，保护动作，闭锁开关器件，从图 7.9 可以看出，光伏逆变器三相输出电流、输出有功无功功率、正序 d 轴电流迅速变为零，光伏电源退出运行。即配电网短路故障时，不具备低电压穿越功能的光伏电源系统对稳态故障电流贡献为零。

7.4.2 具备低电压穿越功能的光伏并网逆变器故障仿真

仿真模型及其参数与 7.4.1 节一致，在此不再赘述，低电压穿越方法采用 7.3.2 节所提出的控制方法，光伏逆变器三相输出电流限幅设定为 1.5 倍的额定

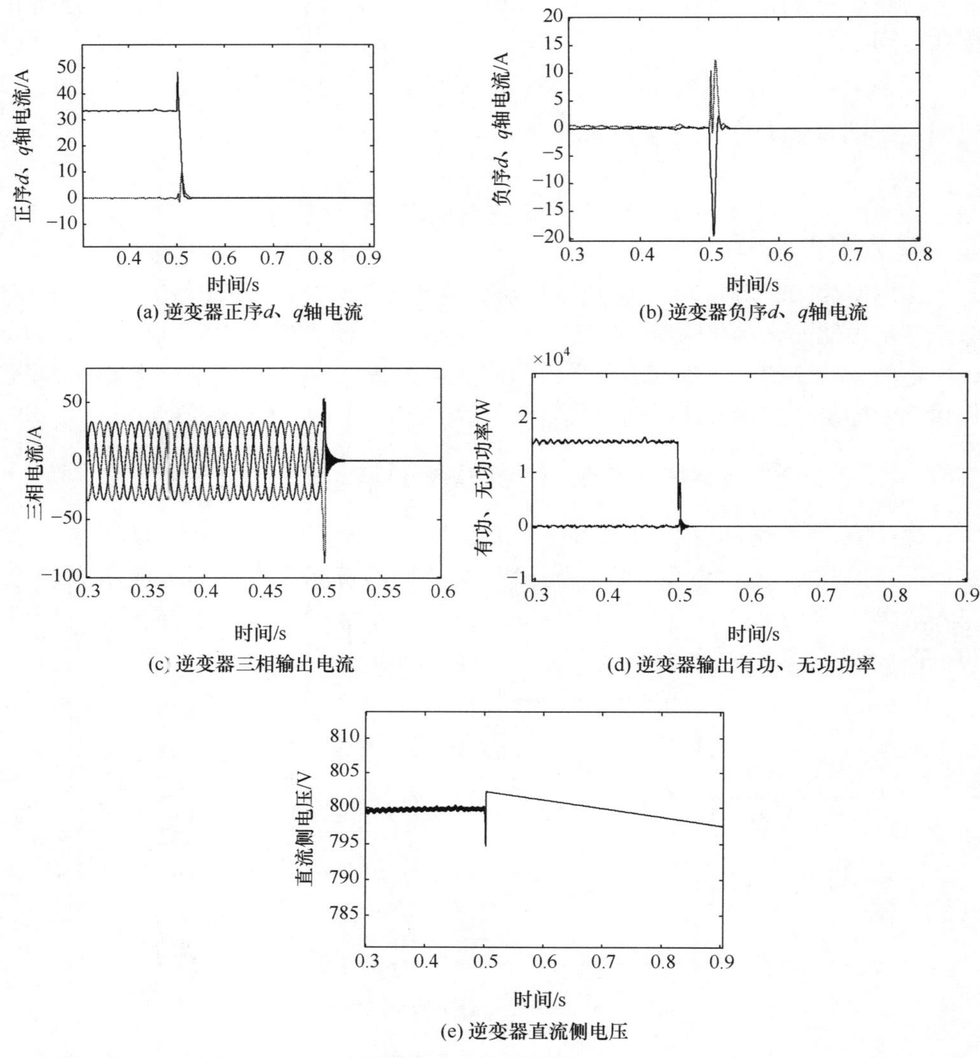

(a) 逆变器正序d、q轴电流

(b) 逆变器负序d、q轴电流

(c) 逆变器三相输出电流

(d) 逆变器输出有功、无功功率

(e) 逆变器直流侧电压

图 7.9 电网电压三相对称跌落情况下光伏输出波形

电流。发生故障时,案例 1～案例 3 的并网点电压分别按照三相对称、两相不对称和单相跌落到 20%的三种情况开展分析。

1) 案例 1:电网电压三相对称跌落到 20%

根据以上仿真结果,可以得出以下结论:

(1) 由图 7.7 和式(7-9)得到光伏逆变器的正序 q 轴电流参考值,从图 7.10(a)也可以看出,其值由零增加到额定电流的 1.2 倍,而正序 d 轴电流取 i_{d0+}^{*} 和 $\sqrt{1.5^2-i_{q+}^{*2}}$ 之间的较小值;负序 d 轴和 q 轴电流参考值为零,根据图 7.6 可知,在负序电流内环 PI 调节器作用下，负序 d 轴和 q 轴电流在 100ms 以内减小到零。光伏逆变器稳态三相输出短路电流为正序有功、无功电流的矢量和。

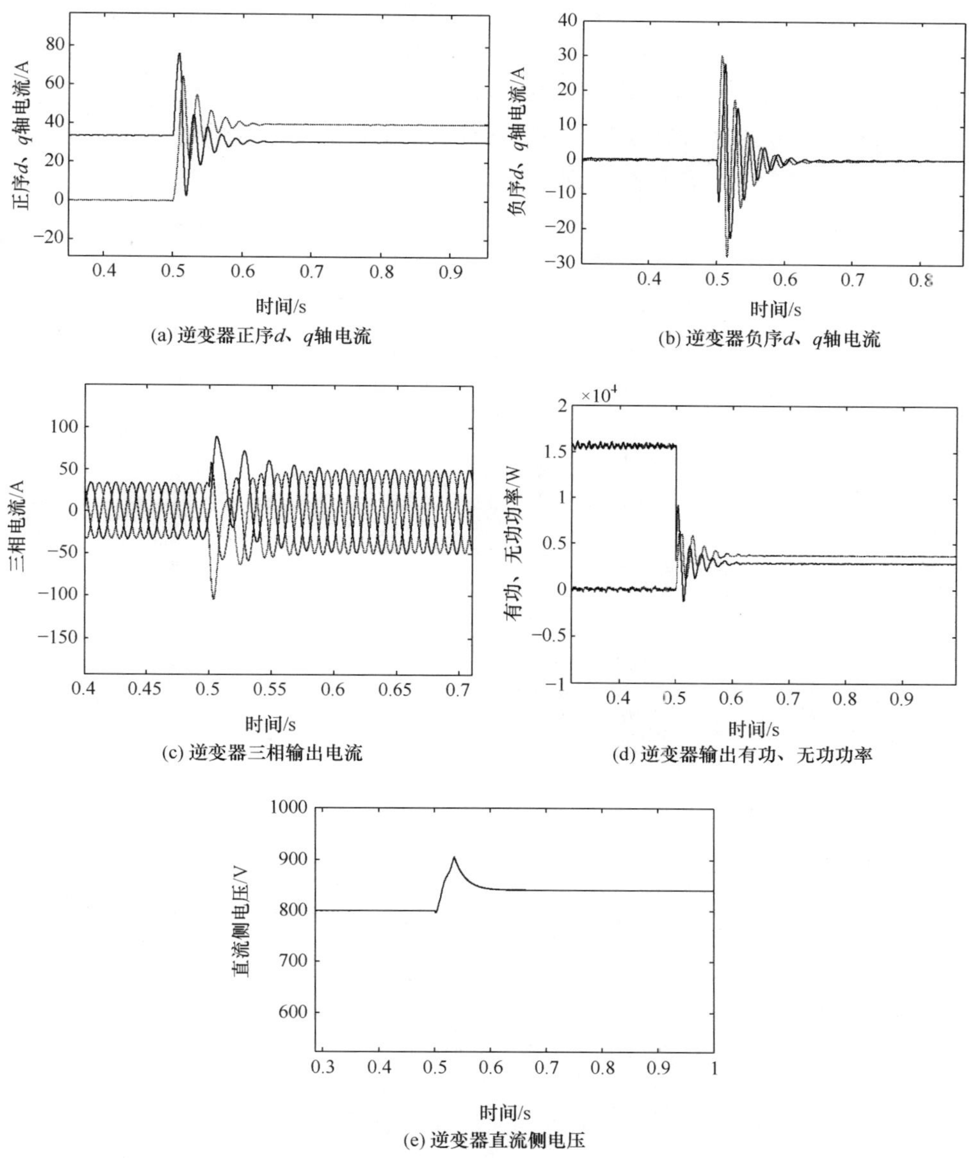

(a) 逆变器正序d、q轴电流

(b) 逆变器负序d、q轴电流

(c) 逆变器三相输出电流

(d) 逆变器输出有功、无功功率

(e) 逆变器直流侧电压

图 7.10　电网电压三相对称跌落到 20%情况下光伏输出波形

(2) 根据图 7.10(d)、(e)光伏逆变器输出有功功率由 16kW 减小到 3kW，无功功率由 0 增加到 4kW。

2) 案例 2：电网电压两相不对称跌落到 20%

根据以上仿真结果，可以得出以下结论：

(1) 由图 7.7 和式(7-9)得到光伏逆变器的正序 q 轴电流参考值，根据图 7.11(a)可知，其值由零增加到额定电流的 1.0064 倍，而正序 d 轴电流仍然取 i_{d0+}^{*} 和 $\sqrt{1.5^2-i_{q+}^{*2}}$ 之间的较小值；负序 d 轴和 q 轴电流参考值为零，根据图 7.6 可知，在负序电流内环 PI 调节器作用下，负序 d 轴和 q 轴电流在 200ms 以内减小到零。光伏逆变器稳态三相输出短路电流为正序有功、无功电流的矢量和。

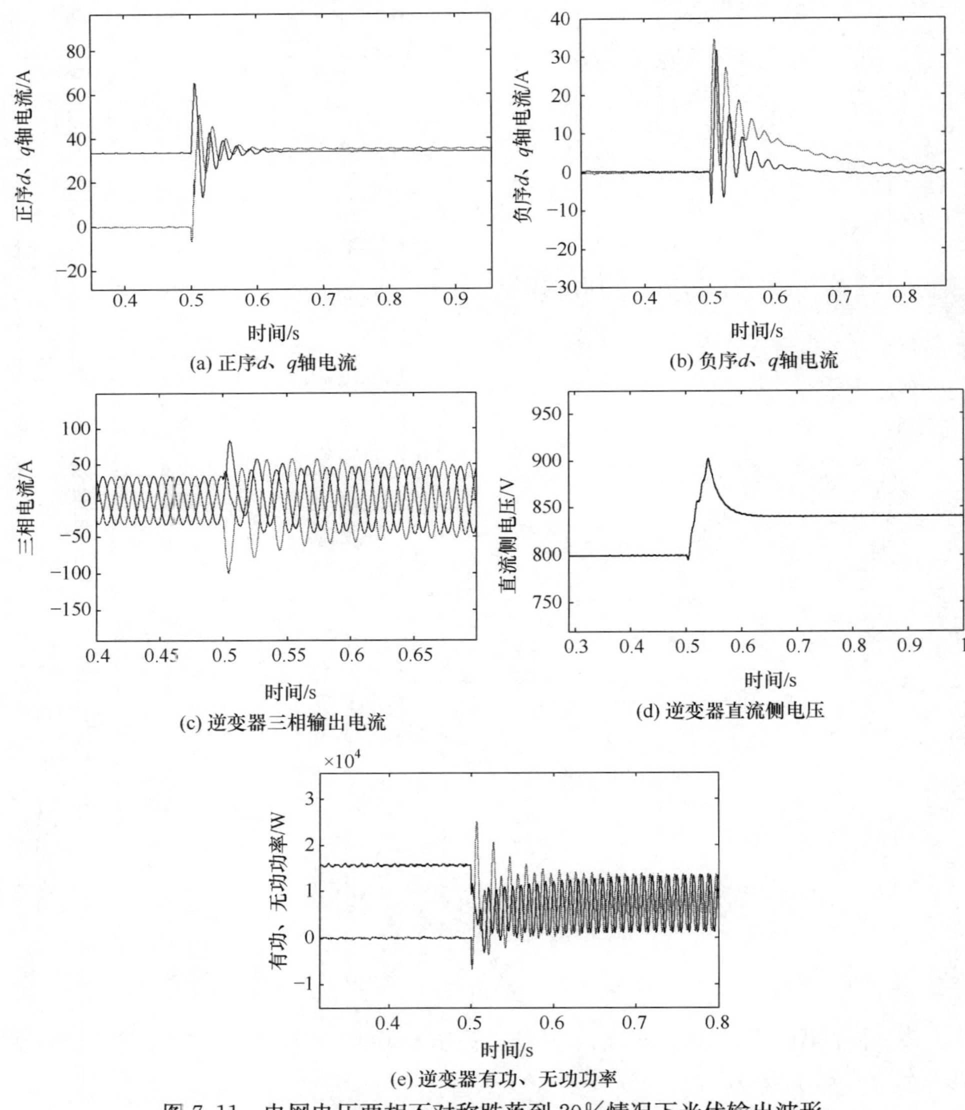

(a) 正序d、q轴电流

(b) 负序d、q轴电流

(c) 逆变器三相输出电流

(d) 逆变器直流侧电压

(e) 逆变器有功、无功功率

图 7.11　电网电压两相不对称跌落到 20%情况下光伏输出波形

(2) 由于正序 d 轴电流减小、正序 q 轴电流增大，根据图 7.11(e)可知，光伏逆变器输出有功功率减小，无功功率增加以向电网提供无功支撑。与电网对称故障不同的是，电网发生不对称故障时，光伏逆变器输出功率含有 2 倍频波动，其原因是结合 7.2.2 节“电网电压不对称跌落时的短路特性”分析和式(7-5)、式(7-6)，以光伏逆变器输出电流三相正弦对称、无 2 倍频波动为控制目标，则无法消除有功、无功功率中的 2 倍频波动分量。

3) 案例 3：电网电压单相跌落到 20%

根据以上仿真结果，可以得出以下结论：

(1) 由图 7.7 和式(7-9)得到光伏逆变器的正序 q 轴电流参考值，根据图 7.12(a)可知，其值由零增加到额定电流的 0.533 倍，而正序 d 轴电流仍然取 i_{d0+}^{*} 和 $\sqrt{1.5^2-i_{q+}^{*2}}$ 之间的较小值；负序 d 轴和 q 轴电流参考值为零，根据图 7.6 可知，在负序电流内环 PI 调节器作用下，负序 d 轴和 q 轴电流在 100ms 以内减小到零。光伏逆变器稳态三相输出短路电流为正序有功、无功电流矢量和。

(2) 由于正序 d 轴电流减小、正序 q 轴电流增大，根据图 7.12(d)可知，光伏逆变器输出有功功率减小，无功功率增加以向电网提供无功支撑。有功、无功功率中将含有 2 倍频波动分量原因同案例 2，在此不再赘述。

(3) 从仿真结果可以看出，在不同类型的电网故障下，光伏逆变器仍然能够持续并网运行，并提供一定的无功支撑，实现了低电压穿越的控制目标。

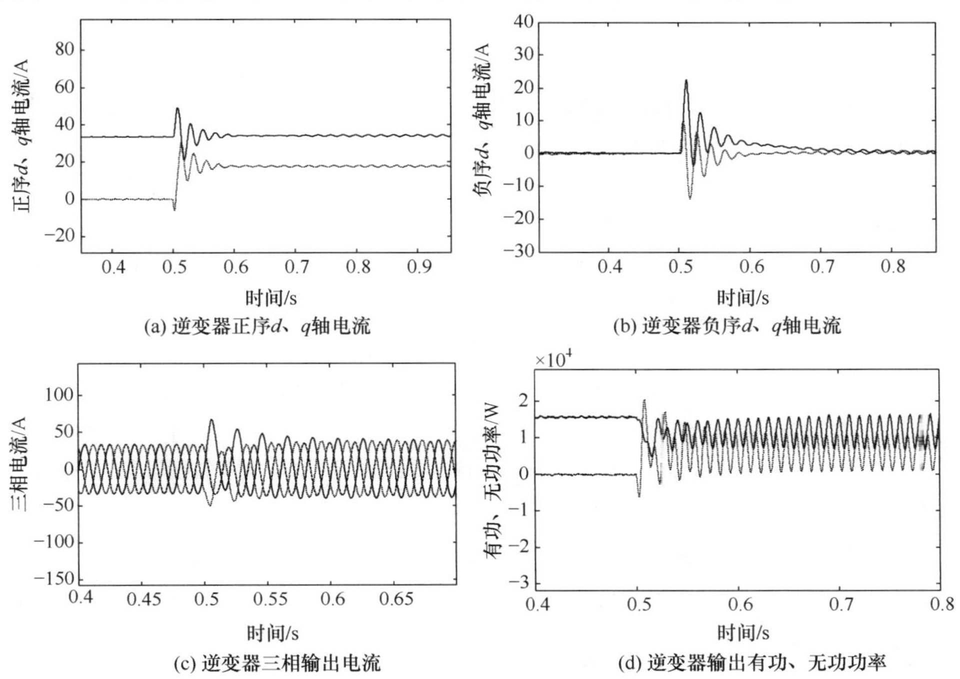

(a) 逆变器正序d、q轴电流　　(b) 逆变器负序d、q轴电流

(c) 逆变器三相输出电流　　(d) 逆变器输出有功、无功功率

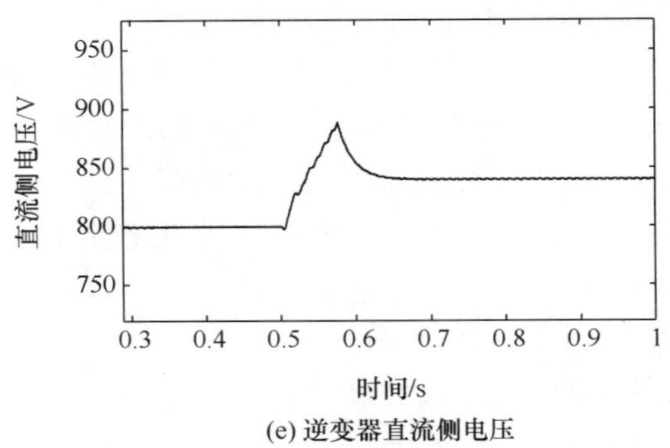

(e) 逆变器直流侧电压

图 7.12 电网电压单相跌落到 20%情况下光伏输出波形

7.5 含分布式光伏电源的配电网短路电流计算方法

随着分布式光伏电源接入配电网容量的不断增大，其对电网安全稳定运行造成了很大的影响，尤其是分布式光伏电源大规模脱网事故的发生会对配电网的正常运行带来严重的不良影响[11-12]，因此有必要针对光伏并网逆变器的故障电流特征，建立适用于含高渗透率分布式光伏电源接入的配电网短路计算分析方法。

7.5.1 配电网模型

传统的配电网是单电源网络，系统电源可以采用戴维南等值电路等效。当配电网发生故障时，其节点方程为

$$\boldsymbol{YU}=\boldsymbol{I} \tag{7-12}$$

式中，$\boldsymbol{Y}$ 为系统节点导纳矩阵；$\boldsymbol{U}$ 为节点电压；$\boldsymbol{I}$ 为节点注入电流。

大量分布式光伏电源接入配电网后，系统由单电源供电变为多电源供电，故障电流的大小和相位发生了变化。旋转型 DG 在故障时可等值为电压源和阻抗的串联模型，因此，含此类 DG 的配电网故障分析可沿用传统方法。而对于配电网中含分布式光伏电源的情况，光伏电源在故障时应等值为压控电流源模型[9,13]，其输出具有很强的非线性，传统线性等值模型已不再适用。为此，针对光伏电源的输出特性[14]，需要提出新的含高渗透率的分布式光伏电源的配电网故障分析方法。

为不失一般性，以图 7.13 所示含光伏电源的典型配电网进行具体分析。

在图 7.13 中，$\dot{E}_S$ 为系统等值电势；Z_S 和 Z_{Ln} 分别为系统等值阻抗和线路 Ln 的阻抗。设线路 $L3$ 末端 f 点发生短路。$\dot{U}_{SB.f}$ 为系统母线 SB 处故障电压；$\dot{U}_{Pn.f}$

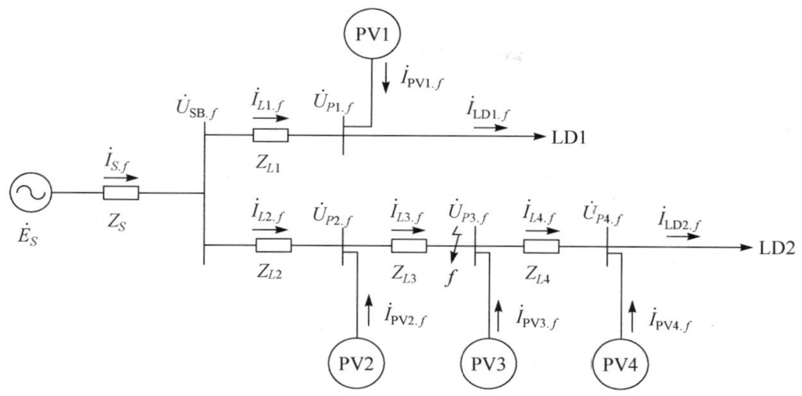

图 7.13　含多个分布式光伏电源的典型配电网

为第 n 个分布式电源(PVn)接入点 P_n 处故障电压；$\dot{I}_{S.f}$、$\dot{I}_{PVn.f}$分别为系统和 PVn 提供的故障电流；$\dot{I}_{Ln.f}$和 $\dot{I}_{LD1.f}$、$\dot{I}_{LD2.f}$分别为流经线路 Ln 和流向负荷 LD1、LD2 的故障电流。

7.5.2　传统配电网短路电流计算方法

电力系统短路电流的计算是电力系统设计和运行中的重要环节。利用网络元件的电磁暂态模型进行短路电流计算，结果准确，但方法复杂且计算量大，不能满足工程的需求。当前短路电流的计算标准或方法主要有运算曲线法[15]、IEC 标准[16]和 ANSI 标准[17]。

(1) 运算曲线法。

运算曲线法是普遍采用的一种简化的短路电流计算方法，有较强的实用性。应用运算曲线法计算电力系统短路电流时，用各台发电机的 x''_d作为其等值电抗，不计网络中负荷大小，对系统等值网络进行网络化简，可得到只含有发电机电动势节点和短路点的简化网络，求得各电源对短路点间的转移阻抗。由于等值网络中所有阻抗按照统一的功率基准值归算，所以应将各电源与短路点间的转移阻抗分别按照各个电源的额定容量进行，得到各电源的计算电抗，然后利用计算电抗查运算曲线求得各电源到短路点某时刻的短路电流标幺值。短路点的总短路电流则为各电源对短路点的短路电流标幺值换算成有名值后的总和。

(2) IEC 标准。

在 IEC 标准中，所有旋转电机(发电机、同步电动机、异步电动机等)均与发电机一样看待，电力系统电源短路时可瞬时逆变运行的静止换流器装置等均视作电源处理，即作为网络元件处理，但对稳态短路电流，同步电动机、异步电动机及静止换流器无影响，不作为网络元件。

在网络元件的阻抗方面，IEC 标准对电力系统电源、异步电动机、短路时可瞬时逆变运行的静止换流器装置、发电机等元件的阻抗有着明确的规定。所有网络元件一般均用电阻 R 及电抗 X。

该标准在计算短路电流时，通过在短路点引入一个等效电压源 $CU_n/\sqrt{3}$，短路电流 I'' 可以表示为 $I''=(CU_n/\sqrt{3})/Z_k$，其中 Un 为系统基准电压，Z_k 为归算至短路点处的短路阻抗，C 为与 Un 对应的电压修正系数，计算最大短路电流时，取其最大值 C_{max}，计算最小短路电流时，取其最小值 C_{min}。IEC 标准对电压修正系数进行了规定，对于 100～1000V 系统，C_{max} 取 1.05 或 1.1，C_{min} 取 0.95；对于 1kV 以上的系统，C_{max} 取 1.1，C_{min} 取 1。

(3) ANSI 标准。

ANSI 短路电流计算标准，主要是为基于全电流整定的断路器提供短路电流参考值。ANSI 标准通过一个等效电压源 E 与一个等值阻抗串联(均取标幺值)的等值网络，来简化短路电流的计算。电压值 E 是短路母线上的标称电压，它反映了短路前的电压。ANSI 标准对系统各元件等值电抗的取值有着详细的规定[17]，ANSI 标准的短路电流计算步骤方法比较简明，即

$$I=K\frac{E}{X} \tag{7-13}$$

式中，K 由系统中的短路点和从短路点看进去的系统 X/R 值决定。

7.5.3　含分布式光伏电源的配电网短路电流计算方法

通过 7.2 节及 7.3 节的理论分析可知，在电网对称和不对称故障情况下，光伏电源的交流侧输出电流中均只存在正序电流分量。且在公共连接点(PCC)电压骤降的情况下，光伏电源输出故障电流的暂态过程较短可忽略不计。在电网故障情况下，其故障电流分量可以表示为

$$I_{PV\cdot f\_q+}=\begin{cases}0, & U_{P\cdot f}^{+}/U_{P0}>0.9\\ 2(1-U_{P\cdot f}^{+}/U_{P0}), & 0.4\leqslant U_{P\cdot f}^{+}/U_{P0}\leqslant 0.9\\ 1.2, & U_{P\cdot f}^{+}/U_{P0}<0.4\end{cases} \tag{7-14}$$

$$I_{PV\cdot f\_d+}=\min\{I_{PV\_d0+},\sqrt{(I_{PV\_dmax})^2-(2(1-U_{P\cdot f}^{+}/U_{P0})I_{PV\_d0+})^2}\} \tag{7-15}$$

式中，U_{P0} 和 $U_{P\cdot f}^{+}$ 分别为公共连接点处的额定电压和故障电压的正序分量；$I_{PV\cdot f\_q+}$ 为故障时光伏电源实际输出的正序无功电流；$I_{PV\cdot f\_d+}$ 为故障时光伏电源实际输出的正序有功电流；I_{PV_d0+} 为故障前光伏电源电流内环的有功电流指令；I_{PV_dmax} 为光伏电源最大允许正序有功电流。

若将光伏电源故障电流的有功分量定向于公共连接点电压相量，如图 7.14 所示，则故障电流向量可表示为

$$\dot{I}_{\mathrm{PV}.f}=(I_{\mathrm{PV}.f\_d+}\cos\delta+I_{\mathrm{PV}.f\_q+}\sin\delta)+\mathrm{j}(I_{\mathrm{PV}.f\_d+}\sin\delta-I_{\mathrm{PV}.f\_q+}\cos\delta) \tag{7-16}$$

式中，δ 为$\dot{U}_{P.f}$的相角。

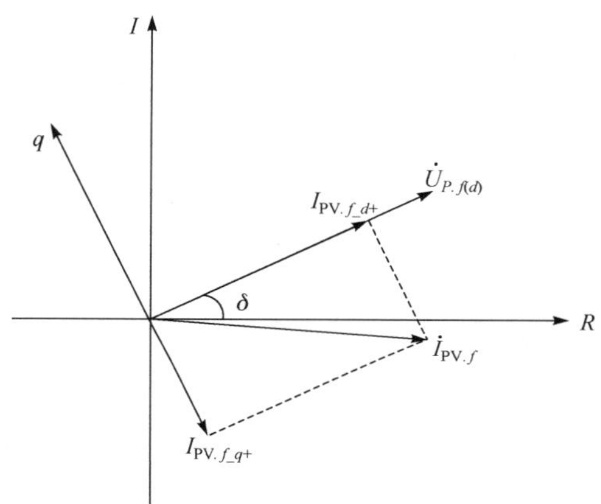

图 7.14　光伏电源故障电流向量

由上两式可知，光伏电源故障电流的大小和相位由公共连接点故障正序电压决定。因此，故障时光伏电源等值为受公共连接点正序电压控制的电流源模型，可表示为

$$\dot{I}_{\mathrm{PV}.f}=f(\dot{U}^{+}_{\mathrm{P}.f}) \tag{7-17}$$

1）对称故障短路电流计算方法

设 f 点发生三相短路，过渡电阻为 R_f。考虑光伏的压控电流源模型，配电网故障时等值网络如图 7.15 所示。

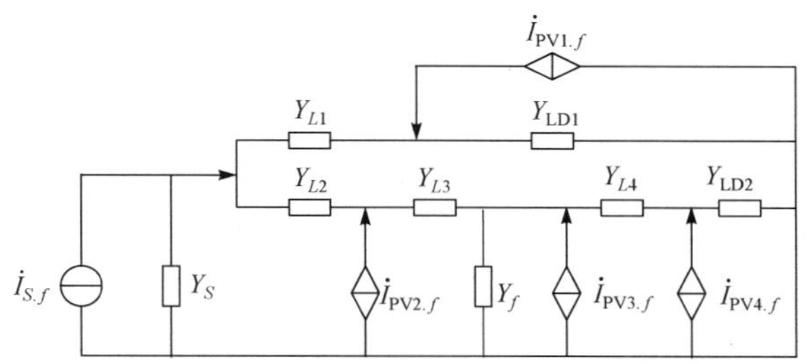

图 7.15　含分布式光伏电源的配电网三相短路等值网络

在图 7.15 中，$\dot{I}_{S.f}$、Y_S 分别为系统等效电流源和等值导纳；Y_{Ln}、Y_f 分别为线路 Ln 和过渡电阻 R_f 的等值导纳；Y_{LD1}、Y_{LD2} 分别为负荷 LD1、LD2 的等值导纳。

根据以上等值网络，可列出含分布式光伏电源的配电网故障节点方程：

$$\boldsymbol{Y}\begin{bmatrix}\dot{U}_{\mathrm{SB}\cdot f}\\ \dot{U}_{P1\cdot f}\\ \dot{U}_{P2\cdot f}\\ \dot{U}_{P3\cdot f}\\ \dot{U}_{P4\cdot f}\end{bmatrix}=\begin{bmatrix}\dot{I}_{S\cdot f}\\ \dot{I}_{\mathrm{PV1}\cdot f}\\ \dot{I}_{\mathrm{PV2}\cdot f}\\ \dot{I}_{\mathrm{PV3}\cdot f}\\ \dot{I}_{\mathrm{PV4}\cdot f}\end{bmatrix} \tag{7-18}$$

式中

$$Y=\begin{bmatrix}Y_S+Y_{L1}+Y_{L2} & -Y_{L1} & -Y_{L2} & 0 & 0\\ -Y_{L1} & Y_{L1}+Y_{\mathrm{LD1}} & 0 & 0 & 0\\ -Y_{L2} & 0 & Y_{L2}+Y_{L3} & -Y_{L3} & 0\\ 0 & 0 & -Y_{L3} & Y_{L3}+Y_{L4}+Y_f & -Y_{L4}\\ 0 & 0 & 0 & -Y_{L4} & Y_{L4}+Y_{\mathrm{LD2}}\end{bmatrix} \tag{7-19}$$

在式(7-18)所示节点方程中，各分布式光伏电源提供的故障电流$\dot{I}_{\mathrm{PV}n.f}$可由式(7-14)～式(7-16)表示。

联立式(7-14)～式(7-19)可建立节点电压的求解方程组。但是由于分布式光伏电源间的相互耦合效应，以及受控制策略影响使得 PCC 电压与光伏电流之间存在着很强的非线性关系，造成该方程组无法通过线性变换而直接求解。为解决上述问题，这里采用了迭代修正的求解方法，其迭代方程、修正方程及收敛判据分别如式(7-20)～式(7-24)所示。

$$\boldsymbol{Y}\begin{bmatrix}\dot{U}^{(k)}_{\mathrm{SB}\cdot f}\\ \dot{U}^{(k)}_{P1\cdot f}\\ \dot{U}^{(k)}_{P2\cdot f}\\ \dot{U}^{(k)}_{P3\cdot f}\\ \dot{U}^{(k)}_{P4\cdot f}\end{bmatrix}=\begin{bmatrix}\dot{I}_{S.f}\\ 0\\ 0\\ 0\\ 0\end{bmatrix}+\begin{bmatrix}0\\ \dot{I}^{(k-1)}_{\mathrm{PV1}.f}\\ \dot{I}^{(k-1)}_{\mathrm{PV2}.f}\\ \dot{I}^{(k-1)}_{\mathrm{PV3}.f}\\ \dot{I}^{(k-1)}_{\mathrm{PV4}.f}\end{bmatrix} \tag{7-20}$$

$$I^{(k)}_{\mathrm{PV}n\cdot f\_q}=\begin{cases}0, & U^{(k)}_{Pn\cdot f}/U_{P0}>0.9\\ 2(1-U^{(k)}_{Pn\cdot f}/U_{P0}), & 0.4\leqslant U^{(k)}_{Pn\cdot f}/U_{P0}\leqslant 0.9\\ 1.2, & U^{(k)}_{Pn\cdot f}/U_{P0}<0.4\end{cases} \tag{7-21}$$

$$I^{(k)}_{\mathrm{PV}n\cdot f\_d}=\min\{I_{\mathrm{PV}n\_d0},\sqrt{(I_{\mathrm{PV}n\_d\max})^2-(2(1-U^{(k)}_{Pn\cdot f}/U_{P0})I_{\mathrm{PV}n\_d0})^2}\} \tag{7-22}$$

$$\dot{I}^{(k)}_{\mathrm{PV}n\cdot f}=(I^{(k)}_{\mathrm{PV}n\cdot f\_d}\cos\delta^{(k)}_n+I^{(k)}_{\mathrm{PV}n\cdot f\_q}\sin\delta^{(k)}_n)+\mathrm{j}(I^{(k)}_{\mathrm{PV}n\cdot f\_d}\sin\delta^{(k)}_n-I^{(k)}_{\mathrm{PV}n\cdot f\_q}\cos\delta^{(k)}_n) \tag{7-23}$$

$$\max|\dot{U}^{(k)}_{i\cdot f}-\dot{U}^{(k-1)}_{i\cdot f}|<\varepsilon \tag{7-24}$$

由于节点导纳矩阵 $\boldsymbol{Y}$ 为对称矩阵，且正定，因此上述迭代修正求解方法一定收敛。考虑到光伏输出的最大故障电流为其额定电流的 1.5 倍，故无须采用潮流计算得到的光伏电源正常运行电流作为迭代初值，只需将光伏额定电流 $\dot{I}_{\mathrm{PV}n0}$ 作为其故障电流迭代初值 $\dot{I}_{\mathrm{PV}n.f}^{(0)}$，即

$$\dot{I}_{\mathrm{PV}n \cdot f}^{(0)}=\dot{I}_{\mathrm{PV}n0} \tag{7-25}$$

2）不对称故障短路电流计算方法

当配电网发生不对称短路时，依对称分量法可将故障网络分解形成正序和负序网络。其中，等值为压控电流源模型的光伏电源由于只输出正序电流和正序功率，故仅存在于正序网络中。

假设在图 7.13 所示配电网中的 f 点发生两相短路，则其正序和负序网络分别如图 7.16、图 7.17 所示。

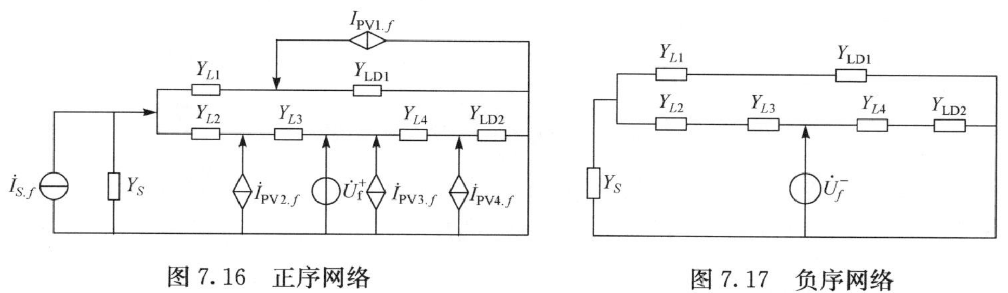

图 7.16　正序网络　　　　图 7.17　负序网络

图 7.16、图 7.17 中，$\dot{U}_f^+$、$\dot{U}_f^-$ 分别为故障点正序和负序等值电压，且有

$$\dot{U}_f^+=\dot{U}_f^- \tag{7-26}$$

因此，由图 7.16、图 7.17 形成的两相短路复合序网如图 7.18 所示。

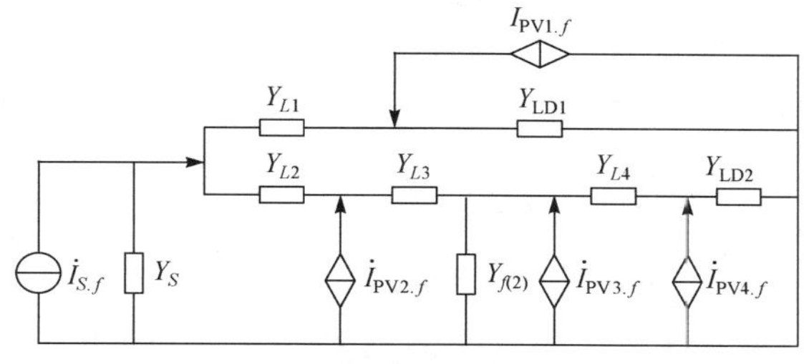

图 7.18　两相短路的负荷序网

比较图 7.18 和图 7.15 可知，配电网两相短路时形成的复合序网和三相短路时的等值网络具有相同的形式。因此，通过建立节点方程，再利用上节求出的迭代修正求解方法，即可求得两相短路复合序网中各节点正序电压。依式(7-26)求得 $\dot{U}_f^-$，并将其代入负序网络中，可求解各节点负序电压，进而可求得支路正序和负序

电流。其他不对称短路故障的处理方法与两相短路故障的处理方法一致。

7.5.4 含分布式光伏电源的配电网故障仿真

以 10kV 辐射型配电网低压馈线为例，建立适用于含分布式光伏电源接入的 10kV 配电网电磁暂态仿真模型，其典型结构如图 7.19 所示。

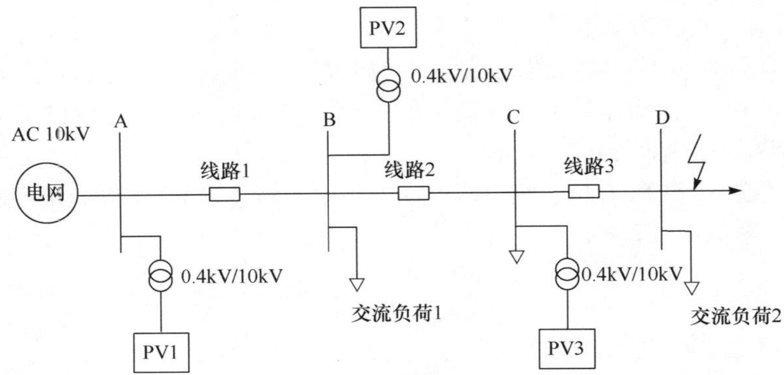

图 7.19 含分布式光伏电源接入的典型配电网

仿真系统包含三个分布式光伏电源、三条线路、两个交流负荷，各分布式光伏电源控制策略采用 7.3.2 节提出的具备低电压穿越功能的控制策略，相关参数如表 7.3 所示。

表 7.3 含分布式光伏电源的配电网参数

元件		参数	值
AC 馈线		线电压/kV	10
变压器		容量/短路阻抗/MVA/mH	40/0.27
线路	线路 1	线路阻抗 $R_e/L_e/\Omega$/mH	0.35/0.5
	线路 2	线路阻抗 $R_e/L_e/\Omega$/mH	0.245/0.35
	线路 3	线路阻抗 $R_e/L_e/\Omega$/mH	0.245/0.35
光伏	PV1	功率/kW	20
	PV 2	功率/kW	20
	PV 3	功率/kW	20
负荷	负荷 1	功率/kW	30
	负荷 2	功率/kW	60

案例 1 如图 7.19 所示，假设配电网中没有分布式光伏电源系统接入，母线

D 发生经 0.1 欧姆过渡电阻接地故障，三相电压对称跌落，故障时刻为 0.4s，持续时间为 0.5s，仿真结果如图 7.20 和表 7.4 所示。

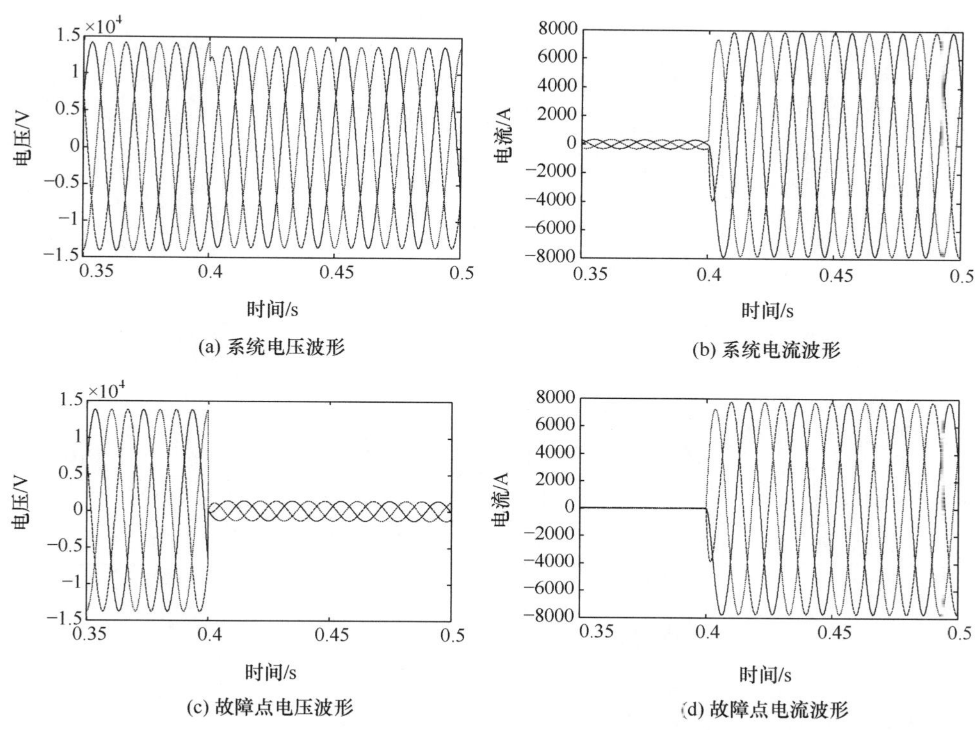

(a) 系统电压波形　(b) 系统电流波形

(c) 故障点电压波形　(d) 故障点电流波形

图 7.20　无分布式光伏电源接入情况下母线 D 经 0.1 欧姆三相电压短路故障波形

表 7.4　案例 1 仿真结果对比

	测量对象 / 测量值	系统源侧（10kV 侧）	PV1（0.4kV 侧）	PV2（0.4kV 侧）	PV3（0.4kV 侧）	故障点（10kV 侧）
故障前	三相输出相电流 i/A	320				0
	接入点线电压 u/V	14150				13800
故障后	三相相电流 i/A	7850				7750
	接入点线电压 u/V	13675				1340

案例 2　如图 7.19 所示，光伏电源 1、2、3 接入，母线 D 发生经 0.1 欧姆过渡电阻接地故障，三相电压对称跌落，故障时刻为 0.4s，仿真持续时间为 0.5s，仿真结果如图 7.21 所示。

综合图 7.21(a)～(j)的仿真波形，将故障前后的光伏电源 1、2、3 以及故障点的电压、电流数据以表格的形式作对比，参见表 7.5。

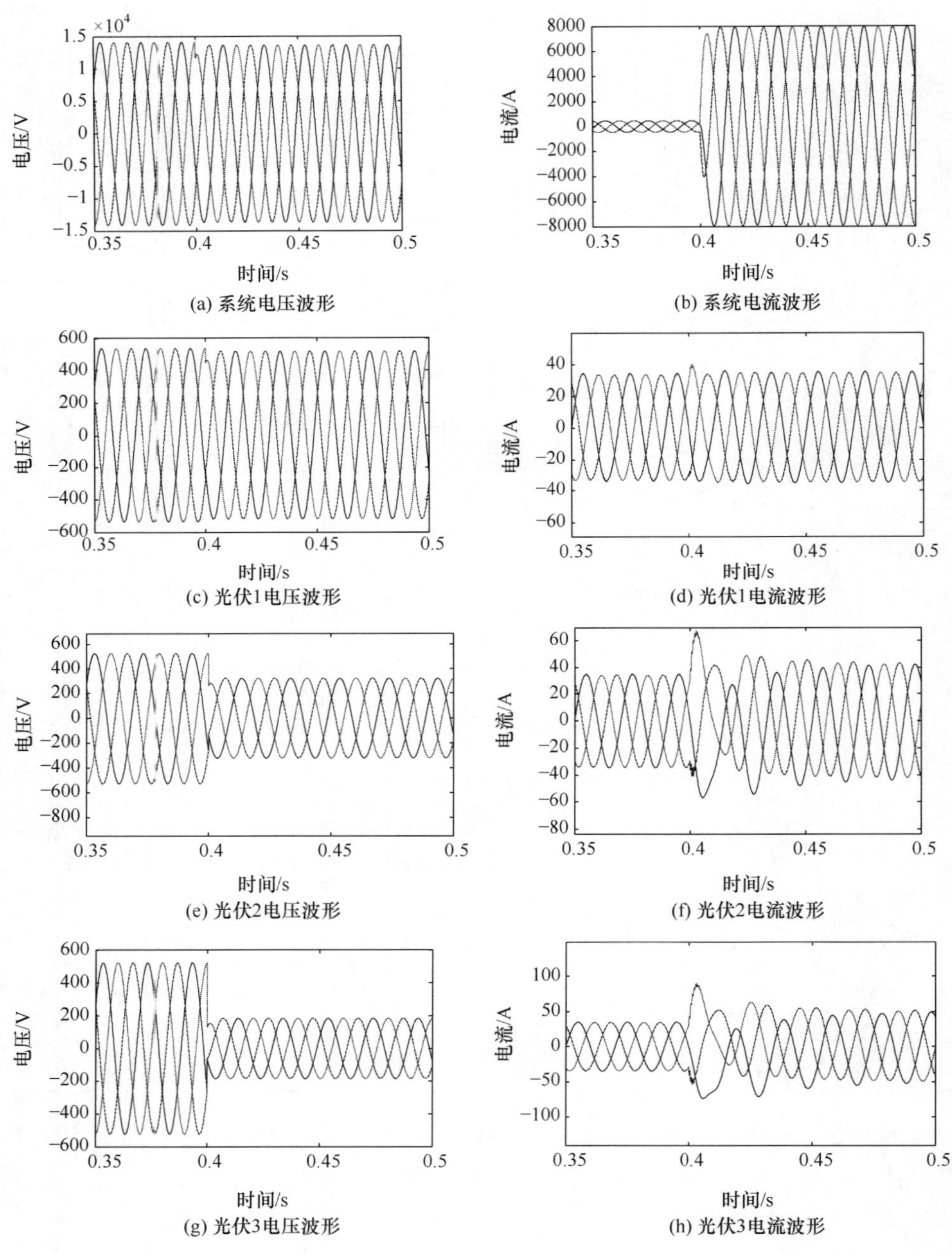

(a) 系统电压波形

(b) 系统电流波形

(c) 光伏1电压波形

(d) 光伏1电流波形

(e) 光伏2电压波形

(f) 光伏2电流波形

(g) 光伏3电压波形

(h) 光伏3电流波形

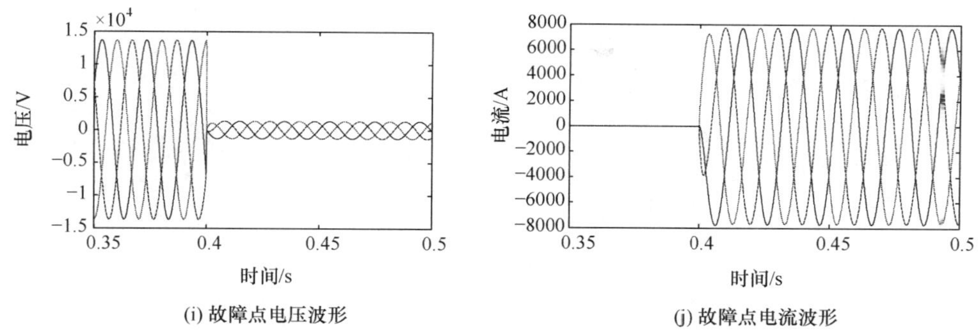

(i) 故障点电压波形　　(j) 故障点电流波形

图 7.21　分布式光伏电源接入情况下母线 D 经 0.1 欧姆三相电压短路故障波形

表 7.5　案例 2 仿真结果对比

	测量对象 测量值	系统源侧 (10kV 侧)	PV1 (0.4kV 侧)	PV2 (0.4kV 侧)	PV3 (0.4kV 侧)	故障点 (10kV 侧)
故障前	三相输出相电流 i/A	450	34	34	34	0
	接入点线电压 u/V	14100	310	304	302	13200
故障后	三相相电流 i/A	8000	35	50	50	7700
	接入点线电压 u/V	13336	305	174	109	1500

注：电压、电流均为最大值

根据以上仿真结果，可以得出以下结论：

(1) 10kV 馈线末端经过渡电阻发生三相对称短路时，故障点电压跌落最大，且分布式光伏电源接入点距离故障点越远，其电压跌落越小。

(2) 结合 7.3.2 节光伏电源的低电压穿越控制策略可知，故障发生后，每个分布式光伏电源根据接入点电压跌落程度改变运行控制策略，调整有功和无功电流大小，并向电网提供无功支撑。故障发生后，故障点的短路电流迅速增大并达到稳态值。

(3) 相比于案例 1，在 10kV 线路中增加分布式光伏电源接入点之后，短路点的稳态故障电流为分布式光伏电源、系统电源提供的短路电流之和，分布式光伏电源的接入改变了短路故障电流的分布。

案例 3　如图 7.19 所示，光伏电源 1、2、3 接入，母线 B 发生经 0.1Ω 过渡电阻接地故障，三相电压对称跌落，故障时刻为 0.4s，仿真持续时间为 0.5s，仿真结果如下图所示：

结合图 7.22(a)～(j)的仿真波形，将故障前后的光伏电源 1、2、3 以及故障点的电压、电流数据以表格的形式作对比，参见表 7.6。

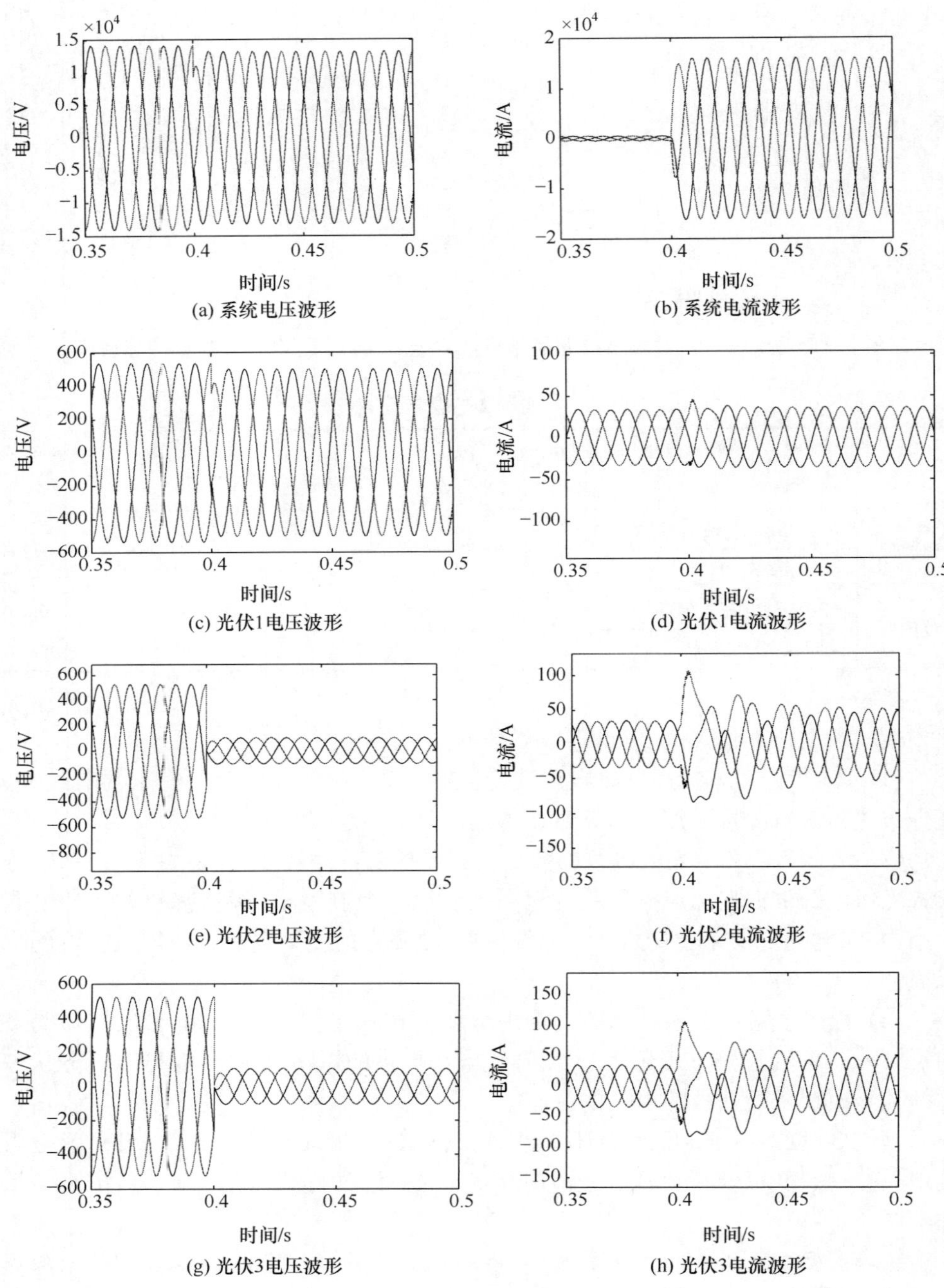

(a) 系统电压波形　(b) 系统电流波形

(c) 光伏1电压波形　(d) 光伏1电流波形

(e) 光伏2电压波形　(f) 光伏2电流波形

(g) 光伏3电压波形　(h) 光伏3电流波形

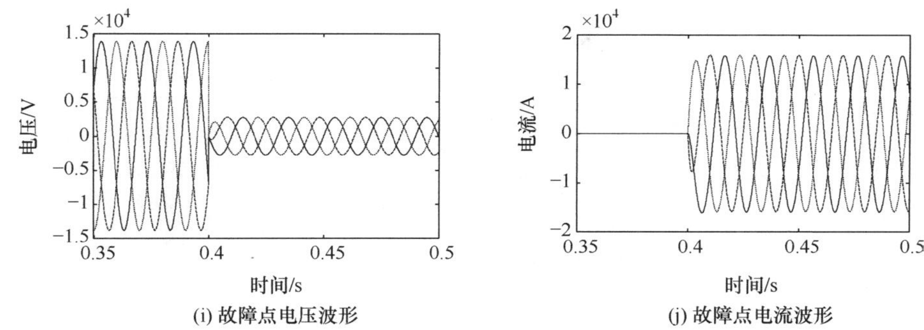

图 7.22 分布式光伏电源接入情况下母线 B 经 0.1 欧姆三相电压短路故障波形

表 7.6 案例 3 仿真结果对比

	测量对象 / 测量值	系统源侧（10kV 侧）	PV1（0.4kV 侧）	PV2（0.4kV 侧）	PV3（0.4kV 侧）	故障点（10kV 侧）
故障前	三相相电流 i/A	450	34	34	34	0
	接入点线电压 u/V	14100	310	304	302	13850
故障后	三相相电流 i/A	16000	35	50	50	15900
	接入点线电压 u/V	13100	289	61	59	2750

根据以上仿真结果，可以得出以下结论：

(1) 10kV 馈线母线 B 经过渡电阻发生三相对称短路时，故障点电压跌落最大，越靠近系统电源，其电压跌落越小。

(2) 结合 7.3.2 节光伏电源的低电压穿越控制策略可知，故障发生后，每个分布式光伏电源根据接入点电压跌落程度改变运行控制策略，调整有功和无功电流大小，并向电网提供无功支撑。故障发生后，故障点的短路电流迅速增大并达到稳态值。

(3) 与案例 2 一致，在 10kV 线路中增加光伏电源接入点之后，短路点的稳态故障电流为分布式光伏电源、系统电源提供的短路电流之和，光伏电源的接入改变了短路故障电流的分布。

本章对含分布式光伏电源的配电网不同故障进行了仿真，分别设置了不含分布式光伏电源的配电网末端三相接地短路、含分布式光伏电源的配电网不同地点的三相接地短路。含分布式光伏电源的配电网在发生故障时，故障点短路电流由系统和分布式光伏电源叠加而成，相比于不含分布式光伏电源的配电网，短路点故障电流增加了分布式光伏电源的短路电流部分。与传统系统相比，随着光伏渗透率的不断提高，发生故障时系统中短路电流的大小和流动方向等都将发生显著的变化。

7.6 小　结

本章首先介绍了电网在电压对称及不对称跌落时光伏电源的短路特性，讨论了光伏电源的低电压穿越标准及在低电压穿越条件下的控制策略，并对光伏电源的故障电流特性进行了仿真计算。对于含高渗透率分布式光伏电源的配电网短路电流计算，介绍了一种配电网故障迭代修正分析方法，适用于电网发生对称及不对称故障下的短路计算。

通过对分布式光伏电源的故障电流特性仿真结果表明，不具备低电压穿越功能的分布式光伏电源在配电网发生短路故障时，光伏并网逆变器闭锁，光伏电源退出运行，对稳态短路电流的贡献为零；而具备低电压穿越功能的光伏电源在配电网发生短路故障时，通过调整有功和无功电流大小，仍然可以持续向配电网提供有功和无功功率，短路点的稳态故障电流为光伏电源、系统电源提供的短路电流之和。

参考文献

[1] 杨杉，同向前. 含低电压穿越型分布式电源配电网的短路电流计算方法. 电力系统自动化，2016，40(11)：93-99.

[2] NB/T 33010—2014. 分布式电源接入电网运行控制规范. 北京：中国电力出版社，2015.

[3] Q/GDW 480—2010. 光伏电站接入电网技术规定. 北京：中国电力出版社，2011.

[4] Lopez J，Gubia E，Sanchis P，et al. Wind Turbines Based on Doubly Fed Induction Generator Under Asymmetrical Voltage Dips. IEEE Transactions on Energy Conversion，2008，23(1)：321-330.

[5] Katiraei F，Iravani M R，Lehn P W. Micro-grid autonomous operation during and subsequent to islanding process. IEEE Transactions on Power Delivery，2004，20(1)：248-257.

[6] Girgis A，Brahma S. Effect of distributed generation on protective device coordination in distribution system. Power Engineering，2001. LESCOPE'01. 2001 Large Engineering Systems Conference. IEEE，2001：115-119.

[7] 孔祥平，张哲，尹项根，等. 含逆变型分布式电源的电网故障电流特性与故障分析方法研究. 中国电机工程学报，2013(34)：65-74.

[8] Jayakrishnan R，Sruthy V. Fault ride through augmentation of microgrid. International Conference on Advancements in Power and Energy. IEEE，2015：357-362.

[9] Baran M E，El-Markaby I. Fault analysis on distribution feeders with distributed generators. IEEE Transactions on Power Systems，2005，20(4)：1757-1764.

[10] Song H S，Nam K. Dual current control scheme for PWM converter under unbalanced input voltage conditions. IEEE Transactions on Industrial Electronics，1999，46(5)：953-959.

[11] Nimpitiwan N，Heydt G T，Ayyanar R，et al. Fault Current Contribution From Synchronous Machine and Inverter Based Distributed Generators. IEEE Transactions on Power Delivery，

2007,22(1):634-641.

[12] Walling R A,Saint R,Dugan R C,et al. Summary of Distributed Resources Impact on Power Delivery Systems. IEEE Transactions on Power Delivery,2008,23(3):1636-1644.

[13] Plet C A,Brucoli M,Mcdonald J D F,et al. Fault models of inverter-interfaced distributed generators:Experimental verification and application to fault analysis. Power and Energy Society General Meeting. IEEE,2011:1-8.

[14] Boutsika T N,Papathanassiou S A. Short-circuit calculations in networks with distributed generation. Electric Power Systems Research,2008,78(7):1181-1191.

[15] 李光琦. 电力系统暂态分析. 第 3 版. 北京:中国电力出版社,2007.

[16] 周益三. IEC 三相交流系统短路电流计算的使用(续). 化肥设计,1994,80(5):26-35.

[17] American National Standards Institute. ANSI C37. 5-1969 methods for determining values of a sinusoidal current wave,a normal-frequency recovery voltage,and a guide for calculation of fault currents for application of ac high-voltage circuit breakers rated on a total current basis. USA,American National Standards Institute,1969.

第 8 章　分布式光伏电源并网电能质量分析

8.1 引　　言

分布式光伏电源接入配电网会造成电能质量污染，主要表现在五个方面[1-2]：①光伏并网逆变器基于电力电子变流技术，会向接入电网注入谐波电流，对电网设备和其他用电设备造成影响；②由于光照、温度等外部条件的变化，光伏输出功率具有较强的随机性和波动性，将会对接入电网电压控制造成影响，特别是当接入点电网等效容量较小，光伏出力波动较大，容易引起电压偏差、波动及闪变等问题；③光伏逆变器低压接入后，逆变器出口滤波器阻抗会改变低压侧阻抗分布，特殊情况下会引起谐波谐振；④随着家庭(户用)光伏的大量出现，小型光伏电源单相接入电网，如果规划不当，会造成电网三相电流不平衡，并容易导致低压电网中性线电流过载；⑤对于无隔离变压器的光伏逆变器，其结构会造成直流电流注入电网，对电网设备产生不良影响，如引发变压器或互感器饱和、变电所接地腐蚀等问题。随着分布式光伏电源并网容量的不断提高，开展高渗透率分布式光伏电源接入对配电网电能质量的影响分析与评估，对保证配电网的安全稳定运行具有重要意义。

8.2 电能质量标准条款和应用

目前分布式光伏电源并网接入相关技术标准体系已基本建成，这些标准中关于电能质量的条款多以引用中国国家标准和国际标准为主，但不同标准在电能质量限值计算方法和评估方法上存在一些差异，因此开展具体光伏发电工程接入电网评估或是含光伏电源的配电网规划，需要明确电能质量限值适用标准和评估方法。

8.2.1 光伏并网相关电能质量标准

国际上 IEEE 和 IEC 等标准组织在 2000 年即开始进行光伏并网标准制定工作，在标准 IEEE Std 929-2000 和 IEC 61727-2004 中均对光伏电源并网的电能质量条件进行了规定。中国最早在 GB/T 19939—2005《光伏系统并网技术要求》、GB/T 20046—2006《光伏(PV)系统电网接口特性》中给出了光伏并网电能质量允许值。目前，国际和中国涉及光伏并网电能质量相关的核心标准包括：

(1) IEEE Std 929-2000 IEEE Recommended Practice for Utility Interface of Photovoltaic(PV)Systems；

(2) IEEE Std 1547-2003 IEEE Standard for Interconnecting Distributed Resources with Electric Power Systems；

(3) IEC 61727-2004 Photovoltaic(PV)systems-Characteristics of the utility interface；

(4) GB/T 19964—2012 光伏发电站接入电力系统技术规定；

(5) GB/T 29319—2012 光伏发电系统接入配电网技术规定；

(6) GB/T 19939—2005 光伏系统并网技术要求。

8.2.2　光伏并网技术标准中电能质量允许值

我国在光伏发电并网技术条件标准中，针对电能质量限制条款存在两个不同的视角：

其一，以 GB/T 19964—2012 和 GB/T 29319—2012 为代表，电能质量限制条款直接采用《公用电网电能质量》标准体系的条款，将光伏电源等同于接入公用电网的普通电力用户，而不是将其视为电力供应商。标准条款直接引用公用电网供电指标，例如规定"光伏电源并网时，注入电网的谐波电流应满足 GB/T 14549《电能质量公用电网谐波》[3]"。标准实质要求光伏电源接入的电能质量限制条件要与自身技术水平(设计、器件、制造等)有关，同时要受到所接入电网的实际情况限制：当电网短路容量较大时，对光伏电源的电能质量限制低，反之在电网短路容量较小时，会加强对光伏电源的电能质量限制。

另一视角是 GB/T 19939—2005、IEC 61727-2004 及 IEEE Std 1547-2003 的电能质量限制性条款从设备规范出发，允许值仅与光伏电源的容量有关。在容量一定情况下，标准允许值是固定的，与接入电网位置无关。标准实质上是对光伏电源类设备提出的要求，光伏电源须满足产品标准，不需要再考虑所接入电网的情况。例如在电压波动与闪变指标上，GB/T 20046—2006 采用了 IEC 61000-3-3，规定了满足一致性检测电路条件下，用电设备输出闪变的检测方法。

下面按电能质量指标对主要技术标准条款进行对比(见表 8.1)，同时给出推荐的应用方法[4]。

1) 电压偏差

中国在 GB/T 19964—2012 和 GB/T 29319—2012 中规定：光伏发电站接入后，所接入公共连接点(PCC)的电压偏差应满足 GB/T 12325《电能质量供电电压偏差》的要求。

GB/T 12325—2008 规定：20kV 及以下三相供电电压偏差为标称电压的 ±7%；220V 单相电压允许偏差为标称电压的 +7%、−10%。

IEC 61727-2004 和 IEEE Std 1547-2003 标准主要针对中、小容量光伏电源(前者适用容量不大于 10kW,后者适用容量不大于 10MW),这两个标准没有规定接入点电压偏差指标,但是从保护电网和光伏电源设备的角度,标准在保护配置上要求光伏电源对电网电压异常做出响应。

由于配电网线路阻抗中阻性成分不能忽略,光伏电源接入配电网运行时,其有功功率、无功功率输出都会对电网电压产生影响。GB/T 19964—2012 和 GB/T 29319—2012 标准均要求光伏电源具备功率因数调节能力,而光伏电源受容量限制,其调压能力有限,很难依靠光伏电源调节来改善公共电网由于运行方式不合理或特殊负荷情况导致的公共连接点电压越限(低电压或过电压),因此,在 GB/T 19964—2012 和 GB/T 29319—2012 标准应用上,建议将电压偏差指标作为参考,主要还是判断光伏电源是否承担了与其发电容量相当的无功支撑。当然,由于控制问题导致的光伏电源无功设备调节失效,或反方向调节导致接入点电压进一步恶化,其后果必须由光伏电源承担。

表 8.1　国内外光伏并网标准中电能质量条款对比

标准编号	GB/T 19964—2012	GB/T 29319—2012	GB/T 19939—2005	IEC 61727-2004	IEEE Std 1547-2003
标准适用范围	35kV 并网;10kV 并入公用电网	10kV 并入用户内部网;380V 并网	低压并网	低压并网光伏容量 10kVA 及以下	容量 10MVA 及以下(主要中压接入)
电压偏差	满足 GB/T 12325	满足 GB/T 12325	满足 GB/T 12325	无要求	无要求
电压波动 d_c 及闪变 P_{lt}/P_{st}	满足 GB/T 12326	满足 GB/T 12326	无要求	对应满足 IEC 61000-3-3;IEC 61000-3-5	满足 IEC 61000-3-7
谐波	谐波电流满足 GB/T 14549;间谐波应满足 GB/T 24337	谐波电流满足 GB/T 14549;间谐波应满足 GB/T 24337	规定 2 次至 33 次谐波电流含有率分别满足 4%、2%、1.5%、0.6%;THD_i% $\leqslant 5\% I_N$	规定 2 次至 33 次谐波电流含有率分别满足 4%、2%、1.5%、0.6%;THD_i% $\leqslant 5\% I_N$	增加了 33 次以上谐波电流允许值;谐波电流总需量畸变率(TDD_i%)≤5%
电压不平衡度	满足 GB/T 15543	满足 GB/T 15543	满足 GB/T 15543	无要求	无要求
直流注入分量 ID	直流电流分量≤交流额定值的 0.5%	无要求	直流电流分量≤交流额定值的 1%	直流电流分量≤交流额定值的 1%	直流电流分量≤交流额定值的 0.5%

注:THD 为总谐波畸变率;TDD 为总需量畸变率

2）电压波动及闪变

我国在 GB/T 19964—2012 和 GB/T 29319—2012 中规定：光伏电源接入后，公共连接点电压波动和闪变满足 GB/T 12326—2008《电能质量电压波动和闪变》。GB/T 12326—2008 规定：对于电压变动，35kV 及以下电压等级并网，随机性不规则的电压变动适用变化频度 $1<r\leqslant 10$（r 代表每小时变动次数），并要求光伏电源连续运行或投切过程中，电压变动限值 d%不大于 3%；对于闪变，规定光伏电源单独引起电网公共连接点的闪变不大于电网分配的份额，并通过评估程序计算得到。

IEC 61727-2004 标准主要针对低压并网光伏系统。对额定电流不大于 16A 的光伏系统，标准要求满足 IEC 61000-3-3 的规定：①短时（分钟级）闪变 $P_{st}\leqslant 1.0$、长时（小时级）闪变 $P_{lt}\leqslant 0.65$；②相对稳态电压变化 $d_c\leqslant 3\%$，最大相对电压变化 $d_{max}\leqslant 4\%$；③在电压变化期间 d_c 超过 3%的时间≤200ms。对额定电流大于 16A 的光伏系统，标准要求满足 IEC 61000-3-5 的规定，主要是在 IEC 61000-3-3 基础上做了适应性延伸，规定了新的标准检测电路参数。

IEEE Std 1547-2003 要求中、高压并网的分布式发电不能造成电压闪变，其评估方法依据 IEC 61000-3-7，该标准的核心是规定了用户电压波动与闪变的三级评估方法、用户限值的分配方法和预测闪变严酷度的简化方法。

显然，在电压波动和闪变方面中国标准和国际标准都存在一定的应用条件，建议在实际中应灵活运用：低压光伏逆变器设备检测应用 GB 17625.2（GB/Z 17625.3），获得设备一致性测试结果；光伏电源并网前进行评估，采用标准 GB/Z 17625.5（IEC 61000-3-7）的评估程序，评估过程需要注意允许值与 GB/T 12326—2008 的差别（例如，闪变严酷度计算需要 P_{st} 限值，而在 GB/T 12326—2008 中并未规定）；在光伏电源并网后，进行现场测试评价，这时主要参考标准 GB/T 12326—2008。

3）电压不平衡度

我国在 GB/T 19964—2012 和 GB/T 29319—2012 中规定：光伏电源接入后，电压不平衡度满足 GB/T 15543。该标准规定电网正常运行时，负序电压不平衡度（ε_u%）不超过 2%，短时不得超过 4%。

IEC 61727-2004 和 IEEE Std 1547-2003 等国际标准中对电压不平衡度未做要求。现场应用中需要重视两个方面：①光伏电源接入设计方案中应该考虑相序轮换，减少不平衡电流注入，避免中性线过载；②GB/T 15543—2008 只规定了电压指标，而电网企业需从规划水平角度，应给出针对性的电流不平衡指标或负序、零序电流指标。

4）直流注入

GB/T 19964—2012 规定光伏电站并网运行时，向电网馈送的直流电流分量不应超过其交流电流额定值的 0.5%；GB/T 19939—2005 中对低压并网给出的限值是 1%；GB/T 29319—2012 未考虑直流分量。

标准 IEEE Std 1547-2003 规定并网逆变器输出端必须安装隔离变压器，限制逆变器注入电网的直流分量。标准规定光伏电站并网运行时，向电网馈送的直流电流分量不应超过其交流电流额定值的 0.5%。

5）谐波电流

GB/T 19964—2012 和 GB/T 29319—2012 将光伏电源视为一个普通电力负荷，规定光伏发电站所接入公共连接点的谐波注入电流应满足 GB/T 14549 的要求。具有如下特点：①谐波电流次数仅规定到 25 次，不能充分反映快速可关断电子器件的谐波特性；②谐波电流允许值是“最小短路容量”、“供电设备容量”、“协议容量”三个指标的函数，也就是说，按容量分配原则，光伏电源与接入电网的其他谐波扰动源划分总谐波电流注入权，并且谐波电流允许值除了与自身装机容量有关外，还与接入电网的短路容量、供电容量有关；③未规定总谐波电流允许值。

GB/T 19939—2005 和 IEC 61727-2004 引用了 IEEE Std 929 的谐波电流的评价方法，规定 2 次至 33 次谐波电流含有率 HRI_h 按 4%、2%、1.5%、0.6%分为四档（见表 8.2），且要求逆变器在额定输出时电流总畸变率 $THD_i\%\leqslant 5\%$。IEEE Std 1547 比 IEEE Std 929 更进一步，规定了大于 33 次的谐波电流含有率应小于 0.3%，同时，IEEE Std 547 将谐波电流总畸变率 $THD_i\%$ 允许值改为总需量畸变率 $TDD_i\%$，要求不超过 5%，两者差别在于基数不同，评价指标还是一致的。下面给出相关指标的计算公式。

$$\text{第 } h \text{ 次谐波电流含有率 } HRI_h[\%] = I_h/I_1 \times 100\% \tag{8-1}$$

$$\text{总谐波电流 } THD_i[A] = \sqrt{\sum_{h=2}^{40} I_h^2} \tag{8-2}$$

$$\text{电流总畸变率计算 } THD_i[\%] = \frac{1}{I_1}\sqrt{\sum_{h=2}^{40} I_h^2} \tag{8-3}$$

式中，I_1 为基波电流。

$$\text{电流总需量畸变率 } TDD_i[\%] = \frac{1}{I_L}\sqrt{\sum_{h=2}^{40} I_h^2} \tag{8-4}$$

式中，I_L 为负荷需量电流，等于负荷额定电流或负荷过去一年记录的最大负荷电流（15min 或 30min 平均值）之中较大的一个。

表 8.2 GB/T 20046 及 IEEE Std 1547 规定的光伏电源注入各次谐波电流限值

谐波次数	谐波电流限值(%)×I_N
$h<11$ 次	$<4.0\%\times I_N$
$11\leqslant h<17$ 次	$<2.0\%\times I_N$

续表

谐波次数	谐波电流限值(%)×I_N
17≤h<23 次	<1.5 %×I_N
23≤h<35 次	<0.6 %×I_N
35≤h(＊)	<0.3 %×I_N

注:①此范围内的偶次谐波应小于低的奇次谐波限值的 25%。

②I_N 为光伏电源额定电流折算到电能质量考核点电压等级后的值。

③由于电压畸变会导致更严重的电流畸变,使得谐波的测试很复杂。注入谐波电流不应包括任何由未连接光伏电源的电网上的谐波电压畸变引起的谐波电流。

④＊是在标准 IEEE Std 1547-2003 增加的条款。

从两个视角出发,在中国光伏并网技术条件标准中 GB/T 19964—2012、GB/T 29319—2012 与 GB/T 19939—2005、IEC 61727—2004 在谐波电流允许值规定上存在差异,在光伏项目评估时,需要根据应用环境采用不同的标准。

GB/T 19964—2012 标准从电力用户接入评估的角度,在光伏谐波电流注入限值和当地电网条件允许两个方面综合进行计算,标准条款结果是当电网坚强时,允许更大的谐波电流,反之当电网薄弱时,对光伏电源提出更加严格的谐波电流允许值,因此标准考虑了电网的实际接纳能力。

GB/T 20046—2006 和 IEEE Std 1547 标准重点关注设备的技术水平,谐波电流注入允许值只与装机容量相关,因此标准执行具有更好的操作性。标准根据光伏电源的特点,针对当前光伏逆变器广泛采用的绝缘栅双极型晶体管,提出了符合其技术水平的谐波电流指标,其指标要求相比普通晶闸管变流设备要高,要求 THD_i%≤5%。IEEE Std 1547 在谐波电流规定中有两处规定可供借鉴:①规定了超过 35 次的 HRI_h 指标;②规定 TDD_i%应≤5%。不足之处在于,单纯从设备角度给出的允许值,当接入电网比较薄弱时,需要电网企业更关注谐波水平,以满足公用电网的谐波电压符合兼容水平。

下面就不同视角获得的谐波电流限值以实例进行对比。

以 6MW 光伏电源接入公用电网变电所 10kV 母线、变电所变压器容量为 50MVA(110kV/10kV)为基础开展分析。考虑以下两种场景:

场景 1,假设变电所 10kV 母线短路容量 100MVA(模拟小电网水平);

场景 2,假设 10kV 母线短路容量 400MVA(模拟大电网水平)。

表 8.3 为谐波电流限值计算结果对比,其中场景 1 和场景 2 采用 GB/T 14549—1993 的谐波电流计算方法,最后一列为 GB/T 20046—2006 给出的谐波电流限值,图 8.1 为表 8.3 中前 25 次谐波电流的对比,横坐标为谐波次数,纵坐标为谐波电流允许值,单位安培。

表 8.3 6MWp 光伏电源接入 10kV 电网，对比谐波电流允许值（单位：A）

谐波次数	场景 1	场景 2	GB/T 20046 IEEE Std 1547
2 次	9.01	36.03	3.46
3 次	2.91	11.64	13.86
4 次	4.50	18.01	3.46
5 次	3.42	13.67	13.86
6 次	2.94	11.78	3.46
7 次	3.30	13.20	13.86
8 次	2.22	8.87	3.46
9 次	2.36	9.42	13.86
10 次	1.77	7.07	3.46
11 次	2.86	11.45	6.93
12 次	1.49	5.96	1.73
13 次	2.59	10.35	6.93
14 次	1.28	5.13	1.73
15 次	1.42	5.68	6.93
16 次	1.11	4.43	1.73
17 次	2.08	8.31	5.20
18 次	0.97	3.88	1.30
19 次	1.87	7.48	5.20
20 次	0.90	3.60	1.30
21 次	1.00	4.02	5.20
22 次	0.80	3.19	1.30
23 次	1.56	6.24	2.08
24 次	0.73	2.91	0.52
25 次	1.42	5.68	2.08
26 次≤I_h<35 次的奇数次	无要求	无要求	2.08
26 次≤I_h<35 次的偶数次	无要求	无要求	0.52
35 次≤I_h（奇数次）	无要求	无要求	1.04
35 次≤I_h（偶数次）	无要求	无要求	0.26

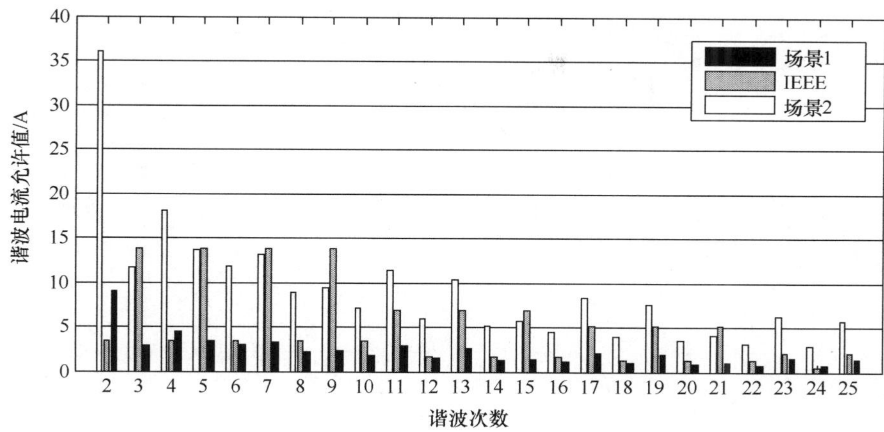

图 8.1　6MWp 光伏电源接入 10kV，谐波电流允许值(A)对比

分析光伏电源接入 380V 下谐波电流，假设 300kW 光伏电源接入公用电网变电所 380V 母线，考虑以下两种场景：

场景 1，配电变压器容量 300kVA，380V 短路容量 4.878MVA；

场景 2，配电变压器容量 900kVA，380V 短路容量 13.95MVA。

采用 GB/T 14549—1993 计算的各次谐波电流允许值，见表 8.4，最后一列为 GB/T 20046—2006 给出的谐波电流限值值，图 8.2 为表 8.4 中前 25 次谐波电流的对比，横坐标为谐波次数，纵坐标为谐波电流允许值，单位安培。

表 8.4　300kWp 光伏电源接入 380V 电网，对比谐波电流允许值（单位：A）

谐波次数	场景 1	场景 2	GB/T 20046 IEEE Std 1547
2 次	38.05	62.82	4.56
3 次	30.24	31.86	18.23
4 次	19.02	31.41	4.56
5 次	30.24	34.62	18.23
6 次	12.68	20.94	4.56
7 次	21.46	28.00	18.23
8 次	9.27	15.30	4.56
9 次	10.24	16.91	18.23
10 次	7.80	12.89	4.56
11 次	13.66	21.22	9.12
12 次	6.34	10.47	2.28

续表

谐波次数	场景 1	场景 2	GB/T 20046 IEEE Std 1547
13 次	11.71	18.78	9.12
14 次	5.37	8.86	2.28
15 次	5.85	9.66	9.12
16 次	4.73	7.81	2.28
17 次	8.78	14.50	6.84
18 次	4.20	6.93	1.71
19 次	7.80	12.89	6.84
20 次	3.80	6.28	1.71
21 次	4.34	7.17	6.84
22 次	3.46	5.72	1.71
23 次	6.83	11.28	2.73
24 次	3.17	5.24	0.68
25 次	5.85	9.66	2.73
26 次≤I_h<35 次的奇数次	无要求	无要求	2.73
26 次≤I_h<35 次的偶数次	无要求	无要求	0.68
35 次≤I_h(奇数次)	无要求	无要求	1.37
35 次≤I_h(偶数次)	无要求	无要求	0.34

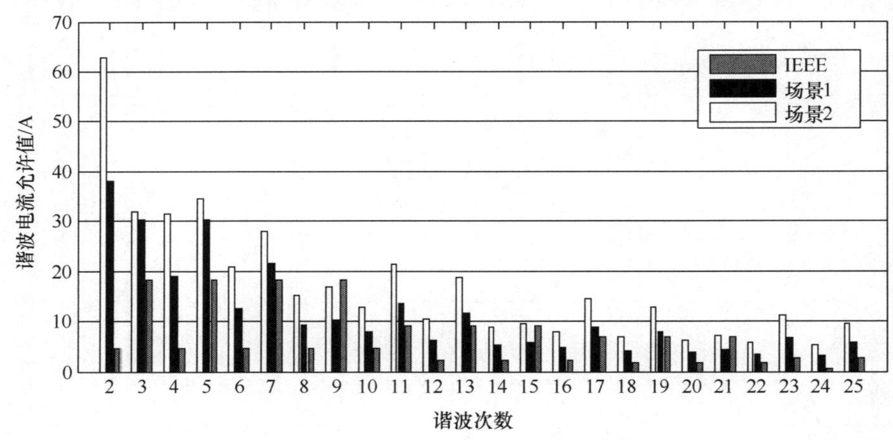

图 8.2　300kWp 光伏电源接入 380V，谐波电流允许值(A)对比

从上述比较可以看出，针对光伏电源接入电网谐波电流允许值，首先应要求光伏电源的 TDD_i%≤5%(IEEE Std 1547)，或 THD_i%≤5%(GB/T 20046)。针对

各次谐波电流限值，由供电企业和光伏电源建设方根据接入电网情况具体商定。

进一步比较 THD_i%、TDD_i%在测试评价总谐波电流时的可操作性。图 8.3 为某逆变器出口 5:00～18:30 测得的 TDD_i%，负荷需量电流 I_L 取光伏逆变器额定电流，图 8.4 为同样测试下的 THD_i%趋势，可以看出总谐波电流有两个特点：①在晴朗日下，随着光伏逆变器输出功率的增加，输出谐波电流也同样增大，在 12:00 左右达到最大值，TDD_i%趋势图最大值点正好反映谐波电流最大的时刻；②采用 THD_i%趋势，在光伏逆变器输出功率较小时，基波电流小而谐波电流并不成比例，因此出现了马鞍型的测试结果，THD_i%的最大值(在 6:40 时，THD_i%等于 7.9%)不能反映逆变器谐波电流最大值，需要光伏逆变器的输出功率辅助，才能挑拣出需要的测试数据。GB/T 20046—2006 标准要求在逆变器额定功率输出时测试评价 THD_i%，因此测试程序应该是：当逆变器输出功率达到额定功率时，记录此刻的 THD_i%，将其与 5%进行比较，测试程序包括了功率条件判断，数据筛选难度大。另一个困难是受制于现场光照和温度条件，通常很难获得正好是额定功率输出的测试条件。通过比较发现在逆变器输出功率 80%～100%时，总谐波电流不论是 THD_i%还是 TDD_i%均变化不大，测试结果可以用于评价。因此采用 TDD_i%比 THD_i%更具有可操作性，记录 TDD_i% 趋势，挑出最大值与 5%进行比较简便有效。

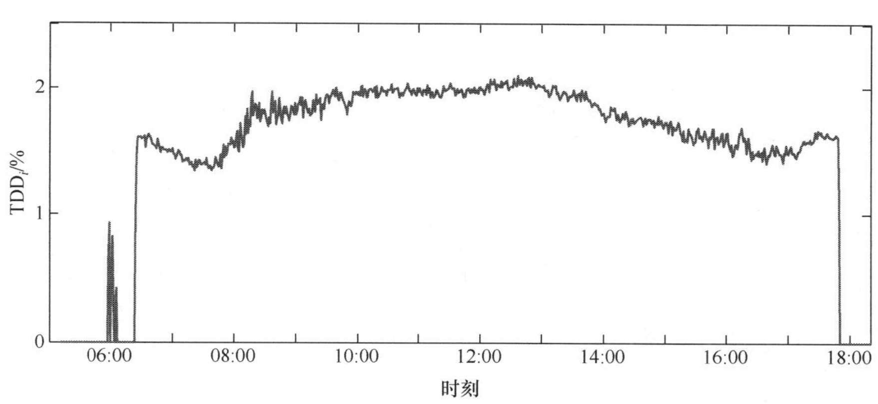

图 8.3　光伏逆变器输出谐波电流总需量畸变率

6) 谐波电压

供电企业通过谐波电压规划水平(GB/T 14549，表 8.5)管理供电网谐波，对于电力用户来说存在着谐波电压规划值划分问题。传统谐波仿真评估中有一个误区，用仿真法模拟谐波扰动源接入电网，并考虑背景谐波，如果仿真结果显示电网谐波电压小于规划水平(表 8.5)，则判定用户合格或允许用户接入。这种方法的问题在于谐波扰动源用户单独引起的电网电压畸变虽然小于规划值，即使在接入

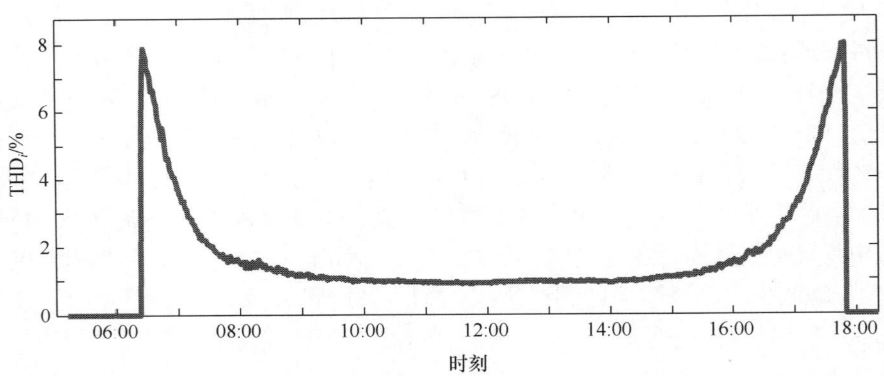

图 8.4　光伏逆变器输出电流总畸变率

工程中其他负荷为纯净负荷，也不能将谐波电压规划指标全部分给一个用户，因为这样的划分实际占用了其他用户的权益，也挤占了未来可能接入用户的权益。

表 8.5　公用电网谐波电压限值[5]

电网标称电压/kV	电压总畸变率/%	各次谐波电压含有率/%	
		奇数	偶次
0.38	5.0	4.0	2.0
6	4	3.2	1.6
10			
35	3	2.1	1.2

分布式光伏电源作为电源，其占用的电网谐波电压指标份额不应过多挤占其他电力用户的谐波排放权益。供电企业可以综合考虑特定区域电网实际谐波扰动源负荷的容量，采用独立评估的方式，提出光伏电源项目分配的谐波电压份额，然后在仿真中评估，由单个光伏电源接入造成的电网电压畸变应小于给定的份额。当电网背景谐波较小，其他用户对谐波不敏感时，允许适当放宽份额；反之，当区域内谐波扰动源用户较多时，为防止电网母线谐波电压超过表 8.5 的规定，应该严格限制光伏电源谐波注入。

8.3　分布式光伏电源电压波动与闪变评估分析方法

分布式光伏电源由于其输出功率受到光照影响，当云层遮挡导致光照发生变化时，电网电压会发生电压变动和闪变。闪变的敏感程度依赖于供电系统的强度，因此，在较低电压等级系统和长馈线的终端，闪变更加常见[6-7]。

标准 GB 17625.2 和 GB/Z 17625.3 详细介绍了电压变动与电压闪变评估方法，标准分为直接测量法、模拟法（仿真）、解析法，其中直接测量法详细规定了标准检测电路和各指标允许值，较为科学客观，然后按照一致性评估方法算出接入点的具体值。本节针对光伏电源 10kV 接入，给出一种较为实用的评估方法。

算例中配电网参数如下：接入点电压 10kV，等值电网短路容量 245MVA，电网阻抗角 70°，馈线负荷容量 3MVA，功率因数 0.9。

分别研究 2MW、4MW、6MW、8MW 光伏电源接入 10kV 母线情景，假设光伏功率变动频度 r 小于 10 次/min，光伏电源按单位功率因数运行，光伏电源最大有功功率波动为光伏电源出力的 30%～50%（即团状云飘过使光伏电源瞬时出力最大降低 50%）。

8.3.1　评估程序

参考中国国家标准 GB/T 12326—2008 中规定的波动负荷三级评估程序，光伏电源单独引起的闪变值根据用户负荷大小、其协议用电容量占总供电容量的比例以及电力系统公共连接点的状况，分别按三级作不同的规定和处理。

第一级规定。满足本级规定，可允许接入电网，对于低压和中压用户，第一级限值见表 8.6。

表 8.6　低压和中压用户第一级限值

r/(次/min)	$k=\left(\frac{\Delta S}{S_{sc}}\right)_{max}$/%
$r<10$	0.4
$10\leqslant r\leqslant 200$	0.2
$r>200$	0.1

注：表中 ΔS 为波动负荷视在功率的变动；S_{sc}为 PCC 点短路容量

第二级规定。波动负荷单独引起的长时间闪变值须小于该负荷用户的闪变限值。

每个用户按其协议用电量 S_i（$S_i=P_i/\cos\varphi_i$）和总供电容量 S_t 之比，考虑上一级对下一级闪变传递的影响（下一级对上一级的传递一般忽略）等因素后确定该用户的闪变限值。单个用户闪变限值的计算方法如下：

首先求出接于 PCC 点的全部负荷产生闪变的总限值 G_{PltMV}

$$G_{PltMV}=\sqrt[3]{L_{PltMV}^3-T_{HM}^3L_{PltHV}^3} \tag{8-5}$$

式中，L_{PltMV}表示中压供电系统长时间闪变值 P_{lt} 规划值；L_{PltHV} 表示上一电压等级的长时间闪变值 P_{lt} 限值；T_{HM}表示为上一电压等级对下一电压等级的闪变传递系数，推荐为 0.8，不考虑超高压系统对下一级电压系统的闪变传递。

需要说明的是，GB/T 12326—2008 在限值规定中删除了短时闪变 P_{st} 的计算公式。

单个用户闪变干扰 P_{lt} 的允许值 E_{plti} 为

$$E_{plti}=G_{PltMV}^{3}\sqrt{\frac{S_i}{S_t}\cdot\frac{1}{F}} \tag{8-6}$$

式中，S_i 表示第 i 个光伏用户的协议视在功率；S_t 表示供电区域变压器的供电总功率；F 表示波动负荷的同时系数，其典型值 $F=0.2\sim0.3$（但必须满足 $S_i/F\leqslant S_t$）。

第三级规定。不满足第二级规定的单个波动负荷用户，经过治理后仍超过其闪变限值，可根据 PCC 点实际闪变状况和电网的发展预测适当放宽限值，但 PCC 点的闪变值必须符合公共连接点闪变限值规定。

8.3.2 评估计算

假设光伏电源分别以 2MW、4MW、6MW、8MW 不同容量接入 10kV 母线后，开始以下评估。

1）评估程序判断光伏电源是否满足简单接入条件

按 GB/T 12326 评估程序第一级计算，最大波动功率：

$$\Delta S_{max}=S_{sc}\times0.4\%=245.9\times0.004=0.98(\text{MW})$$

在等值电网环境下，满足电压波动与闪变第一级条件，假设因光照变化影响导致的光伏电源最大有功功率波动为光伏电源出力的 30%～50%，则接入的最大光伏容量为：0.98/0.5=1.96(MW)。

因此当供电区域光伏电源小于 2MW 时，基本满足简单接入条件，在接入模拟电网条件下，可以不进行电压波动与闪变评估。反之当光伏电源容量超过 2MW 时，适用第二级评估。

2）第二级评估给出的光伏电源闪变允许值

由式(8-5)，计算 10kV PCC 点的全部负荷产生闪变的总限值 G，这里取 G 代表短时闪变 P_{st}：

$$G=\sqrt[3]{L_P^3-T^3L_H^3}=0.787$$

由式(8-6)，取同时率 $F=0.2$，由于必须满足 $S_i/F\leqslant S_t$，因此这里假设光伏电源参与分配的闪变指标份额最高为 10%，即 $S_i/S_t=10\%$，光伏电源闪变限值最大份额：

$$E_i=G^3\sqrt{\frac{S_i}{S_t}\cdot\frac{1}{F}}=0.787\times0.7937=0.625$$

光伏电源对电网电压波动影响主要反映为短时闪变问题，因此 $P_{\mathrm{st\_PV}}=0.625$。首先开展电压变动评估，计算光伏功率波动导致的电网 PCC 点电压变化。

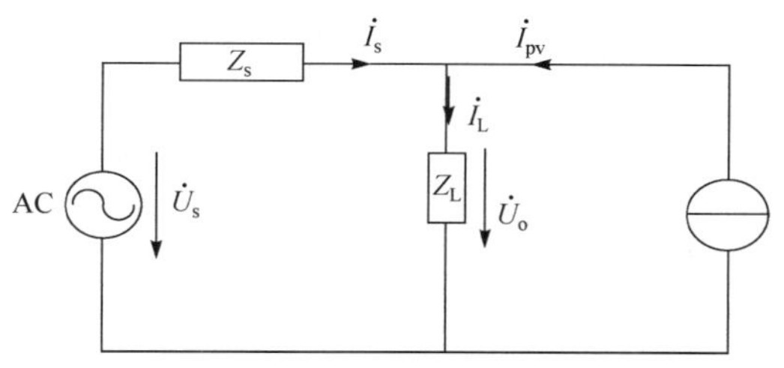

图 8.5 电路原理图

图 8.5 中 $\dot{U}_s$ 代表等值电网电压。

Z_s 为短路阻抗计算得电网等值阻抗，$Z_s=R_s+\mathrm{j}X_s=0.1388+\mathrm{j}\times0.3815$；

Z_L 代表 10kV 母线 PCC 点负荷阻抗，$Z_L=R_L+\mathrm{j}X_L=3.6+\mathrm{j}\times1.7435$；

$\dot{\boldsymbol{I}}_s$代表等值电网向 PCC 点注入的电流；

$\dot{\boldsymbol{I}}_{pv}$代表光伏电源向 PCC 点注入的电流；

$\dot{\boldsymbol{I}}_L$代表负荷电流；满足 $\dot{\boldsymbol{I}}_L=\dot{\boldsymbol{I}}_s+\dot{\boldsymbol{I}}_{pv}$。

由电路原理，式(8-7)为 PCC 点电压 $\dot{\boldsymbol{U}}_o$，当光伏出力变化时，设光伏电流减少 k 倍(0.3～0.5，取 0.5)，则 PCC 点电压变为式(8-8)。设 $\dot{\boldsymbol{U}}_o$为参考方向，且 $\dot{\boldsymbol{I}}_{pv}$与参考方向相同(单位功率因数运行)，因此 $\dot{\boldsymbol{I}}_{pv}$和 $\dot{\boldsymbol{U}}_o$可以用标量表示，式(8-9)为 PCC 点电压变化量。见图 8.6 所示。

$$\dot{\boldsymbol{U}}_o=\frac{\dfrac{\dot{\boldsymbol{U}}_s}{Z_s}+\dot{\boldsymbol{I}}_{pv}}{\dfrac{1}{Z_s}+\dfrac{1}{Z_L}} \tag{8-7}$$

$$\dot{\boldsymbol{U}}'_o=\frac{\dfrac{\dot{\boldsymbol{U}}_s}{Z_s}+\dot{\boldsymbol{I}}'_{pv}}{\dfrac{1}{Z_s}+\dfrac{1}{Z_L}}=\frac{\dfrac{\dot{\boldsymbol{U}}_s}{Z_s}+(1-k)\dot{\boldsymbol{I}}_{pv}}{\dfrac{1}{Z_s}+\dfrac{1}{Z_L}} \tag{8-8}$$

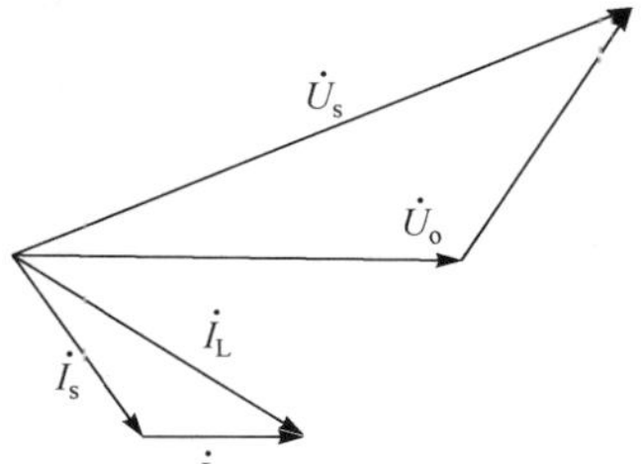

图 8.6 矢量图

$$\Delta\dot{\boldsymbol{U}}_o=\dot{\boldsymbol{U}}_o-\dot{\boldsymbol{U}}'_o=\frac{1}{\left(\dfrac{1}{Z_s}+\dfrac{1}{Z_L}\right)}\times k\times\dot{\boldsymbol{I}}_{pv} \tag{8-9}$$

式中，取 $k=0.5$；$\dfrac{1}{\left(\dfrac{1}{Z_s}+\dfrac{1}{Z_L}\right)}=0.1522+\mathrm{j}\times0.3456=0.3776\angle66.229^\circ(\Omega)$。

$$d\% = \frac{|\Delta \dot{U}_{\text{o}}|}{U_{10\text{kV}}} \times 100\% \tag{8-10}$$

表 8.7 PCC 点电压变动量计算值

光伏电源接入容量/MW	电压变动值 $d\%$	国标限值/%
2	0.378	3
4	0.755	3
6	1.133	3
8	1.510	3
10	1.888	3

从表 8.7 计算结果可以看出，算例中光伏电源(2～10MW)功率波动在模拟电网的 PCC 点引起的电压变动小于标准 GB/T 12326 规定的允许值。

其次，开展闪变评估(见表 8.8)。根据标准 GB/T 12326 及 GB/Z 17625.5 采用曲线分析法，如式(8-11)，假设光伏电源功率变动每 10min 发生 2 次(云层导致的功率降低和功率恢复)，查询标准 GB/T 12326 得 $d_{\text{Lim}}=2$：

$$P_{\text{st}} = \frac{d\%}{d_{\text{Lim}}} \tag{8-11}$$

式中，$d\%$为表 8.7 计算的电压变动值。

表 8.8 曲线分析法计算 PCC 点电压闪变

光伏电源接入容量/MW	电压变动值 $d\%$	P_{st}
2	0.378	0.189
4	0.755	0.378
6	1.133	0.566
8	1.510	0.755
10	1.888	0.944

比较式(8-11)闪变评估计算结果与式(8-6)计算的允许值(0.625)，可以看出在模拟电网条件下，接入光伏容量超过 6MW，其产生的闪变将超过闪变标准允许值。

8.4 分布式光伏电源谐波分析方法

分布式光伏电源通过逆变器并网，会向电网注入谐波，电压畸变和谐波发射允许值分配[8]是需要关注的两个方面。本节通过谐波潮流计算来分析光伏电源谐波电流引起的谐波电压畸变以及对区域配电网的影响，重点揭示分布式光伏容量和接入位置与谐波电压畸变的关系。

标准 GB/T 14549 给出了公共电网的谐波电压允许值以及普通电力用户谐波电流允许值的分配方法，标准 GB/T 19939—2005 要求光伏电源的电流总谐波畸变率≤5%。

8.4.1　谐波分析基础

1. 谐波仿真平台

区域配电网谐波潮流计算较为复杂，通常采用计算机程序计算方法。计算机程序实现谐波评估有两种方法，包括时域分析方法和频域分析方法。

谐波计算时域分析方法通过时域仿真精确模拟电压、电流波形，然后进行傅里叶变换获得各次谐波模拟值，它的优点是基波潮流和谐波潮流可以同时实现，缺点是配电网元件时域模型无法准确模拟谐波的集肤效应等特征，误差较大。

本节采用频域分析方法，基于频域分析方法的谐波潮流计算重点包括三个方面：谐波潮流计算方法、谐波源建模、配电网及负荷的谐波阻抗建模。谐波潮流计算程序要完成以下功能：

(1) 在典型配电网运行方式及运行场景下，进行基波潮流计算，得到各负载的等值阻抗模型、谐波电流源的频谱 $\boldsymbol{I}(h)$；

(2) 建立每一次谐波的配电网加负荷的谐波导纳矩阵 $\boldsymbol{Y}(h)_{\text{grid}}$；

(3) 在已知谐波电流源频谱 $\boldsymbol{I}(h)$ 情况下，求解谐波潮流；

(4) 计算节点的电压和电流谐波频谱以及总畸变率；

(5) 结果数据比较及应用形成报告或告警报告。

因此搭建谐波计算仿真平台是谐波潮流计算的第一步。仿真平台包括分布式光伏电源谐波源模型、配电网模型和负荷模型。谐波分析时，配电网和负荷的谐波阻抗模型的合理性对谐波潮流计算结果影响很大，是求解谐波电流和分析网络谐波畸变的基础，负荷模型、电力网络模型、负荷无功补偿设备模型等采用不同的谐波阻抗定义，均会对谐波阻抗矩阵有显著影响，因此较为准确的谐波阻抗模型是计算的重点。

1) 网络元件的谐波阻抗等效模型

电力网络模型包含等值电源、变压器、输电线路、电力电容器电抗器等，将其用简单的 $R+\mathrm{j}X$ 型的等值参数来模拟是不精确的。由于谐波具有集肤效应以及正/负/零序性谐波不同的传播规律，因此需要电力网络进行谐波建模，有必要将电网模拟到一个可以接受的详细程度。换句话说，需要对这些元件在谐波仿真时按照谐波次数、谐波序阻抗进行重新建模。这部分建模已有较多的研究成果，可以直接采用成熟的电能质量分析工具中的模型进行建模[9]。

2）负荷等效模型

负荷模型在谐波潮流计算中大体分为三类：一类是固定阻抗负荷，一类是感应电机负荷，一类是更具有现实意义的综合负荷聚合模型。

针对固定阻抗负荷，通常可以表示成阻抗参数的串联或并联形式，例如串联谐波阻抗模型[10]表示为 $Z_s(h)=R_s+\mathrm{j}hX_s$；并联负荷模型[11]在谐波存在是可以表示为 $Y_s(h)=1/R_s-\mathrm{j}h/X_s$。当分析三相负荷时，三相负荷接线方式又分为星型和三角形，不同的接线方式决定了谐波阻抗矩阵在谐波序分量计算时有不同的模型表达式。针对感应电机负荷的谐波阻抗模型，较多文献也给出了解析式，这里就不再赘述[12]。

在中低压配电网中由于负荷类型多样，并且负荷运行工况也是多变的，因此发展出综合负荷聚合模型。聚合模型一般采用集中模拟的方法，给出谐波阻抗的数学表达式或者电路模型，但是，找到具有通用性的综合负荷阻抗模型是比较困难的。实际中通常采用现场实测加上模型匹配的方式，先给出一个模型集合，这个集合是 R、L、C 以及变压器的多种形式的串、并联结构，比较典型的是 $(R_1+L_1)+(R_2//L_2)$、$(R_1+L_1)//(R_2+L_2)$ 结构，同时针对用户侧无功补偿设备，再单独用并联支路建模。第二步，专业人员通过现场实测的方式，用集合中的各种模型进行拟合，对比并挑选出针对当前案例的最佳电路模型[13]。

3）谐波序分量潮流

在谐波的频域法计算中，要将某次谐波分解为正序分量、负序分量和零序分量，分别对该次谐波建立配电网的正序阻抗模型、负序阻抗模型和零序阻抗模型，然后计算该谐波的正序谐波潮流、负序谐波潮流和零序谐波潮流。

在简化计算中假设三相负荷对称，根据谐波次数简化将谐波分为正序性谐波（$h=3n+1$ 次）、负序性谐波（$h=3n-1$ 次）和零序性谐波（$h=3n$ 次），然后建立对应次数的配电网序阻抗模型（正/负/零），最后在谐波潮流计算中，需要根据谐波次数，对应选择不同的阻抗模型进行计算。例如，当需要完成 2～25 次谐波潮流计算时，需要计算 2、5、…、23 共 8 次负序性谐波，3、6、…、24 共 8 次零序性谐波，4、7、…、25 共 8 次正序性谐波潮流。

通过对上述谐波网络方程的求解，可以获得各节点的各次谐波电压、谐波电流，从而获得各次谐波在系统中的分布情况。除计算节点谐波电压和支路谐波电流外，谐波潮流计算还需计算谐波电压总畸变率。

2. 光伏电源谐波模型

光伏电源并网接口为基于电力电子技术的逆变器，工作时会产生频谱范围很广的谐波。本节使用二维傅里叶计数分析法的方法对逆变器在 PWM 调制过程中所产生的谐波进行简要分析。

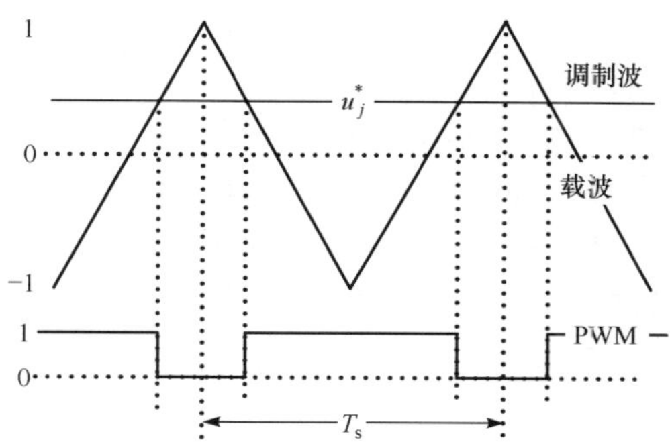

图 8.7 PWM 调制策略说明图

将图 8.7 中载波函数的时间变量使用 $x(t)$ 表示，$x(t)=\omega_c t+\theta_c$，其中载波频率 $\omega_c=2\pi/T_c$，T_c 为载波周期，θ_c 为载波波形的任意相位偏移角。调制波的时间变量使用 $y(t)$ 表示，$y(t)=\omega_o t+\theta_o$，其中调制波频率 $\omega_o=2\pi/T_o$，T_o 为调制波周期(中国基频为 50Hz)，θ_o 为调制波波形的任意相位偏移角。使用函数 $f(t)=f[x(t),y(t)]$ 表示每相桥臂的输出电压。对于单桥臂逆变器，若上桥臂开关开通对应的桥臂输出电压 $f(t)=U_{dc}$；若下桥臂开关开通对应桥臂输出电压为 $f(t)=0$。即可参照一维傅里叶变换，建立二维傅里叶变换的形式为

$$f(x,y)=\underbrace{\frac{A_{00}}{2}}_{①}+\underbrace{\sum_{n=1}^{\infty}(A_{0n}\cos ny+B_{0n}\sin ny)}_{②}+\underbrace{\sum_{m=1}^{\infty}(A_{m0}\cos mx+B_{m0}\sin mx)}_{③}+\underbrace{\sum_{m=1}^{\infty}\sum_{\substack{n=-\infty\\ n\neq 0}}^{\infty}[A_{mn}\cos(mx+ny)+B_{mn}\sin(mx+ny)]}_{④} \tag{8-12}$$

式中

$$A_{mn}=\frac{1}{2\pi^2}\int_{-\pi}^{\pi}\int_{-\pi}^{\pi}f(x,y)\cos(mx+ny)\mathrm{d}x\mathrm{d}y \tag{8-13}$$

$$B_{mn}=\frac{1}{2\pi^2}\int_{-\pi}^{\pi}\int_{-\pi}^{\pi}f(x,y)\sin(mx+ny)\mathrm{d}x\mathrm{d}y \tag{8-14}$$

或以复数的形式表示为

$$C_{mn}=A_{mn}+\mathrm{j}B_{mn}=\frac{1}{2\pi^2}\int_{-\pi}^{\pi}\int_{-\pi}^{\pi}f(x,y)\mathrm{e}^{\mathrm{j}(mx+ny)}\mathrm{d}x\mathrm{d}y \tag{8-15}$$

式(8-12)各部分的含义表述为：

① 为直流偏置；

② 为基波分量和基带谐波，对应调制波附近的低次谐波分量；

③ 为载波谐波，对应为载波整数倍的高频谐波分量；

④ 为边带谐波，为调制波与载波混合作用的结果。

二维傅里叶变换与传统傅里叶变换对于波形的分解效果是可以等同的，但使用二维傅里叶变换可以清晰地得出载波与调制波各自产生的谐波分量。而在逆变器控制算法设计中，更关注①部所代表的低次谐波分量的控制；在滤波电路的设计则更关注对于③部高频分量的抑制，利用该方法可以完成对逆变器控制回路的设计。

当单相逆变器采用三角波调制策略时，对于三角形载波，其表达式为：$z_1 = x/\pi$；对于调制波，设其表达式为：$z_2 = M\cos y = M\cos\omega_0 t$。其中 M 为调制波与载波之间的幅度比，即系统的调制度：当调制波 z_2 大于载波 z_1 时，输出电压 $2U_{dc}$；当调制波 z_2 小于载波 z_1 时，输出电压为 0。即存在下式：

$$\begin{cases} f(x,y): 0 \rightarrow 2\pi, x = (2p-1) \\ f(x,y): 2\pi \rightarrow 0, x = 2p\pi + \pi M\cos\omega_0 t \end{cases} \tag{8-16}$$

对于单相系统的自然采样脉宽调制，其二维傅里叶变换函数的计算公式为

$$A_{mn} + jB_{mn} = \frac{1}{2\pi^2}\int_{-\pi}^{\pi}\int_{-\pi}^{\pi M\cos y} 2U_{dc}\,\mathrm{e}^{\mathrm{j}(mx+ny)}\,\mathrm{d}x\mathrm{d}y \tag{8-17}$$

设定调制度 $M=0.9$，载波比为 21 时，利用式(8-12)可得单相系统采用三角波调制时的谐波分布如图 8.8 所示。

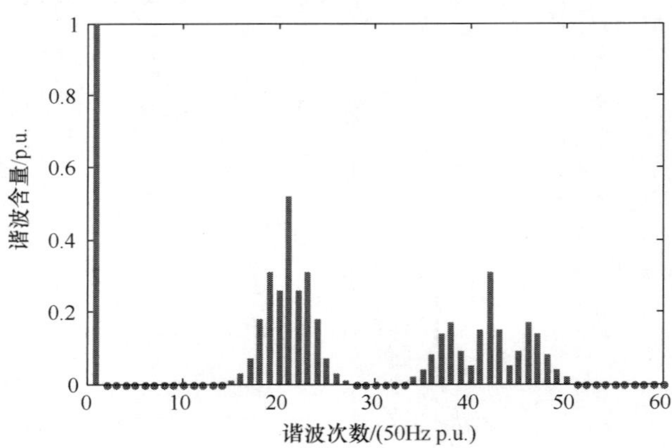

图 8.8 单相系统三角波调制谐波分布

该图横坐标表示谐波次数，纵坐标表示谐波含量。由图可知三角波调制过程产生的谐波是由单个基波低频分量以及分布在载波和载波整数倍周围的边带谐波组成。若改用对称型调制策略，此时二维傅里叶变换的计算函数可以改写为

$$A_{mn}+\mathrm{j}B_{mn}=\frac{1}{2\pi^2}\int_{-\pi}^{\pi}\int_{-\frac{\pi}{2}(1+M\cos y)}^{\frac{\pi}{2}(1+M\cos y)}2U_{dc}\,\mathrm{e}^{\mathrm{j}(mx+ny)}\,\mathrm{d}x\mathrm{d}y \tag{8-18}$$

此时获得的逆变器输出谐波分布如图 8.9 所示。

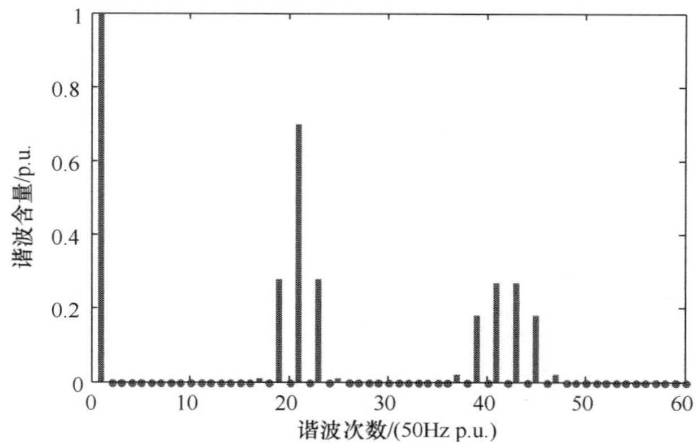

图 8.9　单相对称调制谐波分布

图 8.9 的横坐标表示谐波次数，纵坐标表示对应次的谐波含量。比较图 8.9 可见在采用对称型调制策略后，逆变器输出的谐波含量将明显减小，相比单边三角波调制，逆变器输出的波形有较大改善。

对三相逆变器，为获得其输出电压中的谐波含量，可先计算某相的输出电压谐波分布，并将两相的谐波分布相减从而获得系统相电压的谐波分布。如空间矢量脉宽调制(space vector pulse width modulation，SVPWM)调制策略，当在额定工况下，以 A 相为例，其调制波为

$$u_{\mathrm{A}}=\begin{cases} m\cos\left(\theta-\dfrac{\pi}{6}\right), & 0\leqslant\theta<\dfrac{\pi}{3},\quad \pi\leqslant\theta<\dfrac{4\pi}{3} \\ \sqrt{3}m\cos\theta, & \dfrac{\pi}{3}\leqslant\theta<\dfrac{2\pi}{3},\quad \dfrac{4\pi}{3}\leqslant\theta<\dfrac{5\pi}{3} \\ m\cos\left(\theta+\dfrac{\pi}{6}\right), & \dfrac{2\pi}{3}\leqslant\theta<\pi,\quad \dfrac{5\pi}{3}\leqslant\theta<2\pi \end{cases} \tag{8-19}$$

使用的二维傅里叶变换，分析自然采样 SVM 的表达式为

$$A_{mn}+\mathrm{j}B_{mn}=\frac{1}{2\pi^2}\sum_{i=1}^{6}\int_{y_l(i)}^{y_u(i)}\int_{x_l(i)}^{x_u(i)}2U_{dc}\,\mathrm{e}^{\mathrm{j}(mx+ny)}\,\mathrm{d}x\mathrm{d}y \tag{8-20}$$

由于此时 SVPWM 的调制波为分段函数，对于上、下限的取值表述为表 8.9 所示。

表 8.9　SVPWM 调制过程的分段表示

L	$y_l(i)$	$y_u(i)$	$x_l(i)$	$x_u(i)$
1	$2\pi/3$	π	$-\frac{\pi}{2}\left[1+\frac{\sqrt{3}}{2}M\cos\left(y+\frac{\pi}{6}\right)\right]$	$\frac{\pi}{2}\left[1+\frac{\sqrt{3}}{2}M\cos\left(y+\frac{\pi}{6}\right)\right]$
2	$\pi/3$	$2\pi/3$	$-\frac{\pi}{2}\left(1+\frac{3}{2}M\cos y\right)$	$\frac{\pi}{2}\left(1+\frac{3}{2}M\cos y\right)$
3	0	$\pi/3$	$-\frac{\pi}{2}\left[1+\frac{\sqrt{3}}{2}M\cos\left(y-\frac{\pi}{6}\right)\right]$	$\frac{\pi}{2}\left[1+\frac{\sqrt{3}}{2}M\cos\left(y-\frac{\pi}{6}\right)\right]$
4	$-\pi/3$	0	$-\frac{\pi}{2}\left[1+\frac{\sqrt{3}}{2}M\cos\left(y+\frac{\pi}{6}\right)\right]$	$\frac{\pi}{2}\left[1+\frac{\sqrt{3}}{2}M\cos\left(y+\frac{\pi}{6}\right)\right]$
5	$-2\pi/3$	$-\pi/3$	$-\frac{\pi}{2}\left(1+\frac{3}{2}M\cos y\right)$	$\frac{\pi}{2}\left(1+\frac{3}{2}M\cos y\right)$
6	π	$-2\pi/3$	$-\frac{\pi}{2}\left[1+\frac{\sqrt{3}}{2}M\cos\left(y-\frac{\pi}{6}\right)\right]$	$\frac{\pi}{2}\left[1+\frac{\sqrt{3}}{2}M\cos\left(y-\frac{\pi}{6}\right)\right]$

当设定系统的载波比为 21，调制度为 0.9 时，对逆变器输出相电压进行傅里叶分析，此时的谐波分布如图 8.10 所示。

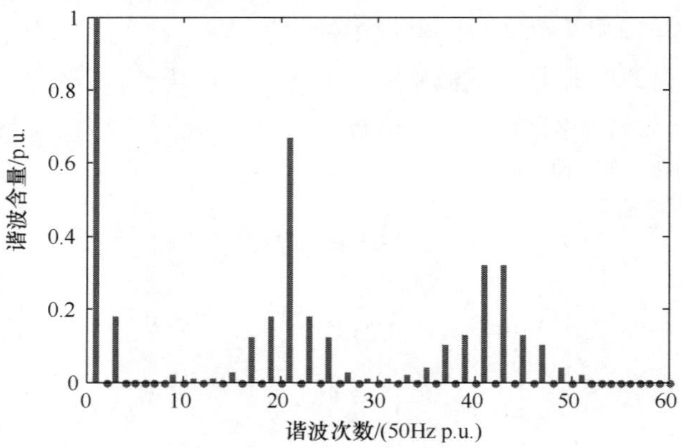

图 8.10　三相 SVPWM 调制谐波分布

图8.10中横坐标表示谐波次数，纵坐标表示对应谐波次数的谐波含量。可见在采用SVPWM调制时，逆变器输出端口电压中将包含低次的边带谐波分量。且通过进一步分析可知，为了使得三相逆变器相间谐波分量得到最优化分布，则要求三相逆变器的载波频率与基波参考频率的比值是奇数且为3的倍数。

从上面理论分析可以看出分布式光伏逆变器谐波电流大小与多种因素相关，包括功率器件载波频率、调制频率、调制方式，另外还包括出口滤波器配置参数、变流器并网点谐波电压、输出谐波阻抗、逆变器输出功率等。因此可以概括为如下形式：

$$I^k = g_k(U^1, U^3, U^5, \cdots, U^H, C^1, C^2, \cdots, C^m), \quad k=1,3,5,\cdots,H \tag{8-21}$$

式中，I^k 为谐波源产生的 k 次谐波电流；$U^1, U^3, U^5, \cdots, U^h$ 为谐波源节点电压中的基波和各次谐波分量；$C^1, C^2, \cdots, C^m$ 为谐波源的各控制参数；H 为所需考虑的最高谐波次数。如果各控制参数 $C^1, C^2, \cdots, C^m$ 均能掌握，就可以通过计算精确地求出该谐波源产生的各次谐波电流。由于掌握所有控制参数难度很大，因此该模型过于复杂。

在稳定工况下，可认为谐波源的各控制参数 $C^1, C^2, \cdots, C^m$ 保持恒定，因此，式(8-21)可改写为

$$I^k = g_k(U^1, U^3, U^5, \cdots, U^H), \quad k=1,3,5\cdots,H \tag{8-22}$$

谐波源模型的表达式具体有多种形式，常见的有恒流源模型、Norton模型、基于最小二乘逼近的简化模型等。

恒流源模型[14]近似认为谐波源所产生的谐波电流仅取决于其所在节点的基波电压，即将式(8-22)简化成：

$$I^k = g_k(U^1), \quad k=1,3,5,\cdots,H \tag{8-23}$$

若假定基波电压在所研究的期间内保持不变，则所确定的谐波源各次谐波注入电流为恒定值，此时谐波源可视为内阻抗无穷大的各次谐波电流源，即

$$I^k = I_0^k, \quad k=1,3,5,\cdots,H \tag{8-24}$$

由于实际电网中一般情况下各节点电压的总谐波畸变率（$THD_u\%$）小于规定的限值，各次谐波电压在数值上远小于基波电压，相应地，谐波电压对谐波注入电流的作用也非常地小，当计算精度要求不高时可以忽略不计。

Norton模型[15]将谐波源产生的某次谐波电流表示为基波电压和与其同次的谐波电压的函数，即

$$I^{(h)} = g_k(U^{(1)}, U^{(h)}), \quad h=1,2,3,\cdots,H \tag{8-25}$$

通过实测方法获得谐波源端口的谐波电压和谐波电流，然后基于最小二乘逼近各次谐波电流与各次谐波电压之间的复杂关系，基于最小二乘逼近的简化模型

需要在多次实际测量的基础上由最小二乘法[16]获得相应参数。

由于主要研究重点是最恶劣工况下稳定时刻谐波电流注入影响问题，为不失一般性，下面仿真中光伏电源谐波源模型采用实测参数光伏逆变器谐波电流频谱等比例缩放的方法建立恒流源模型，这也是目前工程实际中应用最广泛的谐波源模型，绝大多数谐波分析软件都采用了这种模型。

8.4.2　分布式光伏电源接入典型馈线谐波分析

本节以典型馈线为例来阐明分布式光伏电源并网对配电网谐波的影响，重点介绍光伏电源不同接入位置、接入容量、集中接入或分散接入带来的不同影响。本节典型馈线的电网设备参数采用第 5 章图 5.3 中给出的典型馈线参数，对典型馈线结构、配电网设备参数、负荷参数、负荷的谐波模型等均进行了设定。

设定 110kV 变电站的 110kV 母线短路容量为 1500MVA；110kV 变压器容量 50MVA，短路阻抗 17%；典型馈线主干线采用 LJ-240 架空线。本节中假定典型馈线接入 10 个负荷，均匀分布接入，每个负荷 500kVA，功率因数 0.95。负荷模型采用$(R_1+L_1)+(R_2//L_2)$结构的综合负荷模型，串联的两个部分中各占比 50%，模型中不考虑负荷侧投入无功补偿设备后的情形。

1）典型馈线集中接入谐波分析

根据 5.3.2 节表 5.2 给出的光伏接入方案，假设分布式光伏电源总容量为 3MW 且满功率输出，分别集中接入典型馈线 1、5、9 号节点，分析不同接入位置对馈线谐波电压分布的影响。仿真结果如图 8.11 所示。

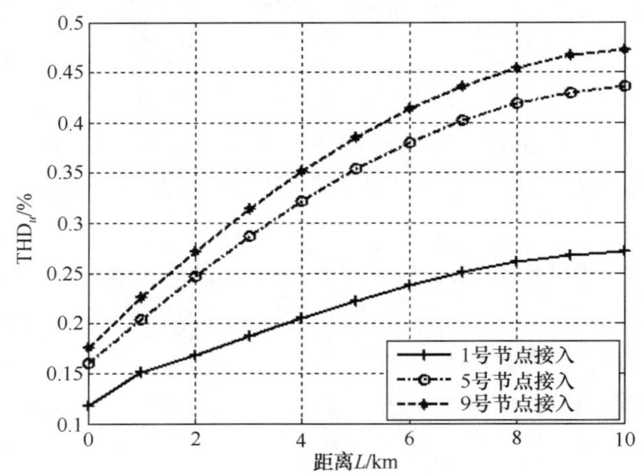

图 8.11　光伏接入不同位置后的馈线谐波电压总畸变率分布图

图 8.11 对馈线上谐波电压总畸变率(THD_u%)进行了横向对比，光伏分别在 1 号节点、5 号节点和 9 号节点接入，可以看出，不论从任何一个节点接入，光伏并网后相较于无光伏接入情况，馈线整体 THD_u%均会抬升。当线路中未接入谐波抑制设备时，线路末端的 THD_u%会大于首端。

再分析接入位置对 THD_u%的影响，同样容量的光伏集中接入典型馈线末端比集中接入线路首端对线路的 THD_u%影响更大。3MW 分布式光伏接入节点 9 后，其单独引起的馈线最大 THD_u%抬升发生在 10 号节点，THD_u%达到 0.47%，依据我国国家标准 GB/T 14549—1993，10kV 公用电网谐波电压总畸变率最大允许值为 4%，这里占比达到 11.7%，因此光伏容量达 3MW 时，在最不利的接入位置(线路末端)，将单独引入达到 0.1 倍标准允许值的谐波电压畸变。进一步分析 5、7、11 等各次谐波，其基本规律相同。

通过以上分析可以得到如下结论：分布式光伏电源接入配电网会影响配电网的谐波电压水平，并且其影响不仅仅局限在光伏并网点，而且会扩散到整个配电网线路，越是线路末端受到的影响越大；同样容量的分布式光伏接入配电线路末端比接入线路首端，对线路整体 THD_u%的抬升作用更明显。因此，在不考虑谐波抑制措施条件下，建议将光伏接入馈线首端。

图 8.12 是 3 种接入方式下，谐波电流潮流分布情况，用电流总畸变率(THD_i)表示。从图中可以看出，不同的接入位置下，典型馈线上谐波电流的大小有明显差异，光伏注入谐波电流主要是流向谐波阻抗低的位置，因此可以看到算例中流入首端的谐波电流大于流向末端的谐波电流。另外，光伏容量相同情况下，如果接入线路末端，其谐波电流将大部分分流经整个配电线路，因此导致更多的谐波损耗。

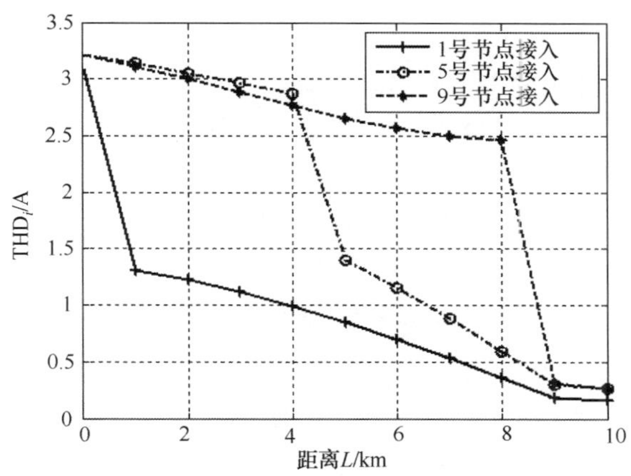

图 8.12　光伏接入不同位置后的馈线谐波电流总畸变率分布图

根据 5.3.2 节给出的分布式光伏电源接入典型馈线 1 号节点，不改变其他运行条件，分析不同分布式光伏接入容量对配电网电压的影响。光伏接入容量同表 5.3 且满功率输出，计算得 $THD_u\%$和 THD_i 如图 8.13 和图 8.14 所示。

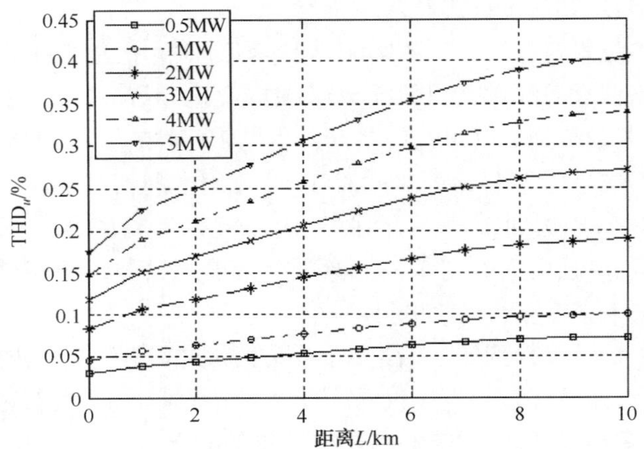

图 8.13　在 1 号节点接入不同容量光伏后 $THD_u\%$分布图

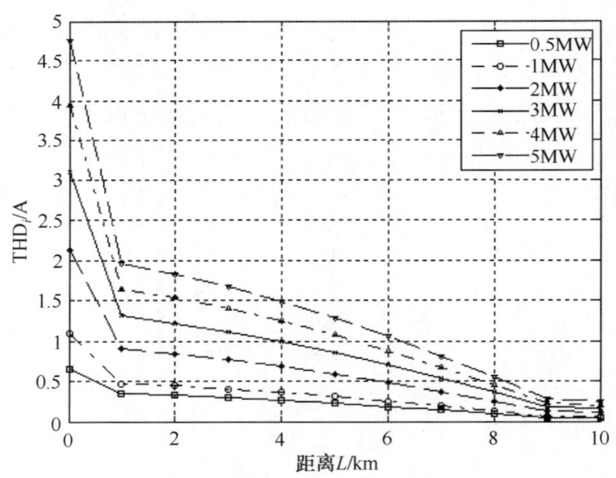

图 8.14　在 1 号节点接入不同容量光伏后 THD_i 分布图

由图 8.13 可见，馈线节点 1 分别接入不同容量的光伏电源，接入光伏容量越大，$THD_u\%$抬升越高。在节点 1 接入 5MW 光伏后，典型馈线末端节点 10 上的 $THD_u\%$达到 0.4%。观察谐波电流分布(图 8.14)可以看到谐波电流更多的流向馈线首端，流入线路首端的谐波电流比流向末端的谐波电流大了几乎 2 倍。

以上条件不变，改变光伏接入位置至 5 号节点，即距离线路首端为 5km 处，计

算所得沿线 $THD_u\%$ 如图 8.15 所示。在分析谐波潮流分布同样可以看出，光伏电源接入后，抬升了整个馈线的谐波电压水平，相比接入 1 号节点，$THD_u\%$ 增加值更大。在谐波电压分布图 8.15 中可以看到，当 4MW 光伏接入 5 号节点后，在 4km 检测到 $THD_u\%$ 达到 0.4%，在线路末端达到 0.53%；当 5MW 光伏接入 5 号节点后，在 3km 检测到 $THD_u\%$ 达到 0.4%，在线路末端达到 0.6%。显然当光伏接入容量超过 4MW 时，在馈线中段就出现了谐波电压超过 0.1 倍中国国家标准允许值的现象。

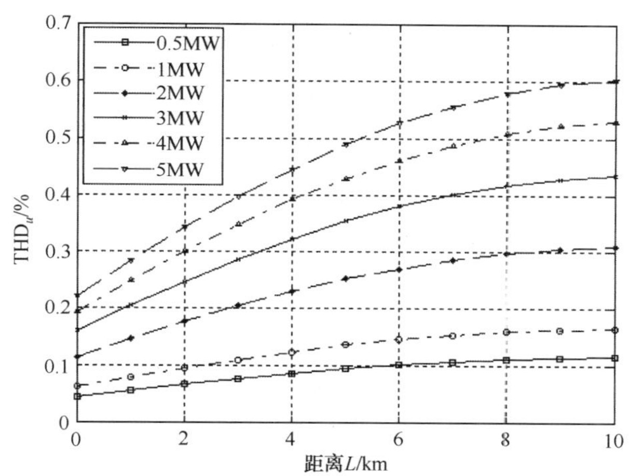

图 8.15　在 5 号节点接入不同容量光伏后 $THD_u\%$ 分布图

同样改变分布式光伏接入位置至 9 号节点，仿真所得馈线沿线 $THD_u\%$ 如图 8.16 所示。从图中可以看到 9 号节点光伏接入后沿着馈线分布，$THD_u\%$ 依然是单调增加的，但是相比 5 号节点接入情况，谐波电压总畸变率增速放缓，例如，当 5MW 光伏接入 9 号节点后配电网后，在 3km 检测到 $THD_u\%$ 达到 0.4%，在线路末端达到 0.6%，显然线路阻抗在谐波流经路径上起了明显的作用。

总的来说，分布式光伏电源接入典型馈线抬升了馈线的谐波电压水平，在不考虑馈线中的谐波抑制设备时，沿馈线谐波电压总畸变率是增加的。分布式光伏电源接入对谐波电压的影响并不仅仅局限在并网点处，对整个馈线的谐波电压均有抬升，且对馈线末端的影响要远超过首端的影响。

2）典型馈线分散接入谐波分析

在分析了光伏单点接入的基础上，下面进一步探讨分布式光伏电源多点接入后馈线的谐波电压分布情况。配电网结构参数和负荷数据与上相同，馈线中接入总容量为 5MW 的 5 个分布式光伏电源，其中每个光伏发电系统功率为 1MW，分散接入位置如表 5.4 所示，得到仿真结果如图 8.17 所示。

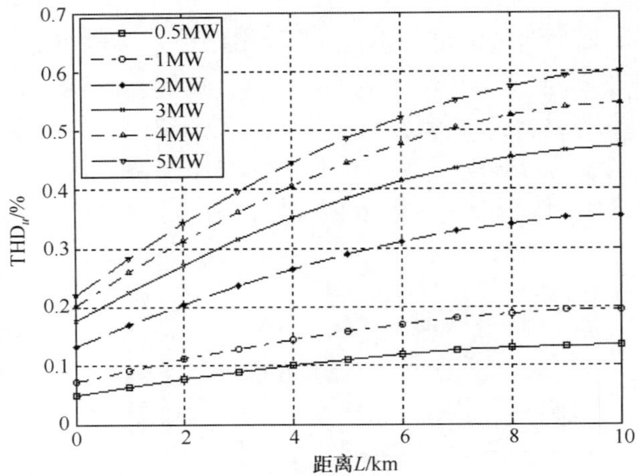

图 8.16 在 9 号节点接入不同容量光伏后 THD_u%分布图

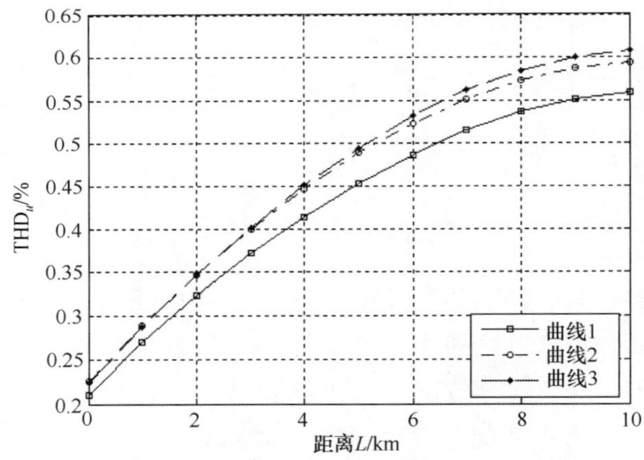

图 8.17 在分散接入 5MW 容量光伏后 THD_u%分布图

曲线 1 代表 5 个光伏分散接入典型馈线前半段，分布在节点 1 到节点 5 处；曲线 2 中分布式光伏电源均匀分散接入整个馈线中(分布在节点 1、3、5、7、9 处)；曲线 3 则分散接入馈线下游，分布在节点 6 到节点 10 处。从图 8.17 可以看出，总光伏出力相同但分布在不同的位置，得到的 THD_u%分布有着相同的趋势，THD_u%基本上是从馈线首端到馈线末端逐渐增加；不同之处在于，曲线 1 代表的前半段接入导致的 THD_u%数值抬升量大于另外两种情况。对比曲线 2 和曲线 3，可以看出全馈线均匀分散接入和馈线后半段分散接入，在 THD_u%数值上差异并不明显。

8.4.3　实际案例分析

本节应用 5.5.3 节给出的分布式光伏电源接入实际 J 市 110kV SA 变电站为例，分析该变电站 10kV 的 Ⅰ 段母线接入光伏后谐波电压情况。变电站 Ⅰ 段母线接入光伏的线路共计 5 条，分别表示为 SA_F1、SA_F5、SA_F7、SA_F9、SA_F18。如 5.5.3 节所介绍的 SA_F1 接入光伏电源两个，接入总容量 3MWp。各条线路接入光伏容量见表 8.10。

表 8.10　实际案例中光伏接入容量

馈线	接入光伏容量/MWp	光伏总计容量/MWp
SA_F1	汽车企业 C1　2.0 电池企业 C2　1.0	3.0
SA_F5	科技企业 C3　1.0	1.0
SA_F7	化工企业 C4　2.5	2.5
SA_F9	服装企业 C5　1.0	1.0
SA_F18	工业企业 C6　2.0	2.0

评估过程首先对实际案例进行全年潮流分析，在第 5 章中已完成该项工作，发现 2014 年 5 月 1 日 12 时左右变电站 10kV 出现功率倒送最严重，显然此时刻光伏谐波注入可能导致的电压畸变最严重，下面就以此时刻分析分布式光伏电源接入对配电网馈线谐波的影响。

图 8.18 为 SA_F1 线路 THD_u%沿线分布图，可以看出在不考虑 SA_F1 已有谐波源负荷情况下，在汽车企业和电池企业两家接入的光伏共同作用下抬升了线路的谐波电压水平，线路末端的 THD_u%达到了 0.36%。这从另一个侧面说明，

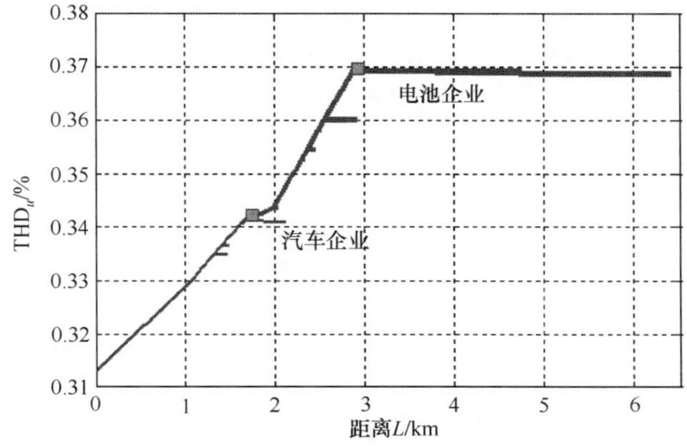

图 8.18　SA_F1 线谐波电压总畸变率沿线路分布图

针对每个中小容量的分布式光伏电源(0.5～3MW),其单独引发的配电网谐波电压畸变是能够满足中国国家标准中谐波电压允许值,但是多个分布式光伏电源同时并网后,从整个供电区域系统的角度进行分析,其引发的谐波畸变往往是不容忽视的。

因此不同于大型光伏电站接入,高渗透率分布式光伏电源接入配电网更多地应该从区域角度综合进行分析,综合评估包括已经接入及未来计划接入的分布式光伏电源对配电网谐波水平的影响,这里比较重要的一个方面是权衡分配给每个分布式光伏电源的谐波允许值指标。另外,实际应用中需要评估并避免用户侧和电网侧谐波抑制设备(如无源滤波器)过载。

8.5 小　结

本章介绍了分布式光伏电源并网对配电网电能质量的影响,首先比较了中国与其他国际通用标准,分析了光伏并网电能质量条款的差异性,然后简单阐述了含分布式光伏电源接入配电网的电能质量影响分析方法,重点探讨了分布式光伏电源并网对电压变动和谐波电压的影响。最后通过典型馈线和实际 110kV 变电站区域配电网为案例开展讨论。

根据分析结果,可以看出分布式光伏电源接入抬升了馈线的谐波电压水平,不考虑馈线中的谐波抑制设备时,沿馈线分布谐波电压总畸变率是上升的。分布式光伏电源接入对谐波电压的影响并不仅仅局限在并网点处,对整个馈线的谐波电压均有抬升,且对馈线末端的影响要远超过首端的影响。在分析的典型馈线中,当分布式光伏电源容量达到 4～5MW 后,在馈线中后段均出现了 THD_u%超过 0.1 倍中国国家标准谐波电压允许值的现象。

分布式光伏电源接入对配电网电能质量影响分析的重点应放在区域电网综合分析上,主要是由于单个中小容量的分布式光伏电源单独引发的配电网谐波电压畸变并不是很显著,但是高渗透率分布式光伏电源接入时,其影响往往不能忽视,需要将重点分析面向谐波允许值分配上,同时区域分析可以避免线路中单台谐波抑制设备过载情况。

参考文献

[1] Wakileh G J. Power systems harmonics fundamentals analysis and filter design. Berlin: Springer, 2001.

[2] Yoshida Y, Suzuki H, Fujiwara K, et al. Basic Study on Islanding Detection Method for PV Systems by Harmonic Impedance Detection in Case of Including Induction Motor in Load System. IEEJ Transactions on Power & Energy, 2014, 134(5): 399-411.

[3] Burch R, Chang G, Hatziadoniu C, et al. Impact of aggregate linear load modeling on harmonic analysis: A comparison of common practice and analytical models. IEEE Transactions on Power Delivery, 2003, 18(2): 625-630.

[4] GB/T 19964—2012. 光伏发电站接入电力系统技术规定. 北京:中国标准出版社, 2013.

[5] GB/T14549—1993. 电能质量公用电网谐波. 北京:中国质检出版社, 1994.

[6] Atkinson-Hope G, Stemmet W C. Assessing harmonic current source modelling and power definitions in balanced and unbalanced networks. International Journal of Energy Technology & Policy, 2006, 4(1/2): 85-102.

[7] Almeida C F M, Kagan N. Harmonic coupled norton equivalent model for modeling harmonic-producing loads. International Conference on Harmonics and Quality of Power. IEEE Xplore, 2010: 1-9.

[8] Shojaie M, Mokhtari H. A method for determination of harmonics responsibilities at the point of common coupling using data correlation analysis. IET Generation, Transmission & Distribution, 2014, 8(1): 142-150.

[9] Hui J, Yang H, Lin S, et al. Assessing utility harmonic impedance based on the covariance characteristic of random vectors. IEEE Transactions on Power Delivery, 2010, 25(3): 1778-1786.

[10] 张巍, 杨洪耕. 基于二元线性回归的谐波发射水平估计方法. 中国电机工程学报, 2004, 24(6): 50-53.

[11] Bhattacharyya S, Cobben S, Ribeiro P, et al. Harmonic emission limits and responsibilities at a point of connection. IET Generation, Transmission & Distribution, 2012, 6(3): 256-264.

[12] 崔红芬, 汪春, 叶季蕾, 等. 多接入点分布式光伏发电系统与配电网交互影响研究. 电力系统保护与控制, 2015, (10): 91-97.

[13] 韩智海. 分布式光伏并网发电系统接入配电网电能质量分析. 济南:山东大学硕士学位论文, 2013.

[14] 刘燕华, 张楠, 赵冬梅. 国内外光伏并网标准中电能质量相关规范对比与分析. 现代电力, 2011, 28(6): 77-81.

[15] 王璟, 蒋小亮, 杨卓, 等. 光伏集中并网电压约束下的准入容量与电压波动的评估方法. 电网技术, 2015, 39(9): 2450-2457.

[16] 左伟杰, 马钊, 周莉梅, 等. 基于配电网电能质量健康评估策略的分布式光伏接入方法. 电网技术, 2015, 39(12): 3442-3448.

第9章　含高渗透率分布式光伏的配电网综合措施分析

9.1　引　　言

在前面章节中已有介绍，随着区域配电网络中分布式光伏电源接入容量的不断增加，其功率渗透率、容量渗透率和能量渗透率也在不断提高，形成高渗透率分布式光伏电源接入配电网的这一现实情况。当达到一定的极限容量后，反向潮流、电压升高、短路电流、电能质量等一系列问题不仅制约了配电网对分布式光伏电源的消纳，也会严重危害配电网的正常运行。然而，随着主动配电网的快速发展，各种使能技术的不断成熟，可以有效增加配电网消纳光伏的能力，尤其在高渗透率分布式光伏电源接入的情况下，能够减轻或消除分布式光伏电源带来的不利影响，促进分布式光伏电源的健康持续发展。本章重点分析储能技术、需求侧响应以及集群分区控制技术在高渗透率分布式光伏电源接入配电网中的应用。

9.2　储能技术

储能技术可以将电能转化成其他形式的能量，并在需要的时候以电能的形式释放。储能系统能使不可调度的分布式光伏电源作为可调度机组单元运行，实现与配电网的并网运行，在必要时向电力公司供电，提供削峰、紧急功率支持等服务；甚至并网型光伏储能一体化系统，具备独立供电的能力，即在电网失电时光伏电源向用户独立供电，提高系统的供电可靠性。因此，储能系统具有平抑光伏波动、改善电压质量、削峰填谷等作用，是提高配电网分布式光伏电源消纳的有效手段之一。

9.2.1　储能技术分类

按照能量转换形式，电能的储存方式主要可分为机械储能、电磁储能、相变储能和化学储能，如图9.1所示[1-3]。

1）机械储能

抽水蓄能电站是一种具有储能效用的发电方式，具有上、下游两个水库，抽水蓄能设备可在发电机和电动机两种状态间转换，负荷低谷时抽水蓄能，高峰时放水

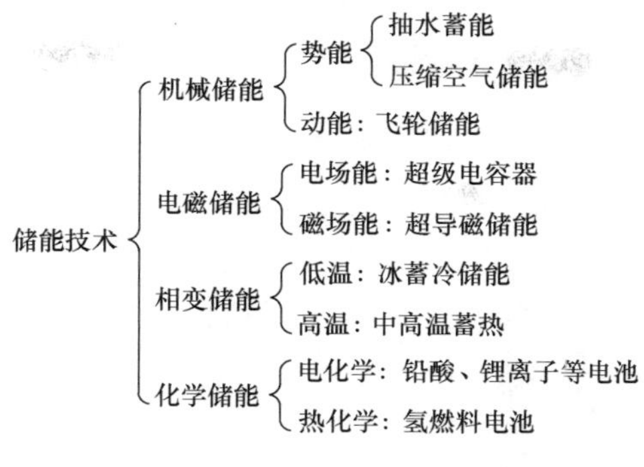

图 9.1　储能技术分类

发电。其使用寿命长、能量转换效率稳定、对环境影响小，是目前电力系统最成熟的大规模储能方式。

压缩空气储能在储存能量时消耗电能将空气压缩储藏在高压密封的储气室中，释放能量时放出高压空气驱动燃气轮机发电，具有安全系数高、容量大、使用寿命较长等优点，但其能量密度偏低并且使用时易受地理因素的限制。

飞轮储能是一种以动能形式存储电能，而后又利用所储动能发电的储能方式，主要由飞轮、轴承和电机系统三部分组成，具有功率密度高、运行温度范围广、充放电次数无限制等优点，但其能量密度较低、维护系统安全性方面的费用较高。

2）电磁储能

超级电容器是通过外加电场在电极表面形成双电层进而实现能量存储的装置，充放电过程均为物理过程，且具有寿命长、电容量大、可提供高放电电流、充电迅速等特点。

超导磁储能是利用超导线圈将电能以电磁能形式储存起来，需要时再以电能形式供给负荷的储能装置，具有寿命长、响应速度快、储能效率高、维护简单等优点。

3）相变储能

相变储能材料是一类具有特殊功能的材料，可以在恒温或近似恒温的情况下发生气液或固液等形式的相变，并在相变过程中伴随着较大能量的释放和吸收。相变储能就是利用相变储能材料的相变过程来完成能量的存储或释放，具有体积小、能量密度高、设计灵活、便于使用和管理等特点。

4）化学储能

电化学储能是一种通过化学反应使得化学能和电能可以相互转换的能量存储技术，其种类繁多，包括铅酸电池、锂离子电池、液流电池和钠硫电池等，且发展迅速，近年来在安全性、能量转换效率和经济性等方面取得了重大突破，具有使用方便、环境污染少，不受地域限制，在能量转换上不受卡诺循环限制、转化效率高、比能量和比功率高等优点。

各种储能技术的技术成熟程度如图 9.2 所示[4]。

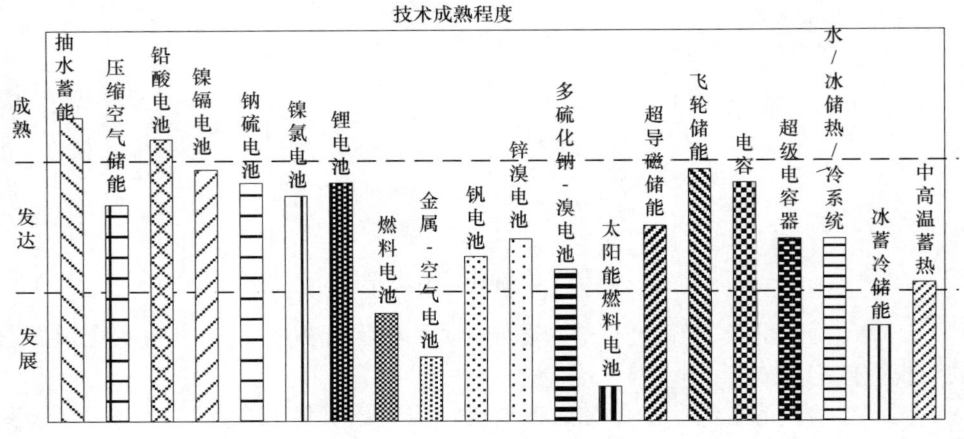

图 9.2 储能技术成熟度

9.2.2 电化学储能

目前在电力系统中应用较为广泛的储能技术是电化学储能，包括铅酸电池、锂离子电池、液流电池等，下面对三种电化学储能技术进行简单的介绍。[5]

1）铅酸电池

普通铅酸电池的正极是以结晶细密、疏松多孔的二氧化铅作为储存电能的物质，正常为红褐色，负极是以海绵状的金属铅作为储存电能的物质，正常为灰色。正极和负极储存电能的物质统称为活性物质。普通铅酸电池用纯净的稀硫酸作为电解液，主要作用是参加极板上的化学反应、导通离子和降低电池反应时的温度。普通铅酸电池充、放电化学反应的原理方程式如下：

正极反应：$PbO_2 + 3H^+ + HSO_4^- + 2e^- \underset{充电}{\overset{放电}{\rightleftharpoons}} PbSO_4 + 2H_2O$

负极反应：$Pb + HSO_4^- \underset{充电}{\overset{放电}{\rightleftharpoons}} PbSO_4 + H^+ + 2e^-$

总反应：$PbO_2 + Pb + 2H_2SO_4 \underset{充电}{\overset{放电}{\rightleftharpoons}} 2PbSO_4 + 2H_2O$

从以上的化学反应方程式中可以看出，铅酸电池在放电时，正极的活性物质二氧化铅和负极的活性物质金属铅都与硫酸电解液反应，生成硫酸铅，在电化学上把这种反应叫做“双硫酸盐化反应”。在电池刚放电结束时，正、负极活性物质转化成的硫酸铅是一种结构疏松、晶体细密的结晶物，活性程度非常高。在电池充电过程中，正、负极疏松细密的硫酸铅，在外界充电电流的作用下会重新变成二氧化铅和金属铅，电池就又处于充足电的状态。正是这种可逆转的电化学反应，使电池实现了储存电能和释放电能的功能。

普通铅酸电池储能系统在发电厂、变电站充当备用电源已使用多年，并在维持电力系统安全、稳定和可靠运行方面发挥了极其重要的作用。但由于普通铅酸电池的能量密度小，功率密度小，充电时间长，循环寿命短，自放电率高，再加上容易造成环境污染，尽管成本较低，但现阶段应用规模逐渐减小。现阶段重点关注一些改进型的铅酸电池，如铅碳电池。与铅酸电池相比，虽然铅炭电池的比能量没有差异，但是比功率却有大幅的提升，而且在放电深度较小的情况下循环寿命也有显著的提高。目前铅炭电池应用在分布式电源的典型项目如表9.1所示。

表9.1　铅炭电池储能电站项目

地点	系统规模	功能	时间
中国 浙江东福山	0.2MW/1MWh	调频调压、稳定可再生能源输出等	2011年
美国 新墨西哥州 Albuquerque	0.5MW/2.8MWh	削峰、稳定光伏发电功率等	2011年
美国 德克萨斯州 Goldsmith	36MW/24MWh	削峰、稳定风电功率等	2012年
中国 浙江鹿西岛	2MW/4MWh	调频调压、稳定可再生能源输出等	2014年

2）锂离子电池

锂离子电池主要由正极、负极、电解液、隔膜以及外部连接、包装部件构成。锂离子电池的正极电位较高，常为嵌锂过渡金属氧化物，或者聚阴离子化合物，如$LiMO_x$与$LiMPO_4$（M多为过渡金属，可为Co、Ni、Mn、Fe、V等元素的一种或多种）。正极材料有$LiCoO_2$、$LiFePO_4$、$LiMn_2O_4$等。锂离子电池负极物质通常为碳素材料，如石墨和非石墨化碳等。其中非石墨化碳包括软、硬碳。前者易石墨化，如中间相碳微球，后者难石墨化，多为高分子聚合物热解碳。另外，一些新型负极材料如纳米过渡金属氧化物等也为研究人员关注。

作为二次电池，锂离子电池在充电过程中：电池内部，锂以离子形式从正极脱出，由电解液传输穿过隔膜，嵌入到负极中；电池外部，电子由外电路迁移到负极。在放电过程中：电池内部锂离子从负极脱出、穿过隔膜，嵌入到正极中；电池外部，电子由外电路迁移到正极。随着充、放电，迁移于电池间的是“锂离子”，而非单质“锂”，因此被称为“锂离子电池”。锂离子电池充、放电化学反应的原理方程式如下：

正极反应：$LiMO_m \underset{放电}{\overset{充电}{\rightleftharpoons}} Li_{1-x}MO_m + xLi^+ + xe^-$

负极反应：$C_n + xLi^+ + xe^- \underset{放电}{\overset{充电}{\rightleftharpoons}} Li_xC_n$

总反应：$LiMO_m + C_n \underset{放电}{\overset{充电}{\rightleftharpoons}} Li_{1-x}MO_m + Li_xC_n$

与其他传统蓄电池相比，锂离子电池具有比能量高、额定电压高、大电流放电能力强、高功率承受力、自放电率低等优点，其比能量(200Wh/kg)达到了铅酸电池的5倍左右，单体工作电压为3.7V或3.2V，循环寿命在浅充放模式下可以达到3000～5000次，储能效率可以达到90%以上。但锂离子电池耐过充/放电性能差，组合及保护电路复杂，成本相对于铅酸电池等传统蓄电池偏高。锂离子电池作为商业化的一种储能技术，在可再生能源并网、微电网系统、改善电能质量等方面国内外都有不少应用。表9.2列出了部分锂离子电池储能项目。

表9.2　锂离子电池储能电站项目

地点	额定输出功率/MW	功能	时间
中国 河北张北	20	风电平滑、削峰填谷等	2012年
美国 夏威夷库拉	11	风电平滑、改善电能质量等	2013年
美国 西弗吉尼亚州	32	削峰填谷、平滑风电输出等	2014年
中国 浙江南麂岛	2	平滑可再生能源电力输出、调频调压等	2014年

3）液流电池

液流电池或称氧化还原液流蓄电系统，最早由美国航空航天局(NASA)资助设计，1974年由Thaller公开发表并申请了专利。与通常蓄电池的活性物质被包容在固态阳极或阴极之内不同，液流电池的活性物质以液态形式存在，既是电极活性材料又是电解质溶液。它可溶解于分装在两大储液罐的溶液中，各由一个泵使溶液流经液流电池，在离子交换膜两侧的电极上分别发生还原和氧化反应。

液流电池的两个电极由不同电位的两个液流电堆组成。充电时，在离子交换膜的一侧，其高电位电堆的活性物质于电池的正极从低价态氧化成高价态。在另一侧，低电位电堆的活性物质在电池的负极由高价态还原成低价态。放电时，以上两过程反向进行。全钒液流电池正极电堆为VO^{2+}/VO_2^+，负极电堆为V^{2+}/V^{3+}。其充放电时，电极反应分别如下：

正极反应：$VO^{2+}+H_2O \underset{放电}{\overset{充电}{\rightleftharpoons}} VO_2^+ + 2H^+ + e^-$

负极反应：$V^{3+}+e^- \underset{放电}{\overset{充电}{\rightleftharpoons}} V^{2+}$

总反应：$VO^{2+}+H_2O+V^{3+} \underset{放电}{\overset{充电}{\rightleftharpoons}} VO_2^+ + 2H^+ + V^{2+}$

全钒液流电池的输出功率取决于电堆的大小和数量，储能容量取决于电解液容量和浓度，因此液流电池的规模设计非常灵活，只需增加电堆的面积和电堆的数量，就可以增加输出功率；只需增加电解液的体积，就可以增加储能容量，并且系统可全自动封闭运行，无污染、维护简单、操作成本低。但也有诸多不足需要改进，如体积过大、对环境温度要求过高、系统较为复杂等。目前全钒液流电池的典型项目如表 9.3 所示。

表 9.3　全钒液流电池储能电站项目

地点	储能系统规模	功能	时间
澳大利亚 KingIsland	0.2 MW/0.8MWh	风储柴联合	2003 年
日本 北海道	4 MW/6MWh	平滑风电场输出	2005 年
中国 辽宁省法库县	5MW/10MWh	跟踪计划发电、平滑输出、提高电网对可再生能源发电的接纳能力	2013 年

9.2.3　电化学储能模型

由于现阶段电化学储能应用相对较为广泛，本节将针对一般电化学储能（如铅酸电池和锂离子电池）的常用数学模型进行建模分析，为后续分析打下基础。

1. 数学模型[6-8]

1）荷电状态（state of charge，SOC）模型

充电过程中：

$$S_{oc}(t)=(1-\delta)S_{oc}(t-1)+\frac{P_{ch}(t)\Delta t\eta_{ch}}{C_N} \tag{9-1}$$

放电过程中：

$$S_{oc}(t)=(1-\delta)S_{oc}(t-1)-\frac{P_{dis}(t)\Delta t}{C_N\eta_{dis}} \tag{9-2}$$

式中，$S_{oc}(t)$为 t 时刻电化学储能的荷电状态；$S_{oc}(t-1)$为 $t-1$ 时刻电化学储能的荷电状态；δ 为自放电率；$P_{ch}(t)$和 $P_{dis}(t)$为电化学储能 t 时刻的充放电功率大小；Δt 为时间间隔，通常为 1h；η_{ch}、η_{dis}分别为电化学储能的充、放电效率；C_N 为电化学储能的额定容量。

2）容量模型

若忽略电化学储能的自放电率，则电化学储能在 t 时刻的剩余电量可用下式表示：

$$C(t)=C(t-1)+\Delta tP_{ch}(t)\eta_{ch}-\frac{\Delta tP_{dis}(t)}{\eta_{dis}} \tag{9-3}$$

式中，$C(t-1)$为 $t-1$ 时刻的剩余电量。

3）约束条件

考虑到电化学寿命因素，必须对系统运行过程中电化学储能的充放电作严格限制，主要约束有荷电状态（SOC）约束、容量约束、充电率和放电率约束、充放电电流约束、充放电功率约束等，即分别为

$$S_{OCmin} \leqslant S_{OC} \leqslant S_{OCmax} \tag{9-4}$$

$$C_{min} \leqslant C \leqslant C_{max} \tag{9-5}$$

$$\begin{cases} r_{ch} \leqslant r_{ch,max} \\ r_{dis} \leqslant r_{dis,max} \end{cases} \tag{9-6}$$

$$0 \leqslant |I_{bat}| \leqslant I_{max} \tag{9-7}$$

$$\begin{cases} 0 \leqslant P_{ch} \leqslant P_{ch,max} \\ 0 \leqslant P_{dis} \leqslant P_{dis,max} \end{cases} \tag{9-8}$$

式中，S_{OCmin}和S_{OCmax}分别为SOC的最小允许值和最大允许值；C_{min}和C_{max}分别为容量的最小允许值和最大允许值；r_{ch}和r_{dis}分别是电化学储能的充、放电率；$r_{ch,max}$和$r_{dis,max}$分别是最大允许充、放电率；I_{max}为最大允许充放电电流；$P_{ch,max}$和$P_{dis,max}$分别为最大允许充、放电功率。

2. 寿命模型

1）权重安时模型[9]

该方法假设电池在其寿命周期内，其安时吞吐量是一个定值，根据已使用的安时吞吐量对其寿命进行计算，并且利用有效权重因子对其已使用的安时吞吐量进行修正。

一定时间内，蓄电池累积吞吐的安时量可评估其寿命损耗水平，可表示为

$$L_{loss,h} = \frac{A_h}{A_{total}} \tag{9-9}$$

式中，$L_{loss,h}$为小时内蓄电池寿命折算；A_h为小时内的安时吞吐量；A_{total}为蓄电池寿命周期内的安时总吞吐量。

A_h与蓄电池运行SOC以及实际安时吞吐量A'_h相关，可表示为

$$A_h = \lambda_{soc} A'_h \tag{9-10}$$

式中，λ_{soc}为有效权重因子。

图9.3是某种铅酸储能的有效权重因子与SOC的关系图，可用式(9-11)表示。

$$\lambda_{soc} = \begin{cases} a, & 0 < S_{oc} \leqslant 0.5 \\ b \cdot S_{oc} + c, & 0.5 < S_{oc} \leqslant 1 \end{cases} \tag{9-11}$$

式中，a、b和c可通过λ_{soc}与SOC的曲线关系得到。

储能的寿命年限可表示为

$$Y = \frac{1}{\sum_{h=1}^{8760} L_{loss,h}} \tag{9-12}$$

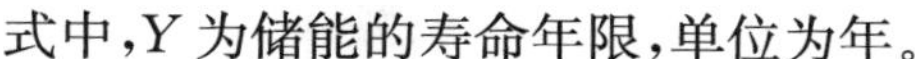
式中,Y 为储能的寿命年限,单位为年。

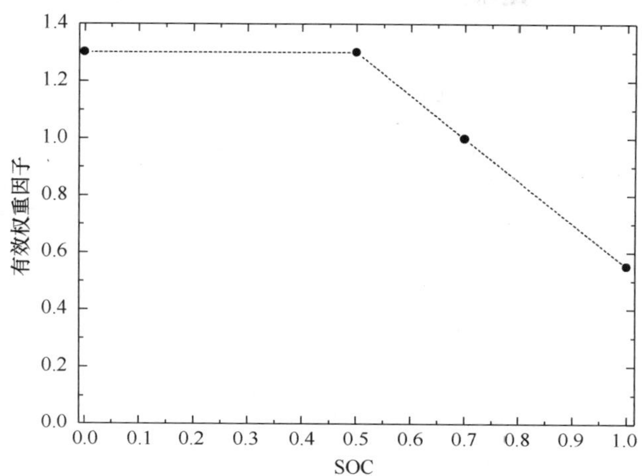

图 9.3　某种铅酸储能的寿命有效权重因子与 SOC 值关系

2）能量吞吐量模型[10]

能量吞吐量模型认为储能在标准情况下(不超过健康状态下放电深度 η_{DOD}、最大充放电功率 P_{max},且在标准温度下),储能实际循环次数能够达到厂商提供的标称循环次数 n。假设储能的总能量释放量是一个定值,该值可利用上述条件中的数据得到,即

$$ET_{tot}=NC\cdot n\cdot \eta_{DOD} \tag{9-13}$$

式中,ET_{tot} 为储能总能量释放量;NC 为储能的有效容量;n 为循环次数;η_{DOD} 为放电深度。

储能的使用年限为

$$Y=\min\left(\frac{ET_{tot}}{ET_{sim}},Y_{cal}\right) \tag{9-14}$$

式中,ET_{sim} 为仿真计算出的年吞吐量;Y_{cal} 为厂家提供的可使用年限。

9.3　储能系统在提高配电网消纳分布式光伏电源的分析

储能系统是解决配电网中高渗透率分布式光伏电源不利影响的有效措施之一,本节将基于 4.5 节中的案例,以铅碳电池为例,分析储能系统提高配电网光伏消纳能力的作用。

9.3.1 储能系统的定址定容方法

1. 储能系统的定址

由于光伏发电的间歇性、波动性特点，高渗透率分布式光伏电源接入配电网可能会带来电压不稳定，而局部 L 指标 L_j[11-12]作为评价馈线系统各节点的电压稳定程度及与电压崩溃距离的裕度指标，可以用于判断光伏安装后配电网的电压最薄弱节点，而在该节点安装储能系统，可提高系统的电压稳定程度。L_j 取值范围为[0,1]，L_j 值越接近 1，该节点电压越容易崩溃。局部 L 指标推导过程如下：

系统的节点导纳方程可用式(9-15)表示。

$$\boldsymbol{I}=\boldsymbol{YV} \tag{9-15}$$

式中，$\boldsymbol{I}$ 表示系统节点注入电流向量；$\boldsymbol{Y}$ 表示系统节点导纳矩阵；$\boldsymbol{V}$ 表示系统节点电压向量。

将系统节点分为发电机节点和负荷节点后，式(9-16)可变换为

$$\begin{bmatrix}\boldsymbol{I}_L\\ \boldsymbol{I}_G\end{bmatrix}=\begin{bmatrix}\boldsymbol{Y}_{LL} & \boldsymbol{Y}_{LG}\\ \boldsymbol{Y}_{GL} & \boldsymbol{Y}_{GG}\end{bmatrix}\begin{bmatrix}\boldsymbol{V}_L\\ \boldsymbol{V}_G\end{bmatrix} \tag{9-16}$$

式中，$\boldsymbol{I}_L$ 和 $\boldsymbol{I}_G$ 分别表示负荷节点和发电机节点的注入电流向量；$\boldsymbol{V}_L$ 和 $\boldsymbol{V}_G$ 分别表示负荷节点和发电机节点的电压向量；$\boldsymbol{Y}_{LL}$、$\boldsymbol{Y}_{LG}$、$\boldsymbol{Y}_{GL}$ 和 $\boldsymbol{Y}_{GG}$ 为系统节点导纳矩阵的子矩阵。

整理后可用式(9-17)表示，即

$$\begin{bmatrix}\boldsymbol{V}_L\\ \boldsymbol{I}_G\end{bmatrix}=\begin{bmatrix}\boldsymbol{Y}_{LL}^{-1} & -\boldsymbol{Y}_{LL}^{-1}\boldsymbol{Y}_{LG}\\ \boldsymbol{Y}_{GL}\boldsymbol{Y}_{LL}^{-1} & \boldsymbol{Y}_{GG}-\boldsymbol{Y}_{GL}\boldsymbol{Y}_{LL}^{-1}\boldsymbol{Y}_{LG}\end{bmatrix}\begin{bmatrix}\boldsymbol{I}_L\\ \boldsymbol{V}_G\end{bmatrix} \tag{9-17}$$

局部 L 指标可用式(9-18)表示，即

$$L_j=\left|1-\frac{\sum\limits_{i\in\alpha_G}F_{ji}\dot{V}_i}{\dot{V}_j}\right|,\quad j\in\alpha_L \tag{9-18}$$

式中，L_j 表示负荷节点 j 的局部 L 指标；α_G 和 α_L 分别表示配电网的发电机和负荷节点集合；$\dot{V}_i$ 和 $\dot{V}_j$ 分别表示第 i 个发电机节点和第 j 个负荷节点的电压；F_{ji} 为 $\boldsymbol{F}_{LG}$ 矩阵的第 ji 个元素。

全局 L 指标取值为配电网全部局部 L 指标的最大值，可用式(9-19)表示如下：

$$L=\max(L_j) \tag{9-19}$$

2. 储能系统的定容

1）数学模型

目标函数为在满足各种约束条件下使得系统安装铅碳储能系统容量最小，即

$$\min F = \mathrm{Cap}_{\mathrm{stor}}\left(\sum P_{\mathrm{PV}}^{N}, V_i, P_{\mathrm{char}}, P_{\mathrm{dischar}}\right) \tag{9-20}$$

式中，$\mathrm{Cap}_{\mathrm{stor}}$为储能装置容量。

约束条件分为等式约束和不等式约束。其中，等式约束为配电网的潮流平衡方程。

$$\begin{cases} P_{Gi} - P_{Li} = V_i \sum_{j=1}^{N} V_j (G_{ij}\cos\delta_{ij} + B_{ij}\sin\delta_{ij}) \\ Q_{Gi} - Q_{Li} = V_i \sum_{j=1}^{N} V_j (G_{ij}\sin\delta_{ij} - B_{ij}\cos\delta_{ij}) \end{cases} \tag{9-21}$$

式中，P_{Gi}和Q_{Gi}为节点i处的电源有功和无功功率输出；P_{Li}和Q_{Li}分别为节点i处的有功和无功负荷；V_i和V_j为节点i和j处的电压幅值；N为节点总数；G_{ij}、B_{ij}、δ_{ij}为节点i和j之间的电导、电纳和电压相角差。

不等式约束可分为馈线光伏消纳能力约束、光伏节点电压约束、铅碳储能系统SOC约束、充放电功率约束，具体如下：

$$\begin{cases} \sum P_{\mathrm{PV}}^{N} \geqslant P_{\mathrm{PV}}^{\mathrm{Ref}} \\ V_i^{\mathrm{PV}} \leqslant 1.05 \\ 0.2 \leqslant S_{\mathrm{oc}} \leqslant 1 \\ 0 \leqslant P_{\mathrm{char}} \leqslant P_{\mathrm{char}}^{N} \\ 0 \leqslant P_{\mathrm{dischar}} \leqslant P_{\mathrm{dischar}}^{N} \end{cases} \tag{9-22}$$

式中，$\sum P_{\mathrm{PV}}^{N}$为各光伏节点接入馈线的光伏功率之和；$P_{\mathrm{PV}}^{\mathrm{Ref}}$为该馈线光伏规划安装容量；$V_i^{\mathrm{PV}}$为光伏节点$i$电压标幺值，$i=1,2,\cdots,10$；$S_{\mathrm{oc}}$为铅酸储能的SOC值；$P_{\mathrm{char}}$和$P_{\mathrm{dischar}}$分别为储能装置的充、放电功率；$P_{\mathrm{char}}^{N}$和$P_{\mathrm{dischar}}^{N}$分别为储能装置的额定充、放电功率。

2）求解算法

本节利用粒子群算法（particle swarm optimization，PSO）寻优得到储能安装点处的最优安装容量。PSO[13]是人们受到真实世界中鸟群搜索食物的行为的启示而提出的一种优化算法，通过群体之间的信息共享和个体自身经验的总结来修正个体行动策略，最终求取优化问题的解。PSO初始化为一群随机粒子，通过迭代找到最优解。在每次迭代中，每个粒子根据自身的个体极值p_{Best}和全局极值g_{Best}这两个信息量来更新自己的速度和位置，如式(9-23)所示。

$$\begin{cases} v_{t+1} = \varphi_0 v_t + \varphi_1 \cdot r_1(t) \cdot (p_{\mathrm{Best}} - x_t) + \varphi_2 \cdot r_2(t) \cdot (g_{\mathrm{Best}} - x_t) \\ x_{t+1} = x_t + v_{t+1} \end{cases} \tag{9-23}$$

式中，t为迭代次数；x_t为第t次迭代时粒子的空间位置；v_t为第t次迭代时粒子的速度；φ_0为惯性常数；φ_1和φ_2为学习因子；$r_1(t)$和$r_2(t)$为(0,1)内的随机数。

9.3.2 案例仿真

基于 4.5.2 节中的配电网系统，若规划中配电网馈线的分布式光伏电源接入情况如图 9.4 所示，由于分布式光伏电源的接入容量达到 15.444MW，大于评估中的最大光伏消纳值 12.355MW，该接入方案必然会对配电网产生电压越限等不利影响，因此建议安装储能系统。图 9.5 为图 9.4 分布式光伏电源接入方案下的光伏出力。

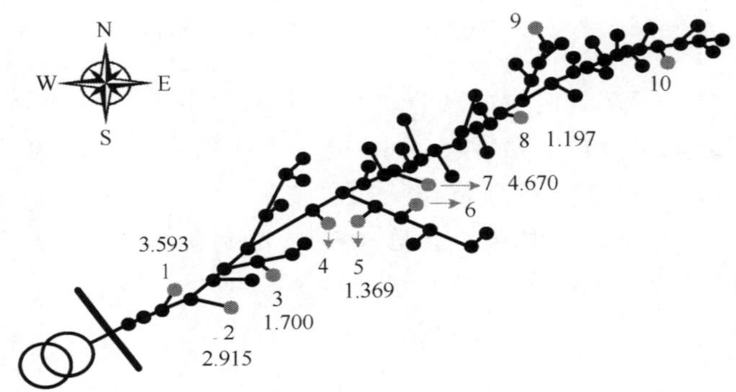

图 9.4 配电网馈线中接入分布式光伏电源方案

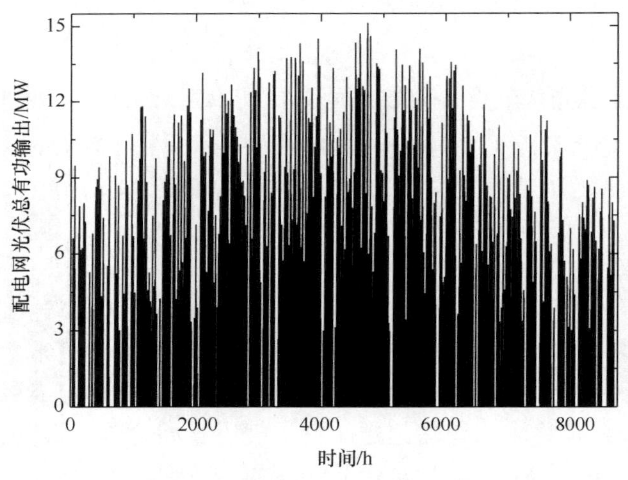

图 9.5 配电网馈线的分布式光伏电源有功输出情况

在图 9.5 中，分布式光伏电源有功输出呈现中间高两边低的特点，光伏输出在夏季较大，尤其是在 7 月。经计算，该接入方案的光伏发电年利用小时数为 1012h。

考虑到储能系统的经济性以及节点的最大光伏安装容量，储能额定功率取值为 4000kW，其他参数为：备用容量为额定容量的 20%，充放电效率均设为 90%，自放电率为 1%；调度策略：储能单元充电时刻为分布式光伏电源输出大于负荷需求的时刻；放电时刻为分布式光伏电源输出小于负荷需求的时刻。

将分布式光伏电源以图 9.4 所示的方案接入配电网后，按式(9-18)求得的配电网馈线中分布式光伏电源节点局部 L 值如图 9.6 所示。

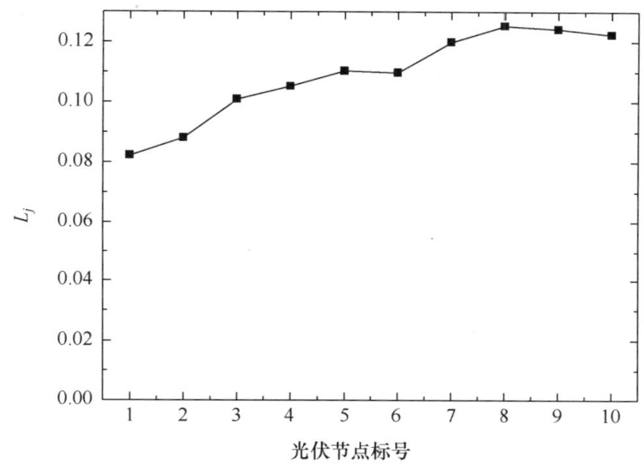

图 9.6　配电网馈线分布式光伏电源节点局部 L 指标图

在图 9.6 中，分布式光伏电源节点 8 处的 L 值最大，为 0.125，电压最易崩溃，按照储能系统的定址原则将储能安装在分布式光伏电源节点 8 处。同时，利用粒子群算法求得储能系统的容量大小为 19.4MWh。

在分布式光伏电源节点 8 接入配置为 4MW/19.4MWh 后，利用 4.5.1 节所述的评估配电网光伏消纳能力的方法，得到储能单元安装前后配电网光伏消纳能力的对比图如图 9.7 所示。

图 9.7 中，“+”点表示未加装储能系统前配电网对光伏的消纳能力，“·”点表示安装储能系统后配电网对光伏的消纳能力，可以看出，安装储能系统后，配电网对分布式光伏电源的最大消纳由 12.355MW 增加到了 15.444MW，也就是将配电网的光伏消纳能力由 A 区扩展到了 B 区，使得配电网满足了接入 15.444MW 分布式光伏电源的要求，说明储能系统的接入大大提高了配电网对分布式光伏电源的消纳能力。

为了进一步说明安装储能后配电网的电压稳定状态，绘制不接入光伏、接入光伏与接入储能系统三种情况下的局部 L 指标如图 9.8 所示，由图可知三者的全局 L 指标分别为 0.018、0.125、0.106。对比三者大小：①不管是否安装储能系统，接入分布式光伏电源均降低了配电网的电压稳定性；②储能系统的安装使得配电网

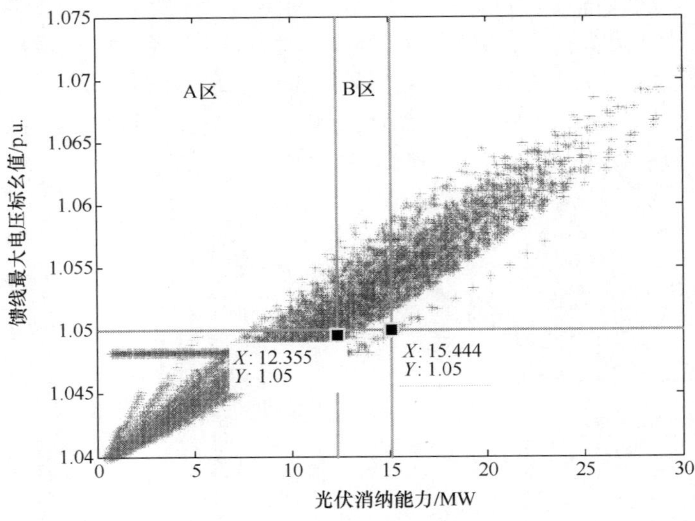

图 9.7 光伏消纳能力对比图

的电压稳定性提高了 15.2%，说明储能系统的接入大大稳定了运行时的配电网电压。

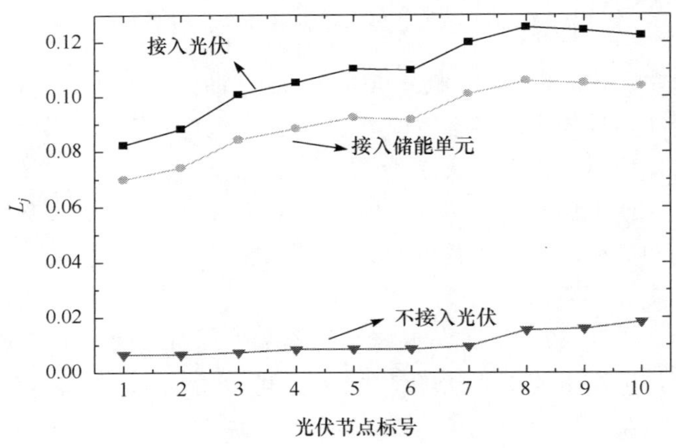

图 9.8 三种情况下的 L 指标对比图

以上分析说明储能系统是降低高渗透分布式光伏电源不利影响、提高配电网光伏消纳能力的重要手段，但由于目前电化学储能成本较高，导致配电网安装储能后经济性较差，只有在一些示范区域开展研究，还没有大范围的应用。但是随着技术的进步，储能成本在快速下降，未来基于光伏+储能的应用形式前景光明。

9.4　需求侧响应

9.4.1　需求侧响应概念

需求侧响应是指将需求侧资源看做供应侧资源为电力系统运行、规划优化起到积极的作用。需求侧响应分为两种[14]：一种是可调度的需求侧响应，也称基于激励型需求侧响应，是指电力公司对用户的用电行为有一定控制能力的需求侧响应；另外一种是不可调度的需求侧响应，也称基于电价的需求侧响应，是指用户通过对电价的变化来决定自己的用电行为的需求侧响应。两种需求侧响应实质都是给予用户一定的经济利益，引导其改变用电行为。因此，需求侧响应可以将负荷进行转移，有效改变负荷特性，能够充分响应光伏发电特性，有效提高配电网对光伏的消纳能力，且极具经济性。

1）基于价格的需求侧响应

基于价格的需求侧响应指的是基于时间的价格机制。目前，国际上常用的基于时变电价的需求侧响应项目有三类：分时电价、尖峰电价和实时电价。用户侧可以根据自身的用电实际，决定是否参与动态电价项目。参与项目的用户可以自由选择不同的动态电价，自由地调整负荷，减少电费支出。

分时电价机制是指电价随用电所处时段、日期、季节不同而不同的电价机制。其时间段的划分由粗到细可以有多种形式，最简单地将一年分为两季或多于两季的电价，如丰枯电价、旱季雨季电价、采暖季非采暖季电价等，也可以更细致到将每一天归到工作日电价、周末和节假日电价等；对于装设了分时计量的用户，则可以更进一步将每天 24 小时划分为峰、谷电价两种价格，或峰、平、谷电价三种价格。

尖峰电价机制是一种相对较新的动态电价机制，其关键在普通电价或分时电价的基础上，设置一个特别高的尖峰电价。尖峰电价期可以由系统紧急情况触发，也可以由电力公司在批发市场购电时所面临的特高电价触发。一般分时电价的峰荷时段在每一年或每一季节中是确定的，但尖峰电价期的触发是不确定的，而是在需要的时候，通过一个有限期的提前通知来临时确定，每一年只有有限的几天或几个时间段。也有一些-尖峰电价项目是在事后再来回头选取几个最高负荷日或时段。

实时电价机制与前面所述的分时电价及尖峰电价机制不同，其电价不是提前设定的，而是持续波动的，直接反映市场价格，与日前或实时市场购电成本挂钩。实时电价包含有日前实时电价和两部制实时电价。日前实时电价就是提前一天确定并通知用户第二天每 24 小时的电价，以便给用户一个时间量去计划和安排其响应措施，如将负荷转移到谷时段，或启用现场备用发电，或在无法削减需求的情况下采用市场上已有的合约品种来对冲高峰价格带来的风险。另外一种重要的实时电价形式就是两部制实时电价，首先根据用户的历史用电数据确定一个基准负荷曲线，基准线以内用电量执行基础固定电价或峰谷电价，基准线以外部分执行实时电价。这样一种基准线设计意在为用户提供一个对冲实时电价波动风险的途径，而对剩下部分，用户可以通过在峰荷期减少用电来获得电费节约效益。

在基于价格的需求响应项目中，价格对用户电力消费行为的影响作用最大，一般采用电量电价弹性矩阵来定量表征电价变化对于用户响应行为的影响，经常采用弹性系数[15]来反映电力消费需求对电价变动的敏感程度，也用替代弹性来衡量在电价变化峰时段用电量和谷时段用电量的比例变化。

2）基于激励的需求侧响应

基于激励的需求侧响应直接采用奖励方式来激励和引导用户参与各种系统所需要的负荷削减项目。目前国际上较为常用的基于激励需求侧响应项目有：直接负荷控制、可中断负荷、需求侧竞价、紧急需求响应和容量/辅助服务计划。

直接负荷控制是指负荷服务机构或系统运营机构在系统或地区配电网发生紧急情况下，在不给用户提前通知或只短时间提前通知的前提下，以支付给用户经济激励为交换，遥控调整或关闭用户电器设备的项目。直接负荷控制项目一般在系统高峰负荷时为避免紧急情况而采用，也有为了避免高昂电费、节约购电成本而采用。由于直接负荷控制项目中对负荷削减的时间完全由项目提供方控制，而几乎没有义务去征得用户的同意，所以这类项目必须要有与用户事前约定的合同，确定相关条款。

可中断负荷是指用户同意在系统紧急情况时削减负荷从而获得经济奖励。如果用户没有如约执行削减，会受到惩罚。可中断负荷项目不同于紧急需求侧响应项目，前者是由供电公司、负荷服务机构或削减服务提供商来运作，一般集成后也参与到批发市场的紧急需求侧响应项目中去，提供给系统运营机构，后者则由系统运营机构直接运作。

需求侧竞价是一种新型的激励型需求侧响应项目，旨在激励大型用户参与投标，表达他们在某一电价下愿意削减的负荷数值，或在愿意削减一定负荷下所期望的电价。这些项目可以在批发市场价格上行的时候提供一个诱导需求侧作出响应的途径，也为用户提供一个选择在何时、以何种方式参与实时和日前现货市场的机会，保证用户在市场运营者要求的时候削减部分负荷，并获得一定的经济激励。用户按特定的负荷削减、持续时间、收益进行投标，市场运营者根据市场规则对投标进行选择。中标者可以依据规则按最高投标价格获得支付，某些发展中的需求侧竞价市场也可以按事先设定的价格限额获得支付。

紧急需求响应项目由系统运营机构设置一个激励性支付价格，在出现系统可靠性事件时，用户削减负荷并获得相应的激励性支付，但这种削减是自愿的，用户也可以忽略系统运营机构发出的通知和请求，一般不会造成惩罚。可靠性事件由系统运营机构按安全可靠性标准事先公布，一般来说，参与紧急需求响应项目的用户将在预计发生紧急事件前 24 小时接到通知，并在接近实时的时候再次接到确认。

电量回购是在电力零售市场以需求侧投标方式操作的可中断、可削减负荷项目，与批发市场的紧急需求侧响应项目相对应，二者的操作要点相似。其区别在于前者是由售电公司组织招标和合同设计，由用户与售电公司签订合同，后者是由系统运营机构组织招标和合同设计，由消费者用户与系统运营机构签订合同；前者的目的是为售电公司管理电量波动风险，其实质是将这一风险管理收益在售电公司和用户之间分享；后者的目的是为系统运营机构管理系统和市场稳定风险，其实质是系统运行机构将风险管理收益转移给了用户。

市场容量计划可以看做是可中断负荷项目和紧急需求侧响应项目的结合，在这类项目中，用户承诺在系统紧急情况出现时，执行一个事先规定好的负荷削减，并获得一定的经济奖励。市场容量项目可以看做是一种保险，不管可靠性事件发生与否，参与者都能获得一个固定的支付，就如同得到一个保费收入一样，尽管在一些年份内可能根本不会被通知削减负荷。

辅助服务市场可以让用户以其可削减负荷作为运行备用直接参与辅助服务市场。如果其竞标被接受，则其可能的负荷削减被当做备用，同时获得一个与供应侧相同市场价的支付；在其负荷削减真正被调度之后，他将再次获得一个现货市场电量价格的支付。辅助服务市场对参与用户的要求比前些项目都高，首先是反应速度要求很高，响应时间按分钟计而不是如前些项目按小时计；其次是最小容量要求更高；第三是参与用户必须装设先进的实时遥信计量装置。比较理想的参与负荷是某些水泵负荷，和电弧炉负荷以及遥控空调和热水负荷等。

在基于激励的需求响应研究中，一般以响应量、响应速度、响应持续时间、响应频率、响应间隔时间、可响应性和响应通知时间等特性对可中断负荷[16]、直接负荷控制[17]等项目的响应特性建模。

9.4.2　需求侧响应的负荷特性

为了提高需求侧响应实施的效果，了解不同用户的用电习惯和负荷特性至关重要，下面结合第 3 章的负荷特性分析，开展不同类型用户的负荷特性分析。

不同类型用户的负荷曲线特性由图 9.9 所示，可以看出工业用户的用电高峰期(定义为最大负荷的 70%以上)在早上 10:00 到下午 6:00 左右。公共设施类负荷最为典型的是商业类负荷，商业用户的用电高峰为上午的 10:00 到晚上 8:00 左右，农业负荷的用电高峰主要在早上 10:00 和下午 2:00 左右的时间段，而居民用户的用电高峰期则为晚上 6:00 到晚上 10:00 左右。值得说明的是，该图的负荷曲线是所有负荷加权平均的结果，例如工业负荷曲线，一般大型工业用户都采用“三班倒”的工作模式，所以负荷曲线比较稳定，然而有些工业用户则采用普通的上班作息时间制，所以负荷曲线在上班时间呈现高峰。对于居民用户而言，其负荷曲线

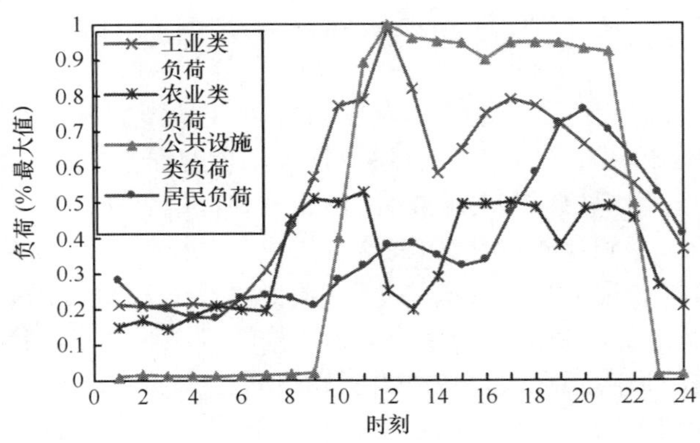

图 9.9 不用类型用户的负荷曲线

受季节和假期的影响比较大,例如,在夏季或冬季,由于空调的关系,居民负荷曲线在凌晨时段会比春季和秋季高,而在节假日居民负荷曲线在白天明显高于工作日。所以上图只是粗略的反映了四种不同类型用户的用电情况,若要更加精确的体现用户的负荷曲线,则需要对于不同用户、不同时段进行分开讨论。

由于不同用户的用电方式和负荷曲线的不同,适合各自的需求侧响应项目也有所区别。一般说来,基于激励的需求响应项目多数以一对一合同的形式约定了用户参与项目的权利和义务,所以基于激励的需求侧响应面向的对象通常是大型工业用户。而公共设施类用户及居民用户由于数量众多,采用一对一的方式显然是不现实的,所以针对该类负荷可以采用相对灵活的基于电价项目的需求侧响应项目,用户可以根据电价的变化自主参与。

除电价和激励因素外,影响用户用电特性的其他因素主要有行业类型、生产班制、电费支出占总成本的比例及用户意愿。例如,水泥制造行业用户,由于多数属于三班制企业,且电费支出占总成本比例在15%左右,因此,在峰谷电价差拉大的情况下,该类用户更愿意将峰时段或平时段的生产负荷转移到夜间的谷时段。对于钢铁制造工业,其规模大,耗电成本占总成本的15%左右,连续生产的设备多,负荷率高,对电能质量和供电可靠性要求高。因此,对峰谷电价的响应负荷转移类型偏向于企业的生活用电类负荷,占总用电量的比例较小,对应的死区阈值、饱和区阈值及最大负荷转移率值会比较小。对于商业及居民用户,空调及照明负荷占比较大,一般这两类用户的节电意识较强,虽然可转移或可削减的负荷量不大,但由于用户数量较大,峰谷电价下具有可观的负荷响应潜力。

因此,科学、合理的利用需求侧资源,充分结合分布式光伏电源出力随机性较强的特性,在不弃光的情况下增加配电网的消纳能力,配合调用需求侧资源实现用户用电负荷的相对可控,发挥高渗透率分布式光伏电源接入后的网-源-荷的综合效益,是现阶段推进分布式光伏电源开发建设必不可少的环节。本章重点开展激励型需求侧响应在消纳分布式光伏电源中的应用。

9.5　需求侧响应在含高渗透率分布式光伏电源的配电网中应用

9.5.1　激励型需求侧响应优化模型

1. 需求侧响应方式

需求侧响应可通过改变负荷曲线来提高配电网消纳分布式光伏电源的水平。设定需求侧响应周期为一天 24 小时，要求在响应周期内可转移负荷得到满足。通常每小时作为一个响应时段，并按照负荷运行持续时间和功率大小对可转移负荷进行分类。

用户首先设定下一周期可转移负荷是否运行以及初始运行时间，系统收集用户设定信息、统计负荷和光伏发电数据，然后利用本章提出的激励型需求侧响应优化模型及求解算法重新给需转移的负荷设定新的运行时间。可转移负荷在接收系统指令信号后改变初始运行时间，在系统指定时段自动运行，未收到信号的可转移负荷则按初始时间运行。部分高峰期可转移负荷将转移到分布式光伏电源发电充足时段工作，使负荷曲线和光伏发电曲线更贴近，同时参与激励型需求侧响应并依据系统指令改变负荷使用时间的用户会得到相应的经济激励。光伏与激励型需求侧响应结合效果如图 9.10 所示，可以看出，采用基于激励型需求侧响应改变负荷特性能够有效地降低高渗透率分布式光伏电源并网对配电网运行造成的影响。

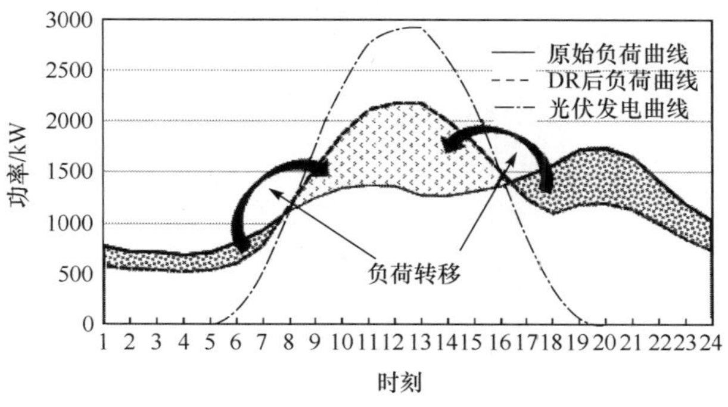

图 9.10　激励型需求侧响应效果图

2. 激励型需求侧响应模型[18]

1）负荷转移目标函数

负荷转移目标是让负荷曲线和光伏发电曲线最大化贴近，表达式为

$$\begin{cases}\min\sum_{t=1}^{T}\left|L(t)-P_{\text{new}}(t)\right| \\ L(t)=L_{\text{befo}}(t)+L_{\text{SLin}}(t)-L_{\text{SLout}}(t)\end{cases} \tag{9-24}$$

式中，T 为调度周期，设为 24h；$P_{\text{new}}(t)$为 t 时段的分布式光伏电源发电功率；$L_{\text{befo}}(t)$、$L(t)$、$L_{\text{SLin}}(t)$、$L_{\text{SLout}}(t)$分别为在 t 时段激励型需求侧响应前后负荷、转入负荷量和转出负荷量。

2）负荷转移模型

负荷转入转出模型如下：

$$\begin{cases}L_{\text{SLin}}(t)=\sum_{k=1}^{N_{\text{SL}}}x_k(t)\times P_{1,k}+\sum_{h=1}^{h_{\max-1}}\sum_{k=1}^{N_{\text{SLa}}}x_k(t-h)\times P_{(h+1),k} \\ L_{\text{SLout}}(t)=\sum_{k=1}^{N_{\text{SL}}}y_k(t)\times P_{1,k}+\sum_{h=1}^{h_{\max-1}}\sum_{k=1}^{N_{\text{SLa}}}y_k(t-h)\times P_{(h+1),k}\end{cases} \tag{9-25}$$

式中，N_{SL}为可转移负荷种类数目；N_{SLa}为运行持续时间大于一个调度时段的可转移负荷种类数；$h_{\max}$为可转移负荷单元最大供电持续时间；$x_k(t)$、$y_k(t)$分别为 t 时段开始运行的第 k 类负荷转入转出单元数，$0\leqslant k\leqslant N_{\text{SL}}$；$P_{l,k}$为第 k 类可转移负荷在第 l 个工作时段的功率。

3）用户满意度

负荷转移会影响用户用电满意度，需要考虑满意度指标。用户满意度由购电满意度和供电满意度构成。其中购电满意度是要求负荷需求被及时满足时，负荷转移量越少满意度越高；供电满意度是基于“自发自用，余量上网”的分布式光伏电源政策，光伏发电就地使用，减少外送。如果光伏发电量全部供给本地用户使用，则供电满意度最高[19]。用户满意 S_{user}为

$$\begin{cases}S_{\text{user}}=\frac{1}{2}S_{\text{load}}+\frac{1}{2}S_{\text{pv}} \\ S_{\text{load}}=1-\frac{c_{\text{load,shift}}}{c_{\text{load,all}}} \\ S_{\text{pv}}=\frac{c_{\text{pv,one}}}{c_{\text{pvpow,all}}}\end{cases} \tag{9-26}$$

式中，S_{load}为购电满意度；S_{pv}为基于光伏供电的供电满意度；$c_{\text{load,shift}}$负荷转移电量；$c_{\text{load,all}}$为用户负荷总量；$c_{\text{pvpow,all}}$为光伏发电总量；$c_{\text{pv,one}}$为光伏发电直接供给负荷电量。

3. 约束条件

1）转移时段约束

通常负荷只能在同一周期内转移，即

$$t\in T_n,\quad t'\in T_n,\quad \forall x_{t,t'} \tag{9-27}$$

式中，t 转出时段；t'为转入时段；T_n 为第 n 个响应周期。

2）转移量约束

由于可参与需求响应的负荷容量有限，每个时段实际负荷转移量不能超过可转移负荷容量，且转移前后调度周期内负荷总量不变，即

$$\begin{cases} x_{\mathrm{SL}}(t) \leqslant X_{\mathrm{SL}}(t) \\ L_{\mathrm{SLin}}(T) = L_{\mathrm{SLout}}(T) \end{cases} \tag{9-28}$$

式中，$x_{\mathrm{SL}}(t)$为 t 时段实际负荷转移量；$X_{\mathrm{SL}}(t)$为 t 时段可转移负荷容量；$L_{\mathrm{SLin}}(T)$，$L_{\mathrm{SLout}}(T)$分别为一个周期内负荷转入转出总量。

9.5.2　激励型需求响应求解方法

从上可以看出，负荷转移模型是非线性离散的，无法使用经典规划算法直接求解。该模型是一个组合最优化问题，往往存在大量的局部极值点，一般是不可微的、高度非线性的多维的 NP 完全(难)问题，无法利用导数精确求解。组合优化求解方法可以分为精确求解方法和近似求解方法。精确求解方法遍历所有的组合可得到最优解，对小规模问题适用，当问题的规模较大时在有限的时间内无法获得问题的最优解，所以对于组合优化问题通常采用的是近似求解方法，即启发式算法。

本章采用粒子群算法求解，一个微粒的编码需包括各时段转入转出负荷的种类及单元数等信息，微粒的编码将十分复杂，每次迭代的计算时间周期长，一般需要迭代大量的次数后才能找到满意解。而只要负荷转移总量相同不影响目标函数值，故可以先缩小可行解集合 S 范围，确定转入转出时段以及各时段内转移负荷种类和单元数，再通过粒子群算法求解负荷转入结果。启发式算法求解可能与最优解有出入，但足够精确且计算量大大减少。

负荷转移算法实现流程如图 9.11 所示，具体步骤如下：

(1) 输入基础数据。

输入响应周期内光伏资源和负荷数据，以及用户设定的可转移负荷信息，包括可转移负荷容量和原始运行时间。

(2) 确定可转移负荷转入转出时段。

计算出周期内每个时段分布式光伏电源发电量、负荷量和可转移负荷量。比较每个时段光伏发电量和负荷，记录 $P_{\mathrm{new}} > P_{\mathrm{Load}}$时段为负荷转入时段，其他时段为负荷转出时段。如果每个时段负荷都大于等于光伏电源发电量，则本周期无需响应，进入下一周期，如图 9.12 所示。

(3) 确定可转移负荷容量。

计算负荷转入时段光伏电源发电量与负荷差值总和记为可移入总电量 L_{in}，转出时段负荷减去分布式光伏电源发电量的可平移负荷总和记为可转出负荷总量 L_{out}，取两者较小值记为本周期可转移负荷总量 L_{SL}。各时段按比例确定可转移负荷容量。

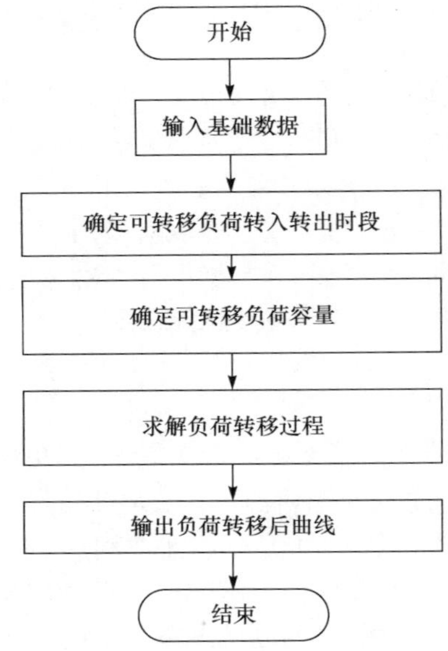

图 9.11 负荷转移算法实现流程图

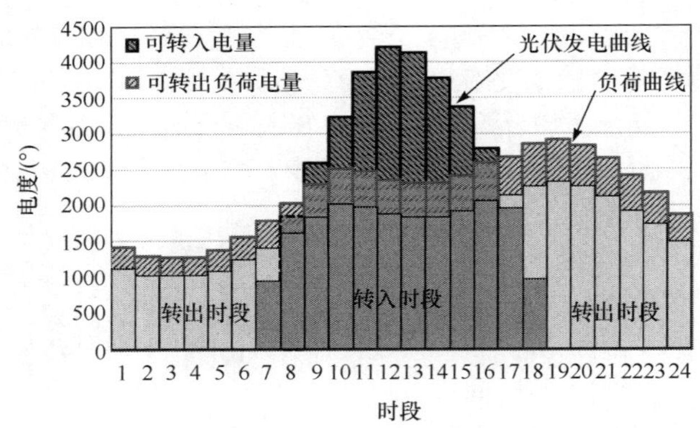

图 9.12 激励型需求侧响应求解过程示意图

(4) 求解负荷转入过程。

采用粒子群算法求得各转入时段负荷的转入量，粒子群算法步骤如下：

① 在初始范围内，对种群进行随机初始化，生成规模为 n 的初始群 G，每个微粒包含位置和速度，位置包含各转入时段的转入负荷种类和单元数信息，初始范围由负荷总转移量 L_{SL} 和各转入时段可转入负荷量确定。

② 评价每个微粒的适应度，将当前各微粒的位置和适应值存储在各微粒的 p_{best} 中，将所有微粒的 p_{best} 中最优个体的位置和适应值存储在 G_{best} 中；

③ 依据粒子群公式，更新每个微粒速度和位置。

④ 评价每个微粒适应值。将其适应值与其所经历过最好位置的适应值进行比较，如果当前值更好，则更新 p_{best}。

⑤ 比较当前所有 p_{best} 和 G_{best} 的值，更新 G_{best}；

⑥ 如果没有到终止条件，转到③，否则输出位置并结束。

(5) 输出负荷转移后曲线。

9.5.3 案例仿真

本节以某一 10kV 馈线算例分析，该区域拟开展需求侧管理试点工作[20]。该馈线光伏装机容量为 5500kW，全年总用电量约 8640MW·h，负荷平均功率 986.20kW/h，为低负荷高渗透率光伏区域。该地区年负荷曲线和年光照辐照度曲线如图 9.13 所示。依据图 9.13 光照辐照度曲线，日平均辐照 4.13kW·h/(m^2·d)，全年光伏可发电量约 6636MW·h。假设用户参与激励型需求侧响应负荷转移每度补偿 0.4 元。

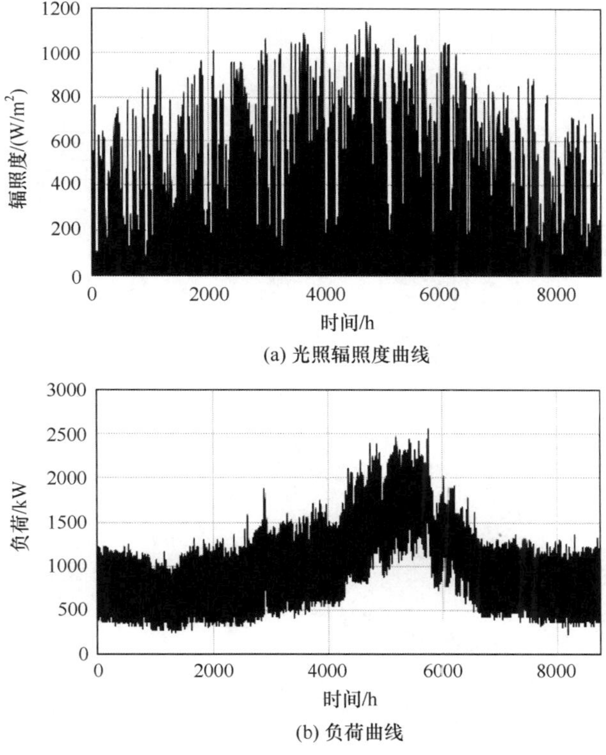

(a) 光照辐照度曲线

(b) 负荷曲线

图 9.13　辐照度和负荷曲线

图 9.14 为引入需求侧响应，可转移负荷容量百分比设为 10%时，在不同典型天气条件下负荷曲线变化情况。图 9.14(a)为典型阴雨天气场景，光照弱，全天光

伏发电功率始终小于负荷，无须进行负荷转移。图 9.14(b)为典型多云天气场景，光照强度一般，部分时段光伏发电功率大于负荷，在经激励型需求侧响应负荷转移后，负荷与光伏发电功率曲线接近。图 9.14(c)为典型晴天天气场景，光照好，中

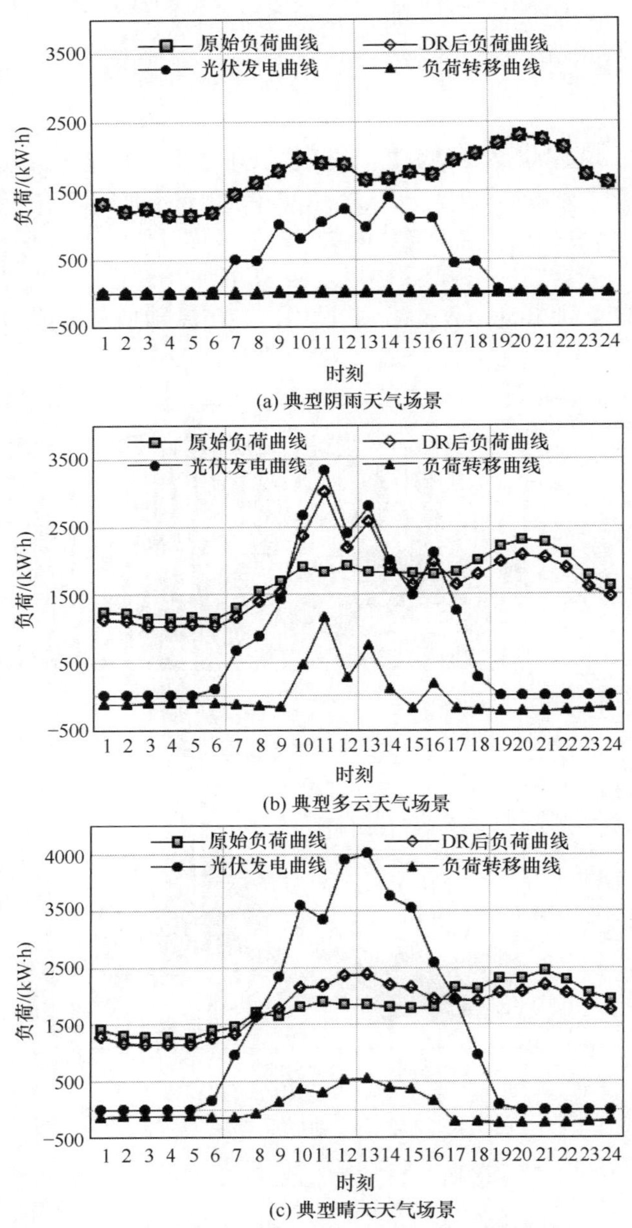

图 9.14　激励型需求侧响应下负荷变化情况

午时段光伏发电功率突出，即使负荷尽可能从其他时段转移到中午，光伏发电功率依然高于负荷。可以看出负荷发生转移时，整体趋势是负荷从其他时段尤其是负荷高峰时段转移到中午时段，有效改善了负荷特性，能够充分响应光伏发电特性，增强配电网对光伏的消纳能力。

图 9.15 为在考虑转移负荷容量百分比(可转移负荷容量占总负荷的百分比)增加，日光伏能量渗透率、用户满意度的变化趋势。从图 9.15 中可以看出，随着可转移负荷容量百分比增加，日光伏能量渗透率增加，即通过负荷的转移可以有效地增加光伏的消纳能力，向大电网购电量也将减少。由于激励型需求侧响应部分负荷转移，购电满意度下降，但供电满意度提高，整体用户满意度变化不大，呈略微下降趋势。可见在条件许可的情况下，更多比例的可转移负荷会起到更大的负荷调节作用。

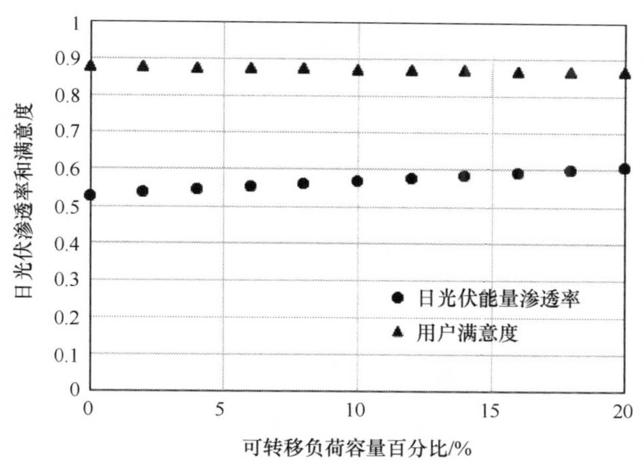

图 9.15　不同可转移负荷容量百分比下日光伏能量渗透率和用户满意度

9.6　集群分区控制

前文所述储能技术和需求侧管理等方法，可以看做是通过“被动的改变配电系统自身”去适应分布式光伏电源的发展，并没有充分发挥分布式光伏电源自身调节能力来主动支撑配电网。分布式光伏电源发展的目标是其具备像常规火电机组一样可控可调的特性，从不同的时间尺度上实现其在稳态上的可调度性及暂态上对配电系统的动态支撑性能，真正发挥分布式光伏电源作为“可控的类常规电源”在主动配电网中的重要作用，实现分布式光伏电源从“安装即不管理”到“适应并支撑”的转变。因此，如何制定高效、快速、公平的分布式光伏电源调控策略，且能够保证电网安全经济运行，探究分布式光伏电源的最佳调控方式及控制策略显得格外重要。

从国内外研究现状可知，在含高渗透率分布式光伏电源的配电区域内，大多只针对馈线级光伏逆变器的局部调压研究，或着重于有载调压变压器和电容器等调节手段的变电站级母线电压控制研究，很少开展高渗透率分布式光伏电源区域内动态分区集群协调控制的研究。由于分布式光伏电源的分散性，使得基于区域集群控制的分布式光伏电源协调控制解决方案成为一种可能。随着光伏逆变器的智能化、功能多样性，光伏发电单元具备灵活的有功、无功控制功能，充分发挥光伏逆变器的无功一有功综合控制能力在电压调节控制上的作用，使得分布式光伏电源的角色从被动的"负的负荷"向"主动的电源"的角色转换，充分发挥分布式光伏电源自身在电压调控方面的主动性。

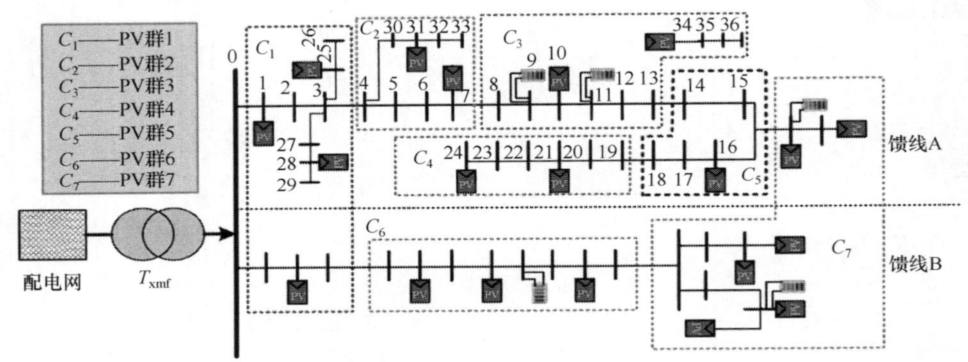

图 9.16　配电网中分布式光伏电源集群控制基本框架

因此，为避免传统电压管理方法将产生的控制维数灾问题，同时以经济最优、设备动作台数及次数最少的调压方式实现分布式光伏电源的局部区域自治协同控制，从分布式光伏的新型控制方式及策略入手，本章提出了一种基于有功/无功电压灵敏度矩阵，利用改进的模块度函数，对含高渗透率分布式光伏电源的配电网进行有功、无功解耦分区，实现对含高渗透率分布式光伏电源的配电网集群控制的方法，解决含高渗透率分布式光伏电源接入引起的过电压及控制复杂性问题，并在已有的分区基础上，按照"先最大程度使用逆变器的无功能力，后最小化地进行光伏有功剪切"的原则，在有功、无功分区内部制定相应电压控制策略[21]。如图 9.16 所示，在含多条馈线的配电网中，若接入了大量的分布式光伏电源，使得配电网结构复杂，节点电压分散性明显，单纯依靠传统的电压调节方式难以实现全局电压最优控制。此时若充分发挥分布式光伏电源的电压调控能力，根据节点间的电压耦合性及灵敏度大小，将配电网分为几个相对独立的子区域分别进行电压调节。如将馈线 A、B 中各节点划分为 7 个光伏群，针对每个光伏群分别进行各自光伏逆变器的有功无功优化设定，不仅能实现本地电压的实时控制，而且各子区域间的并行优化计算能保证电压控制的时效性。

集群分区控制具有以下优点：①分布式光伏电源分区控制能将地理位置上分散、特性上相关的光伏电源进行一体化整合，有效平抑分布式光伏电源出力的随机性、波动性和间歇性，使分布式光伏电源在规模和外部调控特性上与常规电源相近，具备灵活响应电网调度与控制的能力；不仅可以最大化地利用光伏资源，还能够提高电力系统运行的安全性和可靠性。②由于分布式光伏电源地理位置的分散性，通常待研究的配电网规模较大，此时若将配电网视为一个整体研究，该复杂数学模型的非凸性和非线性难(NP-hard)特性将导致优化模型难以求解且耗时。此时采用合理的分区算法将配电网根据其拓扑结构、节点注入功率对电压灵敏度等参数分成若干个子区域进行集群控制，将一个复杂问题分解为若干个相对简单的子问题，便于问题求解。③分区控制的本质是根据耦合性大小将配电网络分割成多个相对相互独立(或分区之间耦合度甚小)的子区域，这样当针对某个区域进行电压调节时该区域参数的变化对其他区域影响可忽略不计，便于解耦控制。④采用分区电压控制，各个分区之间可采用并行计算，可有效提升电压控制的时效性，使得过电压控制能及时跟踪外界环境的迅速变化。

9.7　含高渗透率分布式光伏电源的配电网集群电压控制

9.7.1　基于无功/有功电压灵敏度解耦分区方法

在大电网侧，根据电压灵敏度矩阵对大电网进行分区时，考虑大电网的网络阻抗特性(电阻远远小于电抗)，往往忽略有功变化对电网电压的影响，只对大电网进行无功分区，进行无功控制。但在配电网侧，由于配电网的阻抗比比较大，且电压控制策略涉及光伏逆变器有功功率控制，所以有功功率变化对电网分区的影响不可忽略。本章从配电网的电压灵敏度角度出发，对有功、无功分区进行解耦，实现有功、无功两层分区。

1) 无功、有功电压分区解耦

由电力系统负载潮流雅克比矩阵可知，配电网中的潮流计算满足如下方程：

$$\begin{bmatrix}\Delta P\\ \Delta Q\end{bmatrix}=\begin{bmatrix}A_{P\delta} & B_{PU}\\ C_{Q\delta} & D_{QU}\end{bmatrix}\begin{bmatrix}\Delta\delta\\ \Delta U\end{bmatrix}\tag{9-29}$$

式中，ΔP、ΔQ 表示节点注入有功功率、无功功率变化量；$\Delta\delta$、ΔU 表示节点电压相角及幅值的变化量；由 $A_{P\delta}$、B_{PU}、$C_{Q\delta}$、D_{QU} 组成的雅克比矩阵表示节点注入的功率波动(ΔP，ΔQ)与节点电压变化之间的关系。对式(9-29)进行矩阵变换：

$$\begin{bmatrix}\Delta\delta\\ \Delta U\end{bmatrix}=\begin{bmatrix}S_{P\delta} & S_{Q\delta}\\ S_{PU} & S_{QU}\end{bmatrix}\begin{bmatrix}\Delta P\\ \Delta Q\end{bmatrix}\tag{9-30}$$

式中,灵敏度因子 S_{PU}、S_{QU}分别表示节点注入单位数量的有功功率和无功功率节点电压幅值的变化;$S_{P\delta}$、$S_{Q\delta}$表示节点注入单位数量的有功功率和无功功率节点电压相角的变化。由上式可得,在含 N 个节点的配电网中,各节点电压幅值变化量 ΔU 与有功和无功变化量序列 ΔP、ΔQ 满足下式:

$$\Delta U = S_{PU} \cdot \Delta P + S_{QU} \cdot \Delta Q \tag{9-31}$$

式中,$\Delta P = [\Delta P_1, \Delta P_2, \cdots, \Delta P_N]^{\mathrm{T}}$;$\Delta Q = [\Delta Q_1, \Delta Q_2, \cdots, \Delta Q_N]^{\mathrm{T}}$;在实际中,$\Delta P$、$\Delta Q$ 的调节还要受到光伏逆变器功率因数的限制,满足下式:

$$\Delta Q = f(S_{\max}, \Delta P, \cos\varphi_{\max}) \tag{9-32}$$

式中,$S_{\max}$表示光伏逆变器的最大容量;$\varphi_{\max}$为光伏逆变器最大功率因数角。

当在 N_{PV}个光伏可安装节点接入不同容量光伏构成光伏容量序列$[\Delta P, \Delta Q]$时,第 i 个节点电压除了受自身电压影响还受其他节点 ΔP_j、ΔQ_j 注入的影响。所以第 i 个节点电压可表示为

$$V_i = V_i^0 + \sum_{j=1}^{N_{PV}} S_{PU}^{ij} \Delta P_j + \sum_{j=1}^{N_{PV}} S_{QU}^{ij} \Delta Q_j \tag{9-33}$$

式中,V_i^0 为未加入光伏时 i 节点电压;S_{PU}^{ij}、S_{QU}^{ij}分别为 S_{PU}、S_{QU}第(i,j)个元素。

由式(9-31)和式(9-33)可知,电压灵敏度 S_{PU}、S_{QU}分别代表有功功率、无功功率对节点电压的影响能力,且当有功功率不变时,注入单位数量的无功,电压幅值变化仅与无功灵敏度矩阵有关;当无功功率不变时,注入单位数量的有功,电压幅值变化仅与有功灵敏度矩阵有关;因此以无功电压灵敏度矩阵进行无功分区,以有功电压灵敏度进行有功分区,可以使有功、无功分区互不影响,实现解耦。

2) 改进的模块度函数 ρ_{im}

Girvan 和 Newman 为解决复杂网络的分区问题,引入了模块度函数的方法。不同于其他的分区方法,利用模块度函数进行分区,能自动生成最佳分区数目而不需要提前设定。模块度函数定义如下:

$$\rho = \frac{1}{2m} \sum_i \sum_j \left[A_{ij} - \frac{k_i k_j}{2m} \right] \delta(i,j) \tag{9-34}$$

式中,A_{ij}表示连接节点 i 和节点 j 的边的权重,当节点 i 和节点 j 直接相连时 $A_{ij}=1$,不相连时 $A_{ij}=0$; $k_i = \sum_j A_{ij}$ 表示所有与节点 i 相连的边的权重之和;$m = \frac{1}{2} \sum_i \sum_j A_{ij}$ 表示网络中所有边的权重之和。如果节点 i 与节点 j 分在同一分区内,则函数 $\delta(i,j)=1$,否则 $\delta(i,j)=0$。

在本章中,配电网的权重主要由无功电压灵敏度矩阵 S_{QU}和有功电压灵敏度矩阵 S_{PU}决定。为了描述两个节点之间的耦合度,本章用边权重的均值来表示有功/无功分区权重 A_{ij}。

在进行无功层面分区时，V-Q 权重可表示为

$$A_{ij}^{VQ}=\frac{S_{QU}^{ij}+S_{QU}^{ji}}{2} \tag{9-35}$$

可以得到无功分区模块度函数为

$$\rho^{VQ}=\frac{1}{2m}\sum_{i}\sum_{j}\left[A_{ij}^{VQ}-\frac{k_i^Q k_j^Q}{2m^Q}\right]\delta(i,j) \tag{9-36}$$

式中，k_i^Q、k_j^Q 分别表示所有与节点 i、节点 j 相连的边的无功权重之和；m^Q 表示网络中所有边的无功权重之和

在进行有功层面分区时，V-P 权重可表示为

$$A_{ij}^{VP}=\frac{S_{PU}^{ij}+S_{PU}^{ji}}{2} \tag{9-37}$$

可以得到有功分区模块度函数为

$$\rho^{VP}=\frac{1}{2m}\sum_{i}\sum_{j}\left[A_{ij}^{VP}-\frac{k_i^P k_j^P}{2m^P}\right]\delta(i,j) \tag{9-38}$$

式中，k_i^P、k_j^P 分别表示所有与节点 i、节点 j 相连边的有功权重之和；m^P 表示网络中所有边的有功权重之和。由式(9-35)与式(9-37)处理后，权重矩阵 A_{ij}^{VQ}、A_{ij}^{VP} 变为对称矩阵。

利用网络拓扑结构计算出模块度函数 ρ，只能根据网络拓扑表征不同节点之间耦合程度，将耦合程度不同的节点进行最优分区，但配电网中若有高渗透率分布式光伏电源接入时，仅仅依据配电网络的拓扑结构进行分区是不合理的，考虑到高渗透率分布式光伏电源的无功、有功功率参与电压调节以及光伏安装位置的分散性，本章在模块度函数原有的基础上，增加有功/无功平衡度指标 γ 与区内耦合度指标 β。有功/无功平衡度指标表征分区内光伏无功或有功平衡能力，防止分区内部含光伏单元数量不均衡，出现可调功率不足或者可调功率过剩的情况发生。区内耦合度指标 β 表征区内各节点之间的耦合程度，能在模块度函数 ρ 的基础上增强分区精度，β 值越大，区内各节点之间的耦合程度越高，反之则越低。

对于无功分区，无功平衡度指标表示如下：

$$\gamma_{C_k}^{VQ}=\begin{cases}1, & Q_{\text{supplied}}\geqslant Q_{\text{needed}}\quad \text{或}\quad Q_{\text{needed}}=0\\ \left|\dfrac{Q_{\text{supplied}}}{Q_{\text{needed}}}\right|, & \text{其他}\end{cases} \tag{9-39}$$

式中，Q_{supplied}表示子分区 C_k 内所有光伏可提供的无功功率；而在子分区 C_k 内，最小无功需求量可表示为

$$Q_{\text{needed}}=\sum_{i\in C_k}\frac{\Delta V_i}{S_{VQ}^{ii}} \tag{9-40}$$

式中，ΔV_i 表示节点 i 的电压增量；S_{VQ}^{ii}代表在子分区 C_k 内，第 i 个光伏单元对第 i

个节点的无功电压灵敏度。

无功分区区内耦合度指标 β 表示如下：

$$\beta_{C_k}^{VQ} = \text{avg}\left(\sum_{i,j\in C_k}(A_{ij}^{VQ})\right) \tag{9-41}$$

式中，avg()表示求均值函数。

综合以上各类指标，提出改进的无功分区模块度函数，其表达式如下：

$$\rho_{\text{im}}^{VQ} = \rho^{VQ} + \frac{1}{N}\sum_{k=1}^{N}(\gamma_{C_k}^{VQ} + \beta_{C_k}^{VQ}) \tag{9-42}$$

上式中，将各分区无功平衡度指标与区内耦合度指标取平均值，分别表征当前分区状态所对应的各分区无功平衡与区内节点耦合程度的好坏，将二者与表征当前分区状态下节点之间耦合程度好坏的模块度函数相加，作为改进的模块度函数，不仅考虑了网络的拓扑结构，而且还能反映光伏加入后分区内部的无功平衡能力以及区内节点的耦合程度。

同理，改进的有功分区模块度函数表达式为

$$\rho_{\text{im}}^{VP} = \rho^{VP} + \frac{1}{N}\sum_{k=1}^{N}(\gamma_{C_k}^{VP} + \beta_{C_k}^{VP}) \tag{9-43}$$

式中

$$\gamma_{C_k}^{VP} = \begin{cases} 1, & P_{\text{curtailed}} \geqslant P_{\text{needed}} \quad 或 \quad P_{\text{needed}} = 0 \\ \left|\dfrac{P_{\text{curtailed}}}{P_{\text{needed}}}\right|, & 其他 \end{cases} \tag{9-44}$$

$$P_{\text{needed}} = \sum_{i\in C_k}\frac{\Delta V_i}{S_{VP}^{ii}} \tag{9-45}$$

$$\beta_{C_k}^{VP} = \text{avg}\left(\sum_{i,j\in C_k}(A_{ij}^{VP})\right) \tag{9-46}$$

上述各等式中，$\gamma_{C_k}^{VP}$ 表示有功平衡度指标；$P_{\text{curtailed}}$ 表示子分区 C_k 内所有光伏可剪切的有功功率；S_{VP}^{ii} 代表在子分区 C_k 内，第 i 个光伏单元对第 i 个节点的有功电压灵敏度；$\beta_{C_k}^{VP}$ 表示有功分区区内耦合度指标。

3）分区方法实现

这里以无功分区为例，阐述如何利用改进的模块度函数进行无功分区，有功分区方法的实现与无功分区相同，不再重复。

对于一个含 n 个节点的配电网，最佳无功分区策略如下：

（1）初始化配电网分区，以每个节点作为一个单独的子分区，并利用式(9-43)计算改进的无功模块度函数 ρ_{im}^{0}。

（2）对于节点 i，从其他节点中随机选择节点 j 组合形成新的子分区(i,j)，并重新计算改进的无功模块度函数 ρ_{im}'。然后计算每种组合情况下，无功分区的模块

度函数变化量 $\Delta\rho=\rho'_{\mathrm{im}}-\rho^0_{\mathrm{im}}$。当 $\Delta\rho$ 达到最大正值时，则将此时对应的两个节点(i，j)划分到同一子分区内，更新此时的改进的无功模块度函数 $\rho^{\mathrm{new}}{}_{\mathrm{im}}=\rho^0_{\mathrm{im}}+\Delta\rho$。

(3) 将新形成的子分区看做一个独立的节点，重复(2)实现分区过程，形成新的分区结果。

(4) 当没有任何节点能进行合并且无功分区模块度函数 ρ'_{im} 达到最大值时，分区过程停止，此时的分区为最优分区结果。

在已有的电网侧的研究中，分区结果主要与网络的拓扑结构有关，但在配电网侧，配电网的运行方式(如网络重构等)常常会在较短的时间尺度内(小时级或天)产生较大的变化，改变网络拓扑结构，且随时间变化的负荷需求与光伏出力等因素都会影响最终的分区结果。这里提出的分区方法能够跟随网络拓扑结构的变化，且能适应任何光伏节点的接入或切除，反映负荷需求与光伏出力随时间变化对分区结果的影响，是一个动态分区的过程。但考虑到控制的平稳性，只在如下情况发生时才会对网络分区进行更新：

(1) 配电网运行方式改变引起网络拓扑结构变化；

(2) 光伏随季度变化时出力发生改变。

对于条件(2)，考虑了云层遮挡等因素引起光伏短时波动对分区的影响，由于这种短时波动会快速消失，忽略类似的短时波动影响，但考虑到光伏不同季度出力会存在较大差异，会对每个季度光伏出力的变换进行一次分区更新。

9.7.2　无功/有功电压分区内控制策略

在本章的电压控制策略中，为了考虑控制的经济性与合理性，按照最大化的利用分布式光伏电源无功调节能力、最小化的进行有功剪切思路，先在无功子分区内，利用光伏的无功功率进行电压调节，当无功调节能力不足时，再转到有功分区层面，进行光伏有功剪切。在子分区内进行电压控制时，利用灵敏度矩阵，通过控制关键光伏节点出力来控制子分区内负荷节点电压，可以利用最少量的光伏无功或者有功容量将过电压节点快速地调节到合理范围之内，比传统集中式对所有光伏节点进行控制的方式更高效。

1) 区内电压控制策略

假设某一含高渗透率分布式光伏电源的配电网，按照上述无功分区原则已被分成 N 个子分区，记为$\{C_1^Q,C_2^Q,\cdots,C_k^Q,\cdots,C_N^Q\}$，由于子分区内部节点之间的强耦合、不同分区节点之间的弱耦合特性，每个子分区内部的电压控制是独立的。对无功子分区 C_k^Q 内电压控制如图 9.17 所示。

首先在分区内部，将所有的光伏节点集合记为光伏集群 H，在光伏集群内部，将可调无功容量有剩余的光伏记为可调光伏节点集群，将可调无功容量为 0 的光伏记为不可调光伏节点集群，同时将各负荷节点进行分类，分为过电压节点集合和正常节点集合。在过电压节点集合中，取电压幅值最大的节点作为关键负荷节点，电压幅值记为 $V^{\max}$，其超过节点电压上限值为 $\Delta V^{\max}$，根据无功电压灵敏度矩阵，在可调光伏集群中，找出与关键负荷节点无功电压灵敏度值最大的光伏 PV^i 作为关键光伏节点，其灵敏度值为 $S^{\max}$。根据无功电压灵敏度，计算将 $V^{\max}$ 调回正常范围内所需要的 PV^i 无功输出量 Q_{need}：

$$Q_{\text{need}}=\Delta V^{\max}/S^{\max} \tag{9-47}$$

当 PV^i 可调节无功容量 Q_{supplied}（满足式(9-32)功率因数要求）大于 Q_{need}，则根据 Q_{need} 对 $V^{\max}$ 进行无功补偿，然后进行一次分区内的潮流计算，若潮流计算后仍存在过电压节点，则重复上述过程。当 PV^i 可调节无功容量 Q_{supplied} 小于 Q_{need}，则用 Q_{supplied} 对 $V^{\max}$ 进行补偿，然后将该光伏节点划分到不可调光伏节点集群中，在更新过的可调光伏节点集群中，寻找最大无功灵敏度对应的光伏继续进行上述过程的无功补偿。当子分区 C_k^Q 内所有电压节点电压都在可调范围之内或者子分区内无可调光伏时，则区内电压控制过程结束。

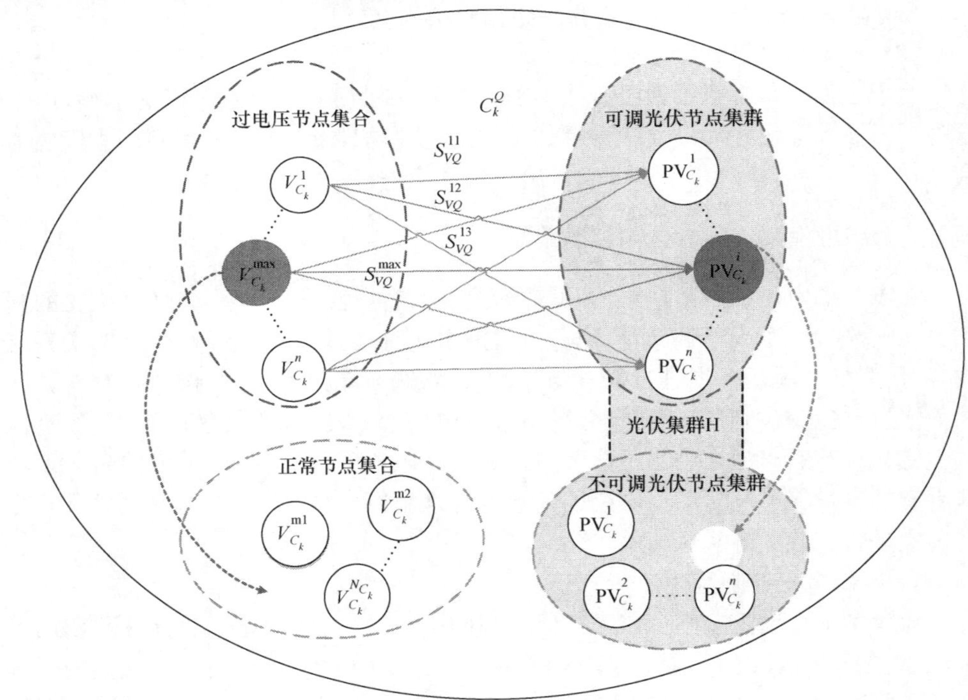

图 9.17 无功分区 C_k^Q 内电压控制图

对于区内有功控制，由于区内控制规则与无功控制相同，因此不再重述。

2）先无功后有功电压控制策略

按照最大化的利用光伏无功调节能力、最小化的进行有功剪切原则，本章提出先进行光伏无功调节，当光伏无功可调能力不足时，再进行有功剪切的策略。由于实现分区后，各子分区之间存在弱耦合，调节某一分区电压会对相邻子分区电压产生微弱影响，为了消除由分区间弱耦合性产生的影响，避免光伏过多地进行无功吸收或者有功剪切，在无功和有功层面进行电压控制时，将每个子分区中的最大电压幅值进行排序，按幅值从大到小的顺序，依次调节各子分区内的关键节点电压，消除各子分区之间弱耦合特性对子分区之间电压的影响，实现子分区之间的协调控制。具体实现流程图如图 9.18 所示。

(1) 根据无功分区电压原则进行无功电压分区，记为$\{C_1^Q, C_2^Q, \cdots, C_k^Q, \cdots, C_N^Q\}$。

(2) 检测所有子分区内节点是否过电压，若所有电压节点都合格，则结束。如果有过电压节点，将所有过电压节点对应的子分区记为可调节分区集合 M，其他的子分区记为不可调节分区集合 T，转到(3)。

(3) 在可调节分区集合 M 中选取电压幅值最大的节点 i，设其所对应的子分区为 C_j^Q。

(4) 在子分区 C_j^Q 内进行区内无功电压控制，对 C_j^Q 内光伏进行无功补偿后的整个配电网进行一次潮流计算，当全网电压均合格，则结束；否则，转到下一步。

(5) 将子分区 C_j^Q 划分到不可调节分区集合 T 内。判断可调节分区集合 M 中是否存在过电压节点，如果存在，对可调节分区集合 M 内的无功分区重复(3)～(4)。当可调节分区集合 M 中不存在过电压节点而可调节分区集合 N 内存在过电压节点时，则进行下一步。

(6) 根据有功分区电压原则进行有功电压分区，记为$\{C_1^P, C_2^P, \cdots, C_k^P, \cdots, C_N^P\}$。

(7) 在所有过电压节点中选取电压幅值最大的节点 g，设其所对应的子分区为 C_h^P。

(8) 在子分区 C_j^Q 内进行区内有功电压剪切控制，使 C_h^P 内所有电压均合格，对 C_h^P 内光伏进行有功剪切后的整个配电网进行一次潮流计算。

(9) 当全网电压均满足要求，结束控制。若全网电压仍存在过电压节点时，对未进行电压调节的子分区重复(7)～(8)，直至所有节点电压均在合理范围之内。

9.7.3　案例分析

1) 案例参数说明

本节采用某一实际馈线作为分析对象，验证所提方法的有效性。该馈线是 10kV 辐射型的三相平衡系统，拓扑结构如图 9.19 所示，一共有 30 个节点，线路接入总负荷为 14.53MVA，线路中的光伏系统通过升压变压器接入馈线中。

在实际中，光伏安装容量及位置如表 9.4 所示。

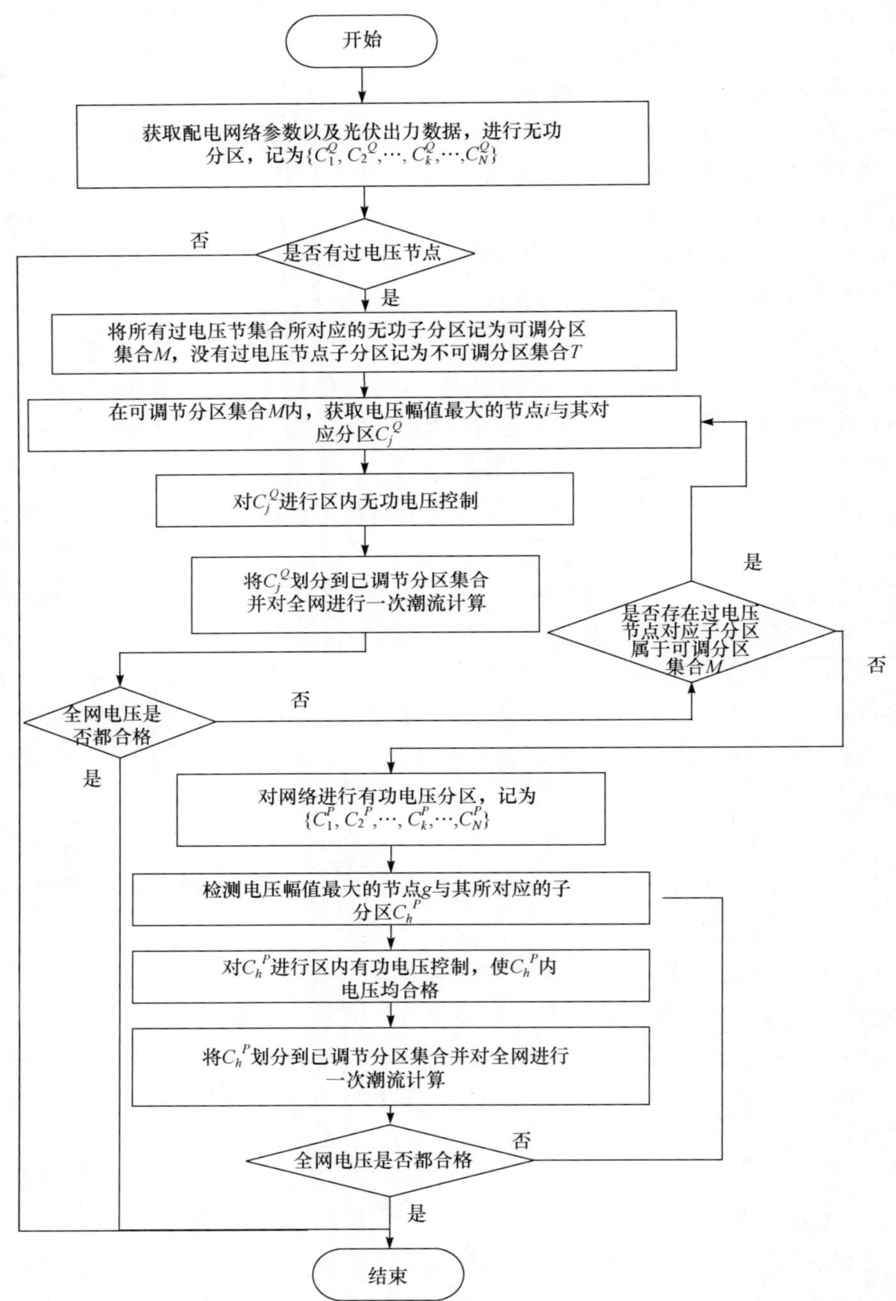

图 9.18　无功、有功电压控制流程图

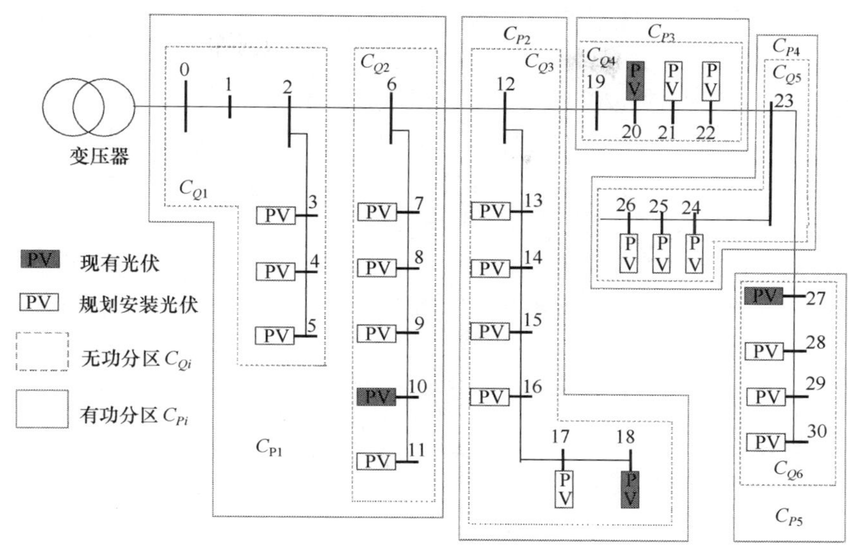

图 9.19　实际网络拓扑结构

表 9.4　现有光伏安装容量表

节点位置	10	18	20	27
安装容量/kW	400	600	1350	550

在现有的光伏安装容量中，线路中并没有出现过电压的情况，但根据报装光伏安装计划，在已有的光伏安装基础上，还会有 6.3MW 光伏会被陆续接入本条馈线中，未来线路中光伏的接入容量以及位置如图 9.20 所示。

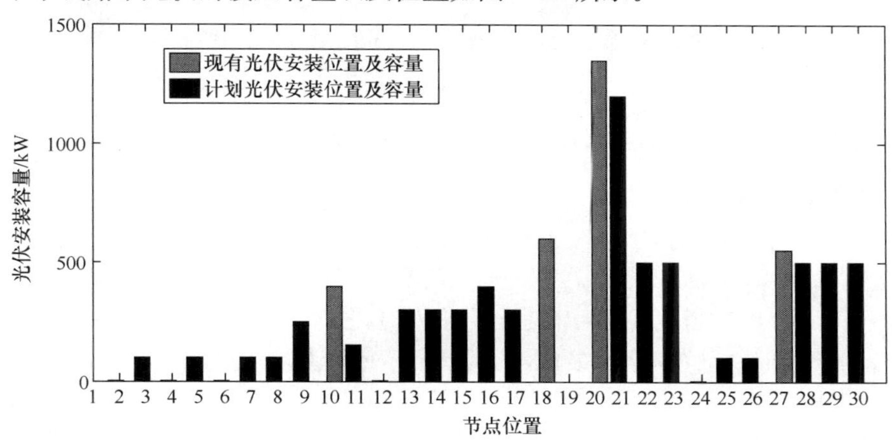

图 9.20　光伏安装容量分布图

这里利用 OpenDss 软件平台对本条馈线进行建模，基准电压与基准功率分别设为 10kV 和 100MVA，母线 0 作为参考节点，其电压值设置为 1.04p.u.。为体现所提策略的可行性，选取 7 月光照强度最强的一天（以 2014 年 7 月 16 日为例）进行分析，日辐照度曲线（辐照度基准值为 1500W/m^2）及日最大光伏出力如图 9.21 所示。在仿真算例中，环境温度设为 25℃。逆变器运行的功率因数范围为(−0.95,0.95)，分布式光伏电源实际发电效率为 78%。在光伏有功剪切策略中，光伏剪切限值为逆变器容量的 10%。

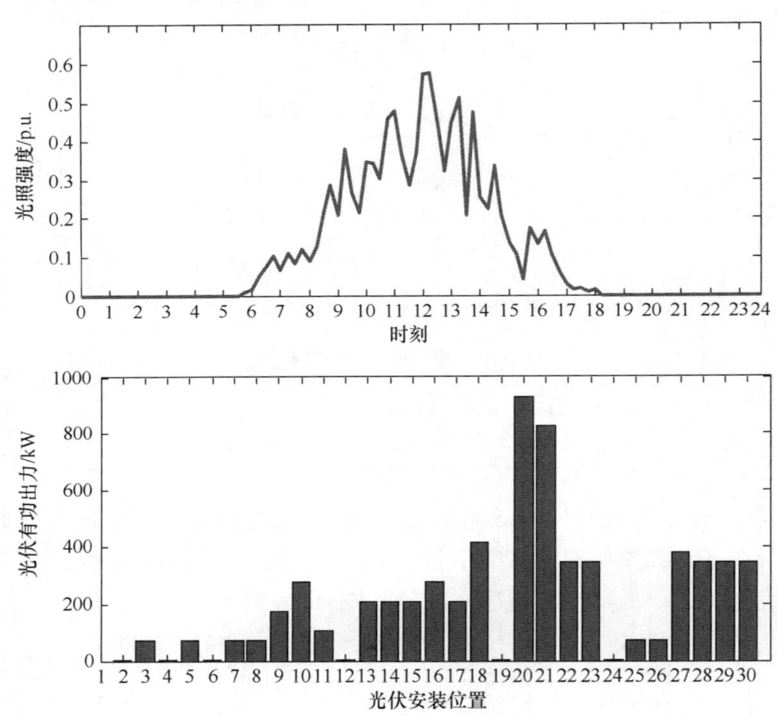

图 9.21　2014 年 7 月 16 日太阳辐照度曲线与日光伏最大出力图

2) 分析场景选择

当线路中无光伏出力时，实际馈线节点全天的电压分布如下图 9.22 所示。图中共 30 条曲线，代表 30 个节点全天电压趋势图，某些节点电压幅值相近，有一定的重合。从图 9.22 中可以看出，无光伏接入时，各节点电压全天均运行在(0.95, 1.05)。当 9.2MW 光伏全部接入，且以单位功率因数的方式运行时，此时线路出现了过电压，电压分布如图 9.23 所示。图 9.23 中，在 2014 年 7 月 16 日当天，线路在某些时段出现过电压现象，且在中午 12:30 过电压情况最恶劣，此时线路最高电压约为 1.065p.u.，此时整条线路各节点电压幅值如图 9.24 所示。

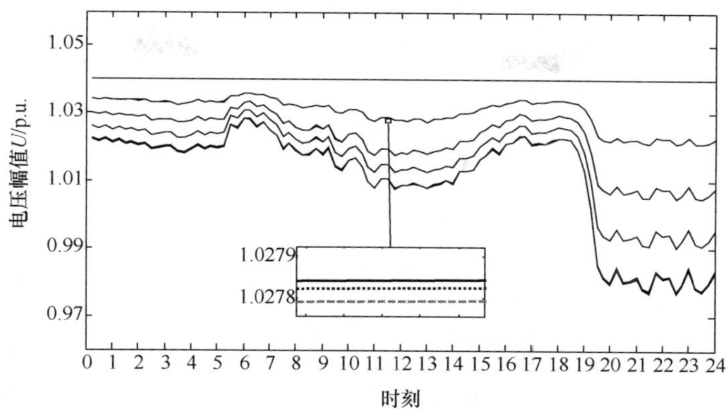

图 9.22　无光伏出力的所有节点全天电压曲线

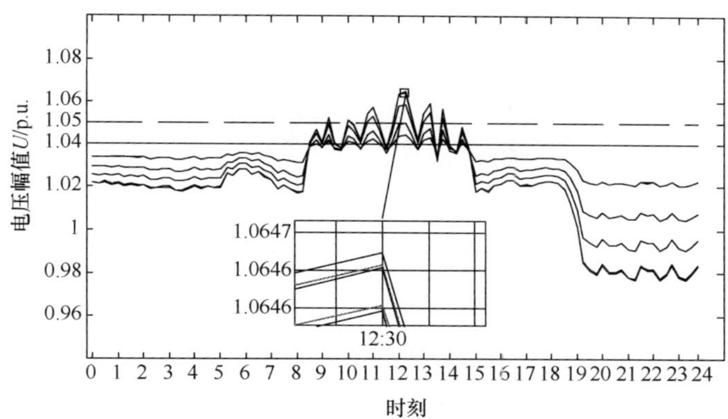

图 9.23　光伏全部接入后所有节点全天电压分布图

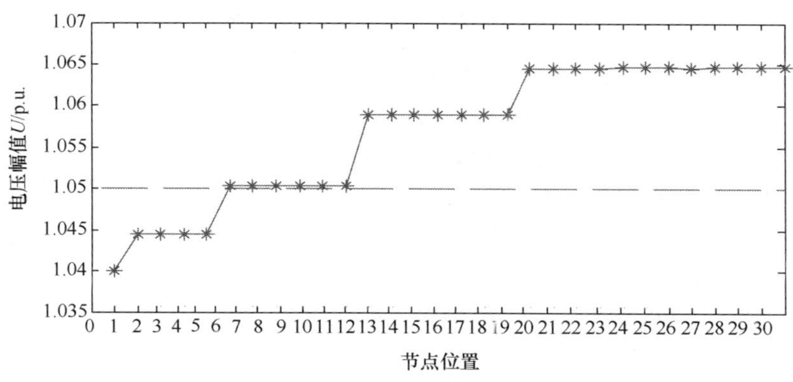

图 9.24　12:30 所有节点电压幅值曲线

由于2014年7月16日为7月日光照强度最大的一天，且由图9.23可以看出中午12:30线路过电压情况最为严重，因此选取2014年7月16日中午12:30线路运行工况作为典型场景进行分区电压控制，证明所提方法的有效性。

3）分区控制实现

针对2014年7月16日中午12:30的实际馈线运行状态，对30节点系统按照前述分区方法进行无功分区。不同分区数对应的改进的无功模块度函数曲线如图9.25所示，在图中可以看出，当系统分为6个子分区时，无功模块度函数取得最大值$\rho=0.647$，因此最佳分区数为6分区，网络相应的无功分区结果如图9.19中粗虚线框划分所示。从图9.19来看，分区结果与负荷节点的地理属性相关，这是因为不同节点之间灵敏度大小与节点之间的阻抗相关，而节点之间的阻抗又与节点之间的地理属性直接相关，直接相连的两个节点之间无功灵敏度较高，不直接相连的节点之间灵敏度较低，所以分区结果会与节点之间的地理属性存在一定的相关性（后面有功分区也会出现类似现象，不再解释）。各无功子分区依次标记为$\{C_{Q1},C_{Q2},C_{Q3},C_{Q4},C_{Q5},C_{Q6}\}$。

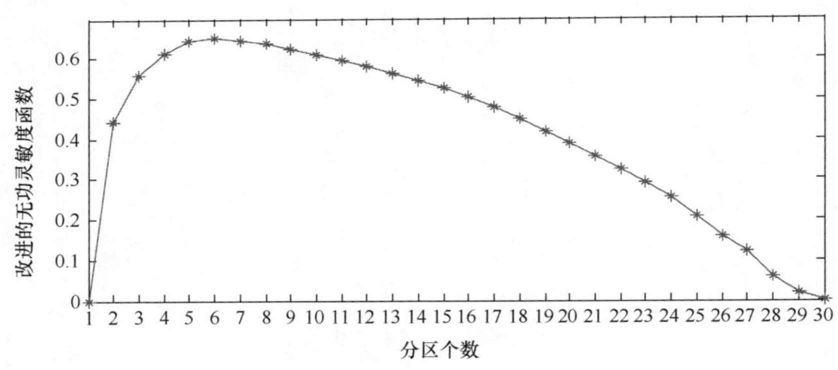

图9.25　不同分区数对应改进的无功模块度函数曲线

由图9.19与图9.24可知，存在过电压节点的分区集合为$M\{C_{Q2},C_{Q3},C_{Q4},C_{Q5},C_{Q6}\}$。在此分区基础上对系统进行无功电压控制后，线路各节点电压幅值曲线与受控光伏吸收的无功功率分别如图9.26、图9.27所示。

由图9.24与图9.27可知，由于子分区C_{Q1}内不存在过电压节点，所以C_{Q1}所有光伏不参与无功电压调节，继续以单位功率因数运行。而其他子分区由于存在过电压节点，因此分区内会有光伏参与调解。由图9.26可知，子分区经过无功电压调节后，线路中仍存在过电压节点，此时需要启动有功电压调节策略。针对此时的运行工况进行有功电压分区，不同分区数对应的有功模块度函数如图9.28所示。

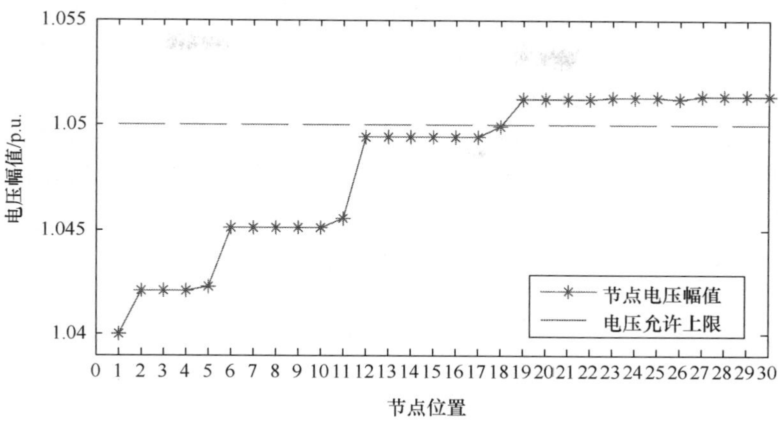

图 9.26　无功电压控制后的节点电压曲线

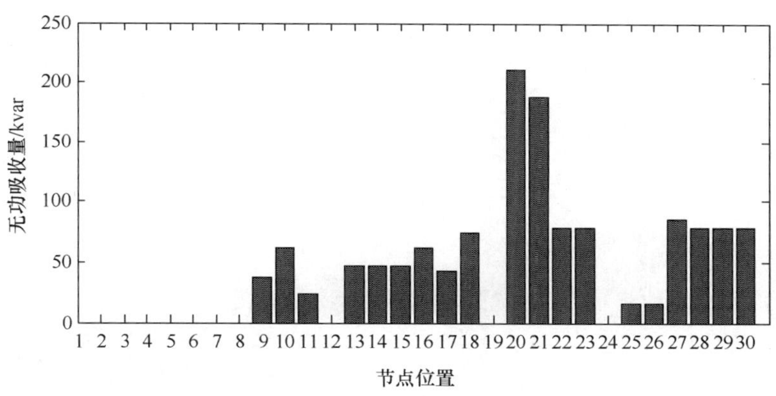

图 9.27　光伏无功吸收分布图

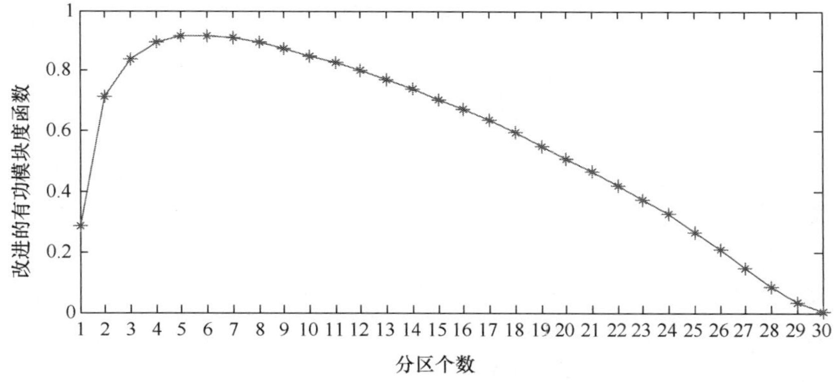

图 9.28　不同分区数对应改进的有功模块度函数曲线

由图 9.28 可知，当分区数为 5 时，有功模块度函数取得最大值 0.9348，因此最佳有功分区数为 5，相应的有功分区结果如图 9.19 中实线框划分所示，将各子分区依次标记为$\{C_{P1}, C_{P2}, C_{P3}, C_{P4}, C_{P5}\}$。

由图 9.19 与图 9.26 可知，存在过电压节点的子分区为集合 $K\{C_{P3}, C_{P4}, C_{P5}\}$，对集合 K 进行有功电压控制，经过有功电压控制后各节点电压幅值与受控光伏有功剪切量分别如图 9.29、图 9.30 所示。

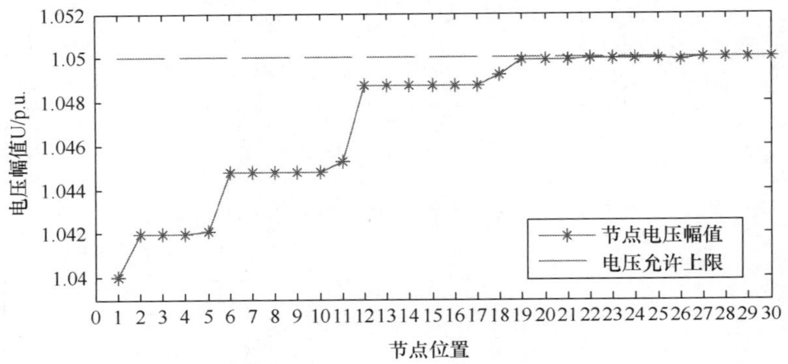

图 9.29　有功电压控制后的节点电压曲线

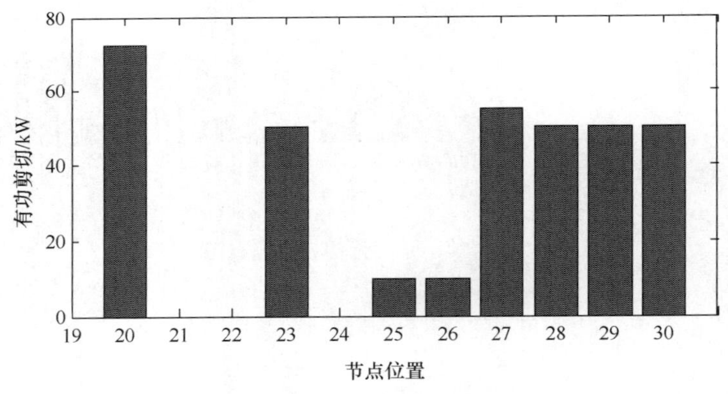

图 9.30　光伏有功剪切分布图

由图 9.29 可知，线路中 30 节点电压均调节到安全运行范围之内，证明所提策略能有效地解决高渗透率分布式光伏电源接入配电网引起的过电压问题。

4）案例比较

为了说明分区电压控制策略的灵活性与快速性，本节采用不分区的集中式控制方式进行全局电压控制，并将两种控制方法的仿真结果进行比较分析。

在集中式控制中，将所有节点默认为在同一子分区内，并按照 9.7.2 节的区内电压控制策略进行控制。控制结束后，每个光伏节点的无功吸收与有功剪切如

图 9.31 所示。从图中可以看出,采用集中式的控制方法,所有光伏均参与了电压调节过程,其无功吸收与有功剪切总量与分区电压控制比较如表 9.5 所示。

表 9.5　不同控制方式下光伏无功吸收与有功剪切对比表

控制策略	总无功吸收/kvar	总有功剪切/kW
分区控制	1350.441	347.334
集中控制	1399.019	325.396

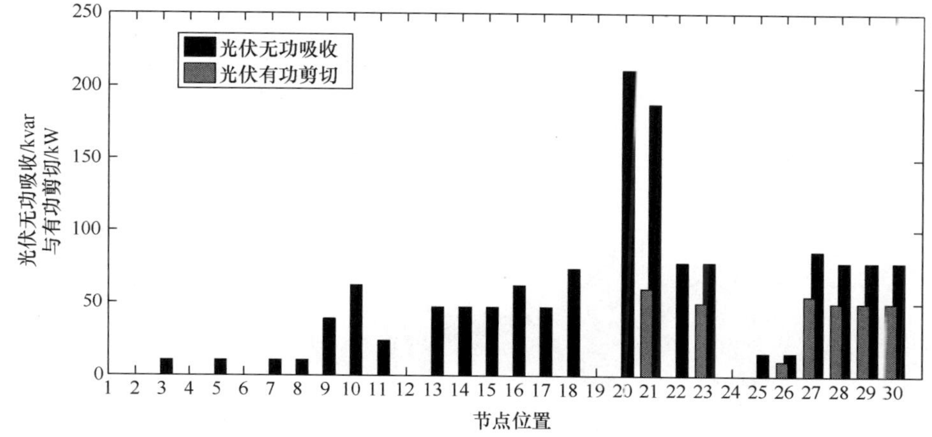

图 9.31　集中式控制方式下光伏无功吸收与有功剪切图

如上表所示,采用集中式控制方式相比分区控制方式,光伏总的无功吸收量多 48.578kvar,有功剪切量少 21.938kW,这是由于在集中式的控制方式下,所有光伏均参与电压调节,利用完所有光伏的无功容量后,再进行有功剪切,属于全局优化的过程,而分区控制方式下,只对含过电压节点的分区进行分区内的光伏控制,不是所有光伏均参与调节,是局部优化的过程,所以会产生上述差异,但从结果数据上来看,两种策略的光伏无功吸收与有功剪切总量相差不大,基本相同,且针对 9.2MW 的光伏装机容量来说,总体差异不大,且随着光伏安装容量及控制数量的增加,这种差异还会进一步缩小。因此,在实际工程应用中是可以接受的。

图 9.32 为两种控制方式下,线路中 30 个节点的电压分布曲线,在图中可以看出,经过相应的控制策略后,两种方法均能将各节点电压调节到正常运行范围之内,且分区控制的结果与集中式控制相比,电压分布曲线趋势相同、幅值接近,说明分区控制在电压幅值控制上能与集中式控制产生近似相同的控制效果,体现了分区控制的有效性。

在电压控制过程中,电压幅值是控制优劣的重要指标,但是随着高渗透率分布式光伏电源的接入,配电网控制节点快速增多,且光伏发电单元出力受天气影响较大,控制时间尺度指标也是考核电压控制效果的重要指标,表 9.6 是两种控制方式下,被控光伏数量以及控制完成时间做出比较,控制时间在 MATLAB 环境中获得。

表 9.6　不同控制方式下被控光伏数量与控制时间表

控制方式	无功控制光伏数量	有功控制光伏数量	光伏控制总数	控制时间/s
分区控制	19	8	18	0.3723
集中控制	23	7	23	1.1478

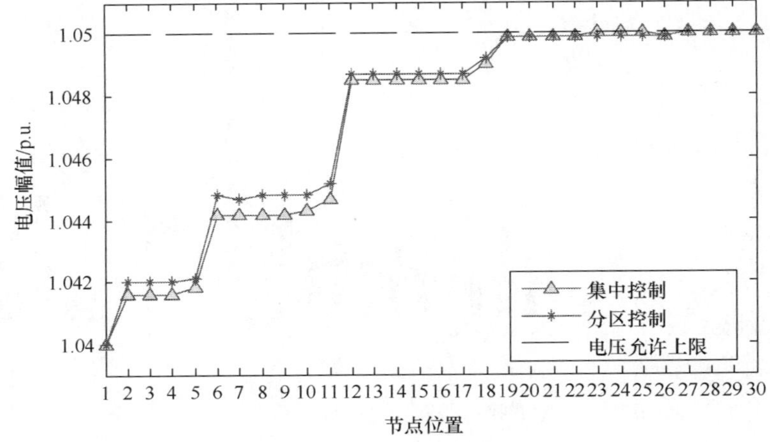

图 9.32　集中式控制与分区控制节点电压比较曲线

由表 9.6 可知,采用集中式的控制方式所用时间为 1.1478s,而分区控制方式所用时间为 0.3723s,比集中式控制方式用时缩短近 68%,其控制速度更快。产生上述结果的主要原因在于,当采用集中式的控制方式对关键节点电压进行调节时,要考虑线路中所有光伏节点的影响,如表 9.6 与图 9.31 所示,所有的光伏都参与电压控制过程,这大大增加控制过程的复杂程度。而采用分区控制时,分区能将电气距离相近的光伏节点与负荷节点划分到同一个区域,使网络对可用光伏的搜索范围由原来的整个配电网缩小到某一个分区,减少对可用光伏的搜索时间,加强对可用光伏的搜索能力。同时在分区内部进行电压控制时,根据灵敏度矩阵找出关键光伏节点,通过控制关键光伏节点来控制关键负荷节点电压,不需要考虑其他分区的影响,从而极大地缩小了控制节点数,很大程度简化了控制过程。由图 9.27 与表 9.6 可知,在分区控制时不是所有的光伏节点都参与调节,控制时间大大缩短。除此之外,分区控制是通过控制某些子分区节点电压,从而将全网电压控制到安全范围之内,不需要对全网所有节点电压进行监控调节,且在分区内部进行电压控制时只需要在分区内部进行潮流计算,而不需要对全网进行潮流计算,减小了潮流计算的范围,缩短控制时间。上述是两种控制方法在控制时间上产生差异的主要原因。随着光伏接入比例的增大,分区控制方法在控制时间上的优势将会更加明显。从表中结果来看,分区控制完成的时间尺度为秒级,而配电网的运行方式变化为小时级或天级,由此可以看出,分区控制速度完全能适应配电网运行方式的变化。

综合以上分析结果,分区控制与集中式控制相比,二者都能将线路电压调节到安全范围之内,且二者的光伏无功吸收与有功剪切总容量相差不大,但分区控制能缩小对可用光伏的搜索范围,减少控制节点数目,缩小控制过程中潮流计算的范围,简化控制过程,在控制时间尺度上具有极大的优势,能在较短的时间内完成电压控制,且随着控制节点数目的增加,这种优势愈加明显,满足工程实际需求,适合高渗透率分布式光伏电源接入配电网的电压控制。

9.8 小　　结

随着大量分布式光伏电源接入配电网,高渗透率的分布式光伏电源对配电网的安全、经济、可靠运行带来了许多不可回避的影响。本章重点分析一些使能技术的应用,如储能、激励型需求侧响应、光伏的区域群控技术等,来有效减轻高渗透率分布式光伏电源接入配电网所带来的不利影响,增加配电网光伏的消纳能力。通过分析可知:

(1) 储能与分布式光伏集成所形成的光储系统,能够有效提高配电网的光伏消纳能力,并且能够充分发挥光伏的经济效益。但是目前储能系统投资成本较高,技术成熟度还有待提升,还处于示范应用阶段。

(2) 充分利用光伏发电出力随机性较强的特性,激励型需求侧响应可通过改变负荷曲线,有效增加配电网的光伏消纳能力,发挥网-源-荷的综合效益,是现有最为经济可行的技术手段之一。

(3) 集群分区控制考虑到分布式光伏电源的分散特性,结合配电网的网络结构进行分区控制,并充分发挥光伏逆变器的无功-有功综合控制能力在电压调节控制上的作用,有效提升了高渗透率分布式光伏电源接入对配电网的电压控制,从实质上来说通过已有的控制手段,增加配电网的光伏消纳能力。

参 考 文 献

[1] Evans A, Strezov V, Evans T J. Assessment of utility energy storage options for increased renewable energy penetration. Renewable & Sustainable Energy Reviews, 2012, 16(6): 4141-4147.

[2] Ibrahim H, Ilinca A, Perron J. Energy storage systems—Characteristics and comparisons. Renewable & Sustainable Energy Reviews, 2008, 12(5): 1221-1250.

[3] 赵波，王成山，张雪松. 海岛独立型微电网储能类型选择与商业运营模式探讨. 电力系统自动化，2013，37(4)：21-27.

[4] Cong T N. Progress in electrical energy storage system: A critical review. Progress in Natural Science: Materials International, 2009, 19(3): 291-312.

[5] Luo X, Wang J, Dooner M, et al. Overview of current development in electrical energy storage technologies and the application potential in power system operation. Applied Energy, 2015, 137(C): 511-536.

[6] Fossati J P, Galarza A, Martín-Villate A, et al. A method for optimal sizing energy storage systems for microgrids. Renewable Energy, 2015, 77(C): 539-549.

[7] Bortolini M, Gamberi M, Graziani A. Technical and economic design of photovoltaic and battery energy storage system. Energy Conversion & Management, 2014, 86(10): 81-92.

[8] 韩晓娟，程成，籍天明，等. 计及电池使用寿命的混合储能系统容量优化模型. 中国电机工程学报，2013，33(34)：91-97.

[9] Zhao B, Zhang X, Chen J, et al. Operation Optimization of Standalone Microgrids Considering Lifetime Characteristics of Battery Energy Storage System. IEEE Transactions on Sustainable Energy, 2013, 4(4): 934-943.

[10] Zheng M, Meinrenken C J, Lackner K S. Smart households: Dispatch strategies and economic analysis of distributed energy storage for residential peak shaving. Applied Energy, 2015, 147: 246-257.

[11] Chen G, Liu L, Song P, et al. Chaotic improved PSO-based multi-objective optimization for minimization of power losses and L index in power systems. Energy Conversion & Management, 2014, 86(10): 548 - 560.

[12] Kessel P, Glavitsch H. Estimating the Voltage Stability of a Power System. IEEE Transactions on Power Delivery, 1986, PER-6(3): 346-354.

[13] Devi S, Geethanjali M. Optimal location and sizing determination of Distributed Generation and DSTATCOM using Particle Swarm Optimization algorithm. International Journal of Electrical Power & Energy Systems, 2014, 62: 562-570.

[14] 曾鸣，武赓，李冉，等. 能源互联网中综合需求侧响应的关键问题及展望. 电网技术，2016，40(11)：3391-3398.

[15] Kirschen D S, Strbac G, Cumperayot P, et al. Factoring the elasticity of demand in electricity prices. IEEE Transactions on Power Systems, 2000, 15(2), 612-617.

[16] Aalami H A, Moghaddam M P, Yousefi G R. Demand response modeling considering interruptible/curtailable loads and capacity market programs. Applied Energy, 2010, 87(1), 243-250.

[17] Molina A, Gabaldon A, Fuentes J A. Implementation and assessment of physically based electrical load models: Application to direct load control residential programmes. IET Pro-

ceedings - Generation Transmission and Distribution,2003,150(1),61-66.

[18] Logenthiran T,Srinivasan D,Shun T Z. Demand side management in smart grid using heuristic optimization. IEEE Transactions on Smart Grid,2012,3(3),1244-1252.

[19] 曾鸣,武赓,王昊婧,等. 智能用电背景下考虑用户满意度的居民需求侧响应调控策略. 电网技术,2016,40(10):2917-2923.

[20] 赵波,包侃侃,徐志成,等. 考虑需求侧响应的光储并网型微电网优化配置. 中国电机工程学报,2015,35(21):5465-5474.

[21] Girvan M,Newman M E J. Community structure in social and biological networks. Proceedings of the National Academy of Sciences of the United States of America, 2001, 99(12):7821.